价值论美学与文艺学研究论集

张荣生—— 著

吉林出版集团股份有限公司

图书在版编目（CIP）数据

价值论美学与文艺学研究论集 / 张荣生著 . — 长春 : 吉林出版集团股份有限公司 ,2021.8

ISBN 978-7-5731-0293-5

Ⅰ . ①价… Ⅱ . ①张… Ⅲ . ①美学 – 文集 Ⅳ . ① B83-53

中国版本图书馆 CIP 数据核字 (2021) 第 161831 号

价值论美学与文艺学研究论集

著　　　者	张荣生
责 任 编 辑	滕　林
责 任 校 对	陈瑞瑞
封 面 设 计	明翊书业
开　　　本	710mm×1000mm　1/16
字　　　数	240 千
印　　　张	14
版　　　次	2021 年 11 月第 1 版
印　　　次	2021 年 11 月第 1 次印刷

出 版 发 行	吉林出版集团股份有限公司
电　　　话	总编办：010-63109269
	发行部：010-63109269
印　　　刷	三河市国新印装有限公司

ISBN 978-7-5731-0293-5　　　　　　　　定价：68.00 元

目录 CONTENTS

序 /01

"如切如磋，如琢如磨" …………………………………… 01

马克思的价值论美学思想 …………………………… 01

评"美在意象"说 …………………………………… 18

　　　——与叶朗教授商榷

记 20 世纪 50 年代的美学大讨论 …………………… 32

文学艺术创作的审美本性 …………………………… 46

素质、创新与美感教育 ……………………………… 66

物质生产的物化与艺术生产的物态化 …………… 76

　　　——兼论物化术语的滥用

诗歌意象与诗性智慧 ………………………………… 90

科学与诗的融合 …………………………………… 104

　　　——读倪峭丹《丁香山谷》

于细微处见精神 …………………………………… 113

　　　——评《鲁海求索集》

天下第一奇画《清明上河图》 ……………………… 126

耿起峰绘画的艺术特色 …………………………… 137

康晓峰绘画的审美追求 …………………………… 149

中西诗性文化精神之差异 ………………………… 158

意象派和意象派的诗歌理论 ·················· 168

中国古典诗歌与美国意象派诗人的审美追求 ·················· 179

附录 /189

"意象"与"魅力" ·················· 189

黄药眠与美学大讨论的潮起潮落 ·················· 192

——访上世纪五十年代美学讨论参与者张荣生先生

跋 ·················· 211

序

"如切如磋，如琢如磨"

学人出书多有请相关领域知名学者作序的惯例，且大多"长幼"分明。然而，八十七高龄的张荣生先生新近结集的《价值论美学与文艺学研究论集》邀我作序，顿感"蚍蜉戴盆，不能上山"，更不禁想起青年李泽厚给宗白华先生《美学散步》作序时所言："藐予小子，何敢赞一言！"我再三推却，张先生却仍坚持由我写序。我估摸张先生决心已定，若反复推脱，不仅显得扭捏，更辜负先生的厚意。

我与张先生因我国文艺学学科开拓者——黄药眠结识、结缘，直至成为忘年之交。因博士学位论文《二十世纪五十年代"美学大讨论"学案研究》涉及朱光潜、黄药眠、蔡仪、吕荧、李泽厚、高尔泰等人，其中部分内容与黄药眠相关，导师童庆炳先生希望我能与相关亲历者做些访谈，其中便专门提到张荣生先生。至此，我才慢慢了解到张荣生教授是北京师范大学中文系 1953～1957 年的本科生，是恩师童庆炳先生的学长，大学期间不仅恰逢由黄药眠先生发动的"美学大讨论"，还亲历了黄先生主持的北京师范大学"美学论坛"，更积极撰文参与美学讨论。张先生对学术矢志不渝地热爱、对知识不知疲倦地探索、对真理孜孜以求地追寻，与其师黄药眠先生的"风范"是一脉相承的。

收到张先生邮寄来的打印稿，我久久未能落笔。一来这学期本、硕多门课程教学任务繁重，二来面对十分敬仰的长辈文稿，确实不知如何下手。许多次，我一页页翻读张先生的文稿时，都不禁在想：眼前这本倾注先生多年心血的学思之著，是在怎样的外界干扰下写作出来的？又克服了多大的内外困难和重负呵！这么一想，张先生的文字与文章，生命与人格，竟跃然纸上，并在我眼中具有了不同寻常的"历史重量"……

　　坚持马克思主义理论与方法，仍是张先生这一代学者美学文艺学研究最为醒目的标识。翻读其文集，无论是对"马克思价值论美学"的理论探索，还是对马克思"物化"概念的学理厘定，都基于《共产党宣言》《资本论》《1844 年经济学哲学手稿》《政治经济学批判》《关于费尔巴哈的提纲》等大量马克思主义经典原著细读基础之上。不同的是，张先生除细读原典外，还能面向时代"现实问题"，并结合古今中西知识状况进行理论反思，问题意识极为鲜明。尤其是《物质生产的物化与艺术生产的物态化——兼论物化术语的滥用》一文，张先生从马克思《资本论》"有形的物"（Ding）与"无形的物"（Sache）切入，对马克思"物质生产""精神生产""物化劳动""物态化劳动"进行了条分缕析的精到分析，并在郑板桥、苏珊·朗格、歌德等中西理论家的著作分析中令人信服地阐明了"物化"与"物态化"的区别，有力反驳了学界对"物化"概念的滥用。这种对马克思主义经典理论"内—外"游走、"古—今"穿梭的学理把握，使得张先生的马克思主义美学研究既不呆板，更闪射出理论的活力。

　　对艺术问题的关注不仅是当下美学研究进一步拓展的重要面向，也恰恰是张先生美学文艺学研究的理论特色。通过与具体文学艺术问题的结合，张先生一方面对《丁香山谷》《清明上河图》等文学艺术作品进行了深入艺术分析，既勾勒其艺术上的理论特色，也辩证阐明其艺术创作中的不足；正是对文学艺术作品的理解与具体把握，使得张先生另一方面得以"突入"艺术作品分析的"结构内部"，进一步揭示艺术的审美经验问题。在《文学艺术创作的审美本性》一文中，张先生便结合古今中外大量文艺作品，生动有力地诠释了文学艺术创作的"审美"本性。尤其是在"审美反映"问题上，张先生结合黑格尔、托尔斯泰、曹雪芹等中西理论家、作家的相关理论思想，在深入研究后指出：审美反映是一种"感性的反映"、"个性化的反映"、"充满感情的反映"、"升华的反映"、"媒介的反映"，这些研究观点今天读来仍极为新颖、深刻，令人信服。

　　对价值论美学以及"意象"美学范畴的反思性研究，是张先生美学研究的又一重要贡献。认识论美学和实践论美学是当代中国美学很长一段时期内的主导范式，尽管价值论美学曾于世纪之交引起学界关注，但很快又被生活论美学、身体美学、生态美学等范式盖过。因而，价值美学的思想方法，尤其是马克思经典著作中关于价值论的诸多理论论述，并未得到有效发掘和整理。据此，张先生围绕"客体"与"审美对象"等审美活动中的几个关键概念，从价值论视野予以了重新阐发和诠释，不仅纠偏了过去学界对这些概念的滥用和混淆，更激活了马克思主义价值论美学方法在当下语境中的重要意义。关于"意象"问题，同样是学界时下研究热点之一，继叶朗先生在《美学原理》等著作中明确标举"美在意象说"外，近来华东师大朱志荣教授也大力倡导"意象美学"，引起学界不少争论。张先生《评"美在意象"说》《诗歌意象与诗性智慧》《意象派和意象派的诗歌理论》以及《中国古典诗歌与美国意象派诗人的审美追求》等系列文章，恰好对相关理论问题既有理论洞悉，又有个案考察，对学界相关话题的研讨和推进，必有其理论参考价值。

该文集对中西比较诗学、中国当代美学史、中西文化精神等美学文艺学问题也有深入探索和观照，读者读之自知，定能有所得。据张先生家人说，尽管张先生退休多年，但每周都有好几天在学校图书馆读书、写作、抄记卡片，"日出而作，日落而息"。这种一心向学的精神，也从文集中收入的我对张先生的访谈文章《黄药眠与"美学大讨论"的潮起潮落》一文中得到清晰体现。为了回答我的访谈，张先生亲笔足足写了20多页A4稿纸，其中多页还反复粘贴、剪辑和标注。当我收到张先生邮寄来的访谈文稿时，不禁对其学深感震撼、对其人愈发敬仰，更感受到老一辈学人对学术的虔诚、严谨和信仰。

行文至此，忽想起《诗经·卫风·淇奥》

瞻彼淇奥，绿竹猗猗。

有匪君子，如切如磋，如琢如磨。

瑟兮僩兮，赫兮咺兮。

有匪君子，终不可谖兮。

我想：《诗经》中描述的这种品德良善、深藏如水、厚学仁慈的高雅君子之品格形象，不正是张先生道德文章的最好写照吗？"桃李不言，下自成蹊。"衷心祝愿张先生将钟爱的美学文艺学研究事业不断进行下去，并愿先生身康笔健、学术常青！

李圣传

2020 年 10 月 6 日于北京

马克思的价值论美学思想

作为关系范畴，价值论的要素有三，即主体，与主体相关联的对象以及主体与对象关系中所形成的效应。

马克思价值论的主体首先是实践主体，即从事实际活动的人。马克思不仅是哲学意义的实践主体，而且是作为无产阶级革命家的实践主体，早在 1835 年，时年 17 岁的马克思中学毕业面对未来，义无反顾地选择为人类谋幸福的志向，1841 年，在博士论文中，马克思写道，"普罗米修斯是哲学历书上最高尚的圣者和殉道者"[1]，进一步肯定了自己的志向。

恩格斯曾赞扬资产阶级革命是一个需要巨人而且产生了巨人的时代，无产阶级革命也需要巨人而且产生了马克思这样的巨人。作为实践主体、马克思参加 1848 年 3 月爆发的德国革命，支持了 1848 年法国的六月起义，热情洋溢地支持法国无产阶级革命和他们建立的第一个无产阶级政权巴黎公社。他与恩格斯一道创立无产阶级第一个国际组织"国际工人协会"，把"正义者同盟"改造成为历史上第一个无产阶级政党"共产主义者联盟"，并为它制定了无产阶级革命和无产阶级政党党纲的《共产党宣言》。

《共产党宣言》宣告了自原始土地公有制解体以后，全部历史都是阶级斗争的历史，自由民与奴隶，贵族与平民，领主与农奴，行会师傅与帮工，压迫者与被压迫者始终处于相互对立的地位，进行有时是隐蔽有时是公开的斗争。封建社会灭亡中产生出来的现代资产阶级社会并没有消灭阶级的对立，随着蒸汽和机器引起的第一次工业革命，现代化大工业所建立的世界市场使资产阶级创造的生产力比过去一切时代的全部生产力还要多，还要大。

资产阶级生存和统治的根本条件是生产资料掌握在少数资本家手里，工人变成了机器单纯的附属物，仅仅为增值资本而生活，并且只有在资产阶级作为统治阶级利益需要他生活的时候才能生活，大工业的发展使工人阶级通过联合而达到的革命团结代替了过去的分散状态，工人阶级成了资本主义社会的掘墓人。

与形形色色打着社会主义招牌的团体不同，《共产党宣言》的任务是宣告现代资产阶级所有制必然灭亡，作为最自觉最坚决的阶级力量，共产党人团结一切无产者，支持一切反对现存社会制度和政治制度的革命运动，《共产党宣言》号召全世界无产者联合起来，代替那存在着阶级和阶级对立的资产阶级旧社会的，将是这样一个联合体，在那里，每个人的自由发展是一切人的自由发展的条件。

马克思、恩格斯合作撰写的《共产党宣言》一经问世就震动了全世界。恩格斯说：《共产党宣言》是"全部社会主义文献中传播最广和最具有国际性的著作"[2]，按照《共产党宣言》建党的中国共产党领导中国人民从一个胜利走向另一个胜利，有力地证明了《共产党宣言》的伟大意义。

作为认识主体，马克思是最伟大的思想家的认识主体，马克思不仅发现了人类历史发展规律，一个民族、一个时代的一定经济发展阶段构成基础，人们的国家制度，艺术与宗教等观念都是从这个基础上产生和发展的。不仅如此，马克思还发现了现代资产阶级社会特殊运动规律，[3] 任《莱茵报》编辑时，第一次面对所谓物质利益的难事，而关于自由贸易和保护关税的辩论是促使马克思研究经济的最初动因。资本主义的生产方式以及与之相适应的生产关系和交换关系的典型地点是英国，《资本论》的理论阐述主要以英国作为例证。剩余价值的发现，揭示了现代资本主义生产方式和它所产生的资产阶级社会特殊的运动规律，一举破除了资产阶级经济学家或社会主义批评家在黑暗中摸索的研究，一切都豁然开朗了。

产品并不是商品，《资本论》从分析商品这个资本主义最普通最常见的元素开始，作为外界对象，商品包含使用价值和价值两个因素，资产阶级古典经济学家承认劳动的价值理论，把生产商品的劳动看作价值的源泉，但是他们说明不了价值的实质和生产商品劳动的性质，因而走入了困境。马克思发现和说明了生产商品劳动的二重性，他指出，生产商品的劳动是在特定形式下的具体劳动，它创造了使用价值，从另一方面看，劳动抽掉具体形式，作为无差别人类劳动结晶的是抽象劳动，价值的实体就是抽象劳动的对象化或物化，这一点是理解政治经济学的枢纽。由于商品生产是在社会分工和私人劳动条件下进行的，私人劳动和社会需求的矛盾规定了商品交换的必然性，故此价值体现的是商品生产者之间的社会联系。《资本论》通过价值形式的分析，指出货币是起着一般等价物作用的特殊商品。剩余价值生产的起点是货币转化资本，劳动力作为商品是资本主义生产的结果。资产阶级经济学家从来没有把劳动力和劳动区分开来，是马克思第一次把它们加以区分，劳动力的价值等于生产和再生产劳动力所有者及其家属生活资料的价值，资本家雇佣工人所创造的价值除了补偿劳动力的价值之外，剩余价值则被资本家无偿地占有，在劳动二重性基础上，《资本论》揭示了资本主义生产既是生产使用价值的过程，又是生产剩余价值的过程，在必要劳动时间内工人生产自己劳动力价值的等价物，这是必要劳动，在剩余劳动时间内工人无偿地为资本家生产剩余价值，这是剩余劳动，资本家购买的不是劳动而是劳动力。雇佣工人无偿劳动创造出来的全部剩余价值，经过流通过程得到实现之后，最终为社会各个剥削集团进行分配，正如恩格斯所指出的"全部现存的社会制度都是建立在这种无酬劳动之上的"[4]，为了维护资本主义剥削制度，资产阶级竭力掩盖剩余价值和可变资本的特定联系，因为这"正是他们的利益所在"，在《资本论》中，马克思尖锐地指出："资本来到世间，从头到脚，每个毛孔都滴着血和肮脏的东西。"[5] 资本主义生产的社会性和资本主义私人占有形式之间的矛盾，必将导致资本主义私有制的灭亡，随着社会生产的无政府状态的消失，无产阶级取得社会权力完全自觉地自己创造自己的历史，这是人类从必然王国进入自由王国的飞跃。

马克思的审美主体论是价值论的审美主体论，作为审美主体，需要一定的艺术修养，马克思具有很高的艺术修养与审美情趣，他不仅能阅读欧洲许多国家的文字，能用德、法、英三种文字写作，而且写得非常好，马克思认为"外国语是人生斗争的一种武器"。马克思喜欢"啃书本"，他最喜欢的作家是莎士比亚，埃斯库罗斯和歌德，根据拉法格的回忆：马克思把埃斯库罗斯和莎士比亚当作人类两个最伟大的戏剧天才来热爱他们。他每年总要重读埃斯库罗斯的希腊原文著作，他特别热爱莎士比亚，专门研究过莎剧，连莎剧中最不惹人注目的人物都很熟悉。马克思一家对这位伟大的英国戏剧家有一种真诚的信仰，受马克思的影响，他的三个女儿都能背诵莎士比亚的作品。[6]

马克思的价值论美学思想集中体现在1844年《巴黎手稿》中，马克思写道："一个种的整体特性、种的类特性就在于生命活动的性质，而自由的有意识的活动恰恰就是人的类特性"[7]，从这一基点出发，马克思论析了人类与动物类生命活动的区别，最重要的是："动物只是按照它所属的那个种的尺度和需要来构造，而人却懂得按照任何一个种的尺度来进行生产，并且懂得处处都把固有的尺度运用于对象；因此，人也按照美的规律来构造。"[8] 蜜蜂、海狸、蚂蚁属于不同的物种，它们只能按照自己物种的尺度和需要营造巢穴或住所，蜂房和蚁穴的不同在于蜜蜂和蚂蚁的尺度和需要不同，蜜蜂用蜂蜡建蜂房的本领使许多建筑师感到惭愧，马克思认为，即使最蹩脚的建筑师从一开始就比最灵巧的蜜蜂高明，因为人类作为有意识的存在物，劳动过程结束时的结果，在过程开始时就已经观念地存在着。他不仅使自然物发生形式变化，同时他还在自然物中实现自己的目的，这个目的是他所知道的，是作为规律决定着他的活动的方式和方法的。所谓懂得按照任何一个种的尺度进行生产，指的是合规律性，所谓懂得处处都把固有的尺度运用于对象指的是合目的性，对象世界包含各种各样的事物，任何一个种的事物都有自己特有的尺度，比如石头有石头的尺度，黏土有黏土的尺度，石头的尺度不同于黏土的尺度。人类最早最普遍的生命活动是工具的制作和使用，作为石器，最初的人从偶然发现石块的坚硬和刃片的锋利，到有意识地按照自己的目的和需要将混沌状态的石块做成砍砸器、刮削器和针状器，中间不知经历了多少万年。制作一把石斧，必须选择一块形状适合的石块，从正确的角度击打需要运动能力和认知能力的协调，需要将适度的力量施于正确的部位，经过无数经验的积累和发展，最初的人才把石斧做成两侧光洁对称，一端厚重一端具有锋刃的最佳形制，石斧的标准化和定型化体现了造型的完美。制作陶器，需要经过火的焙烧给无形式的黏土以符合人类目的和需要的非自然形式，无数经验证明圆形能以最小的周边构成最大的容积，而且圆形便于泥坯的旋转加工，因而不论是陶器还是以后的瓷器大都做成圆的。三足器具有简洁、明快、稳定、刚健的形式感。青海大通出土的舞蹈纹陶盆，盆内顶端三组舞者飘逸流畅的舞姿纹饰具有一种超越实用目的的形式美。汽车最早复现了马车的样式，以后根据空气动力学原理设计成流线型，极大地解决了空气阻力问题。火车、轮船、飞机以至火箭、导弹和航天器根据空气动力学无不采用流线型，流线型功能美的背后实际隐含了按照马克思的人的固有尺度和美的规律来构造的要求。

我们国家内蒙古库布其沙漠的治理具体而微地验证了马克思"通过实践创造对象世界，改造无机界，人证明自己是有意识的类存在物"[9] 的精神。

库布其蒙语的意思是"弓上的弦"，黄河宛如弓背，阴山横亘东西，勾勒出这块总面积 1.86 万平方公里的中国第七大沙漠。多少年来，这里流沙滚滚，赤地千里，一年一场风。从春刮到冬，如今，沙柳、柠条、梭梭等沙漠植物形成了绿色的海洋，七个美丽的湖泊点缀着沙漠腹地，跟湖岸茂密的植被组成了美丽的沙漠绿洲，经过 30 年不懈的努力，库布其绿化面积为 969 万亩，涵养水源 240 多亿立方米，创造生态财富 5000 多亿元，十万多农牧民脱贫。

要治理流沙，先得绿化固沙，亿利资源集团前身杭锦旗盐场从 1997 年开始，先后组织了七万人次治沙大会战，历时七年修建了全长 115 公里的穿沙公路，两侧宽阔的绿色走廊将广袤的沙漠化整为零，收到了分而治之的效果。肯塔拉生态景区沙丘披上了白色网状的外衣，这种可降解的聚乳酸沙袋沙障是一项拥有自主知识产权的创新沙障技术，同草方格、沙柳传统沙障比较，铺设效率提高三到五倍，材料搬运量大幅减少，经过十年左右可完全降解，杜绝了化学残留和二次污染。

30年来，库布其人创造一系列世界领先的治沙技术，走上了一条科技防沙、产业化治沙的新路，研发了沙柳、柠条、花棒、杨柴等1000多种耐寒耐旱耐盐碱的沙漠植物种子，建成了中国西部最大的沙生灌木及珍奇濒危植物的种质资源库，开创了豆科植物大混交植物固氮改土的沙漠生态工艺包。与此同时，他们改变了传统种树方式，经过反复试验创新出气流法植村，水冲沙柳植树、无人机植树、"微创"植树技术和精准浇灌技术等200多项沙漠生态技术成果。

沙漠既是生态脆弱区，又是深度贫困区，改善生态环境跟发展经济、脱贫攻坚密不可分，在发挥企业主体积极性的同时也得发挥广大农牧民主体的积极性。快60岁的吴直花是杭锦旗的国家贫困户，为了帮助吴直花脱贫，在当地政府指导下，当地企业给她分了30亩沙地，种植有治沙改土和药用经济价值的甘草，企业包培训，包技术，包种苗，包收购，甘草平移生长的技术让一棵甘草治沙面积扩大十倍，通过种植甘草，吴直花一家不仅摆脱了贫困，而且住进了新房。到目前为止、库布其甘草种植面积达220万亩，带动1800多户，5000多人脱贫。通过电子商务，沙地生产的无污染蔬果不仅价高而且网店里供不应求。

亿利资源集团在沙漠规划了1000兆瓦太能光伏光热治沙发电综合示范项目，利用每年3180小时日照资源，并网发电310兆瓦，实现了板上发电，板下种草，板间养殖，治沙改土，进行产业扶贫。

通过政府政策性指导，企业产业化扶贫，农牧民市场化参与，技术持续化创新，库布其沙漠生态模式实现了治沙及减贫的双赢，获得国际社会的广泛认同，这也就印证了习近平提出的绿水青山就是金山银山的理念，相当完美地体现了马克思提出的按照人的两种尺度，按照美的规律创造对象世界，改造无机界的思想要求。

享受是马克思价值论美学题中应有之义。在《巴黎手稿》中，马克思曾三十多次提到享受，在谈到积极扬弃私有财产和私有制时，马克思写道："正像社会本身生产作为人的人一样，社会也是由人生产的。活动和享受，无论就其内容或就存在方式来说，都是社会的活动和社会的享受。"[10] "对私有财产的积极扬弃，就是说，为了人并且通过人对人的本质和人的生命、对象性的人和人的产品的感性的占有，不应当仅仅被理解为直接的、片面的享受。"[11] 审美主体的肯定方式是和人类的特性即自由的有意识的活动联系在一起。在私有制的资本主义社会里，由于生产资料掌握在资本家手里，工人生产的产品不但不为工人所拥有，反而成为支配工人异己的敌对力量。劳动本是人类最基本的生命活动，在资本主义制度下，工人在劳动中不是肯定自己，而是否定自己，不是感到享受，而是饱受肉体的摧残和精神上的折磨。作为类存在物，在资本主义制度下人类的本质异化为非人，异化的结果导致了阶级的对立，导致了无产阶级对资产阶级的对抗斗争，正如马克思写的："劳动为富人生产了奇迹般的东西，但是为工人生产了赤贫。劳动生产了宫殿，但是给工人生产了棚舍。劳动生产了美，但是使工人变成畸形。劳动用机器代替了手工劳动，但是使一部分工人回到野蛮的劳动，并使另一部分工人变成了机器。劳动生产了智慧，但是给工人生产了愚钝和痴呆。"[12] 共产主义作为对私有财产即人的自我异化积极的扬弃，通过人并且为了人对人的本质的真正占有，是人向自身，也就是向社会的即合乎人性的人的复归，是人的一切感觉和特性的彻底解放。已经生成的新社会创造着具有人的本质全部丰富性的人，创造着丰富的、全面而深刻的感觉的人，这自然包含具有丰富性的享受。

二

马克思的审美对象论是价值论的审美对象论，马克思明确地将对象和客体区别开来，国内众多学者习惯于把对象和客体混为一谈，实际上对象并不是客体，尽管在英语中，对象和客体均为 object，但在中国文化语境中，恋爱中的主体称其所爱者为对象，其他异性均是客体；在德语中，所谓对象 Gegenstand 的意思和中文差不多，gegen 指面对着，stand 指站立或站立的东西，连起来就是：在我们（主体）对面站立着的一个东西。[13]（杨适《人的解放——重读马克思》）。在《巴黎手稿》中，马克思写道："你对人和对自然界的一切关系，都必须是你现实的个人生活的、与你的意志的对象相符合的特定表现。如果你在恋爱，但没有引起对方的爱，也就是说，如果你的爱作为爱没有使对方产生相应的爱，如果你作为恋爱者通过你的生命表现没有使你成为被爱的人，那你的爱就是无力的，就是不幸。"[14] 很明显，马克思是从主体（你）和对象的关系中论证对象的，恋爱关系必须是你现实个人生活与你的感情与意志相符合的特定表现，作为恋爱者，你既得爱对方，对方也得相应地爱你，这才能现实地互为对象，而不是互为客体。恋爱关系如此，对人对自然界的一切关系也是如此，对象不仅与主体密切相连，而且这一主体是现实的个人。马克思的话有两个要点：1.对象必须与你的现实的个人生活相符合。曹雪芹根据现实的个人生活这一对象，将自己的亲见亲闻的几个女子的离合悲欢、兴衰际遇、按迹寻踪，创作出"浮生著甚苦奔忙，盛席华筵终散场，悲欢千般同幻泡，古今一梦尽荒唐"的不朽杰作《红楼梦》。吴冠中认为绘画主要表现对象的美感，形式美是美术创作中关键的一环，张家界国营林场连绵不断密集的石峰陡壁直戳云霄，石峰石壁直线林立，横断线曲折有致，相互交错组成形式结构之美，深深打动了吴冠中。为了探求绘画之美，他辛辛苦苦踏过雁荡、武夷、青城、峨眉诸多名山，它们都比不上这无名的张家界，于是写下了"养在深闺人未识——失落在深山里的风景明珠"。吴冠中对张家界这一自然审美对象的发现，显然是他现实个人生活与对象相符合的特定表现。2.对象必须与主体（你）的意志相符合，为了达到既定的目的需要个人顽强的意志，马克思为人类解放这一崇高的共产主义理想而奋斗一生。为了研究资本主义社会写作《资本论》，四十年如一日地在英国博物馆内的图书馆，研读了大量政治经济学文献，读过的书达1500多种，写的摘录、杂记、手稿加起来有100多本。在给友人的一封信里，马克思写道："我一直在坟墓的边缘徘徊。因此，我不得不利用我还能工作的每时每刻来完成我的著作"[15]，这一研究对象和马克思的坚韧不拔的意志是分不开的，因此对象之不同于客体，首先在于对象与现实的个人生活，与其意志是分不开的，而客体则是普泛的存在。

其次，对象不仅是感性的，而且是外在的。马克思认为："说一个东西是感性的即现实的，是说它是感觉的对象，是感性的对象，也就是说在自身之外有感性的对象，有自己的感性的对象。"[16]马克思以饥饿作为例证，饥饿是自然的需要，为了解除饥饿，需要自身以外的自然界、自身以外的对象。这一对象既是感性的又是外在的，尽管用手、指甲和牙齿啃生肉和用刀叉吃熟肉解除饥饿的方式不同，但肉类作为食物而成为对象不是在肉类单独存在而是在解除饥饿时才是对象。马克思还以太阳和植物的关系作为例证，马克思写道："太阳是植物的对象，是植物所不可缺少的、确证它的生命的对象，正像植物是太阳的对象，是太阳的唤醒生命的力量的表现，是太阳的对象性的本质力量的表现一样"[17]。如果太阳是孤零零地存在着，或者植物与太阳无关，太阳就不是植物的对象，植物也不是太阳的对象，所以马克思断然指出："只要我有一个对象，这个对象就以我作为对象。"[18]客体之不同于对象，正因为它存在于我的感性和感觉之外。

再次，对象之不同于客体，在于对象具有现实性和当下性，客体具有可能性和普泛性。在《政治经济学批判（1861～1863年手稿）》中，马克思指出："一个歌唱家为我提供的服务，满足了我的审美的需要，但是，我所享受的，只是同歌唱家本身分不开的活动，他的劳动即歌唱一停止，我的享受也就结束；我所享受的是活动本身，是它引起的我的听觉的反应。"[19]歌唱家的歌唱作为审美对象是和歌唱家本身的活动联系在一起的，具有现实性和当下性，歌唱一停止，作为审美主体的我的享受和听觉反应也随之结束。杜夫海纳说得好："审美对象的存在，就是通过观众去体现的。是否说博物馆的最后一位参观者走出之后，大门一关，画就不存在了呢？不是。它的存在并没有被感知，这对任何对象都是如此，我们只能说：那时它再也不作为审美对象而存在，只作为东西而存在。如果人们愿意的话，也可以说它作为作品，就是说仅仅作为可能的审美对象而存在。"在《1857～1858年经济学手稿》中，马克思写道："一条铁路，如果没有通车，不被磨损，不被消费，它只是可能的铁路，不是现实的铁路。"同时，马克思还指出，一件衣服由于穿的行为才现实地成为衣服，一间房屋无人居住，事实上就不成为现实的房屋，客体的可能性与普泛性与对象的现实性与当下性，其内涵并不一样。是否可以认为，客体的可能性是未展开的现实性，对象的现实性和当下性则是由于现实主体的参与而成为已经实现的可能性。可能性的铁路，没有穿上身的衣服，无人居住的房屋，由于没有进入现实的与主体关系之中，它具有的是可能性和普泛性。在同一手稿中，马克思所说："主体是人，客体是自然，"主体与客体只是具有抽象性与普泛性，绝对不是具有现实性与当下性的主客体。

从马克思关于劳动对象化的论述中，也可以见出客体与对象的区别，在《政治经济学批判（1857年～1858年手稿）》中，马克思在谈到工具被用作工具，材料成为劳动的材料，由于这样一种简单的过程，即工具和原料同劳动接触，成为劳动的手段和原料，从而成为活劳动的对象化，成为劳动本身的要素，在这个意义上，在《1844年经济学哲学手稿》马克思写道"劳动产品是固定在某个对象中物化的产品，这就是劳动的对象化"，客体不是对象，则不能进入对象化的领域。也正因为对象不同于客体，在《关于费尔巴哈的提纲》中，马克思做了极其精辟的总结："从前的一切唯物主义（包括费尔巴哈的唯物主义）的主要缺点是：对对象、现实、感性只是从客体的或直观的形式去理解，而不是把它们当作感性的人的活动，当作实践去理解，不是从主体方面去理解。"和客体不同，对象和感性的人的活动，和实践、和主体是密切联系在一起的。

在《巴黎手稿》中，马克思从"最美丽的景色"、"最美的音乐"两个方面论述了审美对象。

所谓景色，"景"指景致、风景，"色"指形状、外观。诸如山水、树木、花草，以至栖息于自然环境中的鸟兽，都是大自然所提供的景色。马克思认为，大自然的千变万化和无穷无尽，以及玫瑰和紫罗兰的芳香具有悦人心目的效应，好像要诠释马克思所提出的观点，1840年6月，恩格斯写有《风景》，1841年写有《漫游伦巴第·翻越阿尔卑斯山》，在伦敦开往利物浦的列车上，恩格斯看到这个到处都有缓缓起伏丘陵的国家，在不太明亮的英国式阳光照耀下有着神奇的魅力。大自然用几座小丘、一片田野、一些树木和所放牧的牲畜，制作出千万幅优美的风景，整个地区就像一座花园。对于荷兰风景，恩格斯则认为十分单调平凡，没有灵性。在阿尔卑斯山脉最高一座山的山顶，整个湖面一览无余，绿水青山，交相辉映。在阿尔卑斯山的另一边，可以看见绿草如茵的山谷，山坡上自上而下生长着翠绿的橡树林和黛绿的云杉林，一片绿色的海洋中，丘陵似波浪起伏，一幢幢房屋如同大海中的航船。南面，从少女峰至赛普蒂默山口和尤利安山口，闪光的冰川绵延天际，5月的太阳从上面，从蔚蓝的天空将光辉洒向盛装的世界，湖泊、田野和山峦竞相争辉，真是气象万千。恩格斯的眼里和笔下，这些自然景色就是审美对象，因为他感受到了这优美景色的神奇魅力。

马克思价值论美学一个根本性特征是自然向人生成。作为景色有一个自然向人生成的过程，具有无限威力，可怕而又恐怖的自然对原始人来说不是审美对象。《淮南子·览冥训》中是这样描述的："往古之时，四极废，九州裂，天不兼覆，地不周载。火爁焱而不灭，水浩洋而不息。猛兽食颛民，鸷鸟攫老弱。"出于对自然的恐惧与敬畏，《楚辞·招隐士》面对"虎豹斗兮熊罴咆，禽兽骇兮亡其曹"，诗人发出了"王孙兮归来，山中兮不可久留"的呼唤。《抱朴子·登涉》从道家的观点指出："山无大小，皆有神灵，山大则神大，山小即神小也，入山而无术，必有患害。"中国古代神话传说中的女娲补天，后羿射日，精卫填海，大禹治水，愚公移山确证了先民对自然所进行的艰苦卓绝的斗争。随着劳动而开始对自然界的统治，经过对象化的自然向人生成，人们在自然对象那里发现新的、以往所不不知道的属性，小溪、河流、湖海、山峰、平原、峡谷、森林成为人们感觉和行动的实践对象、认识对象，以至成为感情贯注的审美对象。钱锺书在《管锥篇》指出："（山水）终则附庸蔚成大国，殆在东晋乎。袁崧《宜都记》一节足供标识……游目赏心之致，前人抒写未曾。"[20]《宜都记》写三峡："常闻峡中水疾，书记及口传悉以临惧相戒，曾无称有山水之美也。及余来践跻此境，既至欣然，始信耳闻之不如亲见矣。其叠崿秀峰，奇构异形，固难以辞叙，林木萧森。离离蔚蔚，乃在霞气之表。仰瞩俯映，弥习弥佳，流连信宿，不觉忘返。目所履历，未尝有也。既自欣得此奇观，山水有灵，亦当惊知己於千古矣！"袁崧对三峡不仅不恐惧，而且引山水为知己以至欣然，正是在这个意义上，袁崧是中国山水审美的第一人，"知己说"指出了人与山水交融的特殊关系，"欣然说"则指出这一特殊关系所形成的审美效应，"知己说"与"欣然说"对自然山水作为审美对象的确立，意义极为重大。袁崧之前，《诗经》《楚辞》虽有花鸟草虫山川的叙写，但都是一种陪衬，"蒹葭苍苍，白露为霜"，是烘托"所谓伊人，在水一方"的背景；《楚辞·湘夫人》"袅袅兮秋风，洞庭波兮木叶下"这一凄清苍茫的秋景也是点染抒情女主人公湘夫人的心境。

西方的山岳意味着山中群魔乱舞。比如德国东部哈尔茨山顶布罗肯，每当瓦普几司之夜，女妖在山顶上跳舞，令人毛骨悚然。根据《意大利文艺复兴时期的文化》作者布克哈特的考查，欣赏自然美的能力有一个长期而复杂的发展过程，古代的艺术和诗歌在尽情描写人类关系的各个方面之后才转向描写大自然。准确无误证明大自然对人类精神有深刻影响的是但丁，人们一直相信山顶上有宝藏，却又迷信地害怕这种山顶，但丁不仅用一些有力的诗句唤醒我们对于清晨的新鲜空气和远洋颤动的光辉，或者暴风雨袭击下森林的壮观的感受；充分而明确表明自然感受具有重要意义的是佩特拉克，他以现代人的意识把画境、山色的美丽和大自然的实用价值区别开来，从都市的喧嚣逃离到宁静的乡村。他是第一个出于对高山的兴趣而不顾劝阻带着弟弟和两个乡人攀登阿维尼翁附近的文图克斯山的顶峰，在山顶尽情享受了无法用语言文字来形容的美景。

不论是袁崧还是佩特拉克，为风景本身而欣赏风景，这是真正进入审美关系的标志。中国以山水作为自然的表征，原因是山大物也，水活物也，秦岭、昆仑、太行以及长江、黄河、淮河等高山大川，深刻影响着重农的华夏民族，正如郭熙在《临泉高致》中所概括的：山得水而活，水得山而媚，"今得妙手，郁然出之，不下堂筵，坐穷泉壑，猿声鸟啼，依约在耳，溉漾夺目，斯岂不快人意，实获我心哉！此世之所以贵夫画山水之本意也。"

值得注意的是不论在中国还是在西方，人们对自然景色态度的转变，诗歌和绘画都扮演了重要角色，继陶渊明田园诗之后，谢灵运的山水诗标志着一种新的自然审美观念和趣味，呈现了"情必极貌以写神，辞必穷力而追新"的性情渐显、声色大开的创新性。山水诗的发展推动了山水画的发展，隋展子虔的《游春图》作为现存最早的山水画，表现了悦目怡情的自然风光，山水诗和山水画的发展，又广泛而深刻地影响了国人对自然山清水秀的观感。欧洲风景画出现于 17世纪的荷兰，促成了 18 世纪风景画的发展，以风景为主题的绘画，开始成为都市人心灵的慰藉，改变了欧洲人对危险重重、令人不快的阿尔卑斯山的情结。随着 19 世纪欧洲浪漫主义的兴起，欧洲画家的视野开始拓展到天空、大地、海洋以至荒野，至此，真正意义的风景画才最后形成，代表那一时期欧洲风景画艺术高度的是透纳和康斯太布尔。华兹华斯的诗歌则使英格兰湖区成为旅游胜地。文化成为旅游的灵魂，旅游则是文化的载体。作为一种文化体验，旅游越来越成为如今休闲消费的选择。

与景色相连的是音乐。作为人类的第二语言，诗歌、音乐、舞蹈在人类早期文化中一直有着重要地位。马克思认为："只有音乐才激起人的音乐感。""激起"这个词突出了音乐给人的感觉是急剧强烈的。早在 2000 多年前，亚里士多德在《政治学》中就已经指出："人们都承认音乐是一种最愉快的东西，无论是否伴着歌词。缪苏斯说得好，'对凡人来说最快乐的事是歌唱'，人们聚会娱乐时，总是要弄音乐，这是很有道理的，它的确使人心畅神怡。"[21]试看如今的音乐演唱会上，有多少粉丝挥舞着荧光棒众口一声应和着歌唱家。

音乐始于语言穷尽之处，与文字符号表现一定的意义不同，"我们被打动了，但我们不知道是怎样打动的"（爱默生），通过节奏的轻重缓急、旋律的起伏、音色感性的特色，音乐深入到人们心灵的深层，表现出独具感情魅力。难怪两千多年前的孔子闻韶，三月不知肉味，"不图为乐之至于斯也"；列宁喜爱贝多芬的《热情交响曲》，说："我不知道还有比《热情交响曲》更好的东西，我愿意每天都听一听，这是绝妙的人间所没有的音乐。"

音乐作为人类最古老的艺术，最初和诗歌舞蹈交融在一起，音乐虽然不是情感，却是情感的最佳载体。黑格尔《美学》指出，音乐运用发自内心的声音，所能达到的是那种非文字可以表达的需由心领神会的妙境。作为世界十大名曲之一的二胡曲《二泉映月》表现了艺人阿炳饱尝人间坎坷的一生。开头是短短的乐句，音节下行的旋律仿佛是一声沉重的叹息，主题乐段之后，以变奏的形式反复倾诉对命运的叩问，随着主题乐段的第五次变奏，乐音回肠荡气，渐慢渐弱，深沉地表现出须由心领神会的妙境，著名指挥大师小泽征尔聆听之后说，断肠之感，这句话太合适了，这一乐曲只应该跪着去听，这一音乐感正是《二泉映月》作为审美对象激起的。

人所面对的自然界是感性的自然界，人的感觉器官，特别是有音乐感的耳朵、能感受形式美的眼睛，那些能成为人的享受的感觉，都是由于它的对象的存在，由于人化的自然界，才产生发展出来，席勒说得好：当人还是野蛮人的时候，他就只享受触觉的快乐。当他开始用眼睛来享乐时，视觉对于他获得了独立的价值，他也就具有了审美自由。[22] 自然界通过感性的形式，作为一种显而易见的事实，表现出人类的本质，对审美主体来说，需要和享受失去了自己利己主义性质；对审美对象来说，则是自然界失去了自己的纯粹有用性，因而审美对象一个重要特征就是具有感性的形式。

《世说新语》载顾长康从会稽还，人问山川之美，顾云："千岩竞秀，万壑争流，草木蒙笼其上，若云兴霞蔚。"长康是东晋杰出画家顾恺之的字号，时人传顾有三绝，即才绝、艺绝、痴绝，顾的回答可谓精警之至。"千岩""万壑"极言其多。"竞秀"，指千岩之美，"争流"指"万壑"水流之美，"蒙笼其上"的草木，顾长康用天空云的兴起，彩霞的弥漫写其外观。寥寥数语，以形写神地勾画出当时"万类霜天竞自由"原生态的自然景色，这一原生态的自然景色是引起顾长康的欣喜的原因，正如恩斯特·卡西尔指出的：审美时，我们不再生活在事物的直接实在性之中，而是生活在活生生的形式之中。当对象失去自己纯粹的有用性，形式就成为比内容更高级、更为考究的东西。

三

美学上有个难题，这就是20世纪30年代朱光潜在《文艺心理学》中提出的："比如一朵花本来是红的，除去色盲，人人都觉得它是红的。至如说这朵花美，各人的意见就难得一致，尤其是比较新比较难的艺术作品不容易得一致的赞美，假如你说它美，我说它不美，你用什么精确的客观的标准可以说服我呢？"20世纪50年代，吕荧同样提出："美，这是人人都知道的，但是对于美的看法，并不是所有人都相同的，同是一个东西，有的人会认为美，有的人却认为不美，甚至同一个人，他对美的看法在生活过程中也会发生变化。原先认为美的，后来会认为不美；原先认为不美的，后来会认为美。"多年的美学教学过程中，不少学生也都向笔者提出过这一问题。

从价值论美学出发，在《巴黎手稿》中，马克思对这一美学难题给予了科学的解答，"对象如何对他来说成为他的对象，这取决于对象的性质以及与之相适应的本质力量的性质；因为正是这种关系的规定性形成一种特殊的、现实的肯定方式"。[23] 话题是对象，论题是"对象如何对他来说成为他的对象"，这一论题既排除了认识论美学的主观论，又排除了客观的预定论，而是从对象与主体(他)的关系予以论证。所谓规定性就不是一般的性质要求，而是具有决定意义的性质要求。"对象如何对他来说成为他的对象"包含两个要点，一个是对象的性质，更为重要的是主体本质力量的性质，而且是与之相适应的本质力量的性质。所谓对象的性质指对象打动主体感情的性质，是自然向人生成的结果；所谓本质力量的性质，即人类自由的、有意识活动的性质，具体表现为懂得审美并具有审美能力的性质。"当物按人的方式同人发生关系时，我才能在实践上按人的方式同物发生关系。因此，需要和享受失去了自己的利己主义性质，而自然界失去了自己的纯粹的有用性，因为效用成了人的效用。"[24] 人和现实的关系可以区分为实践关系、认识关系和审美关系，对象成为实践对象、认识对象和审美对象，马克思所说的效用即对象对于主体的意义，亦即价值论美学的审美效应，审美效应的发生，对象是条件，是前提，没有对象的存在，形成不了审美关系；主体则是归宿，由于主体人的存在，对象具有意义，才能产生审美效应。对象的性质是外在尺度，人的本质力量的性质是内在尺度，这一内在尺度使得主体通过对自然的改造懂得处处把自己固有的尺度应用到对象上去，这一内在尺度即价值尺度。

不是任何事物都能进入审美对象的领域，鲁迅所说的毛毛虫、鼻涕、大便不堪入目，自然排除在外，徐复观也认为"并非任何山水皆可安顿住人生"，他还认为："必山水的自身现示有一可供安顿的形象。此种形象，对人是有情的，于是人即以自己之情应之，而使山水与人生成为两情相洽的境界。"[25] 从无情物到有情物姑以花为例：最早的南京花化石存在于1.74亿年前，与侏罗纪的恐龙同时。作为被子植物的花具有一种看不见的竞争力，在亿万年进化过程中，花的繁殖策略是通过色彩、芳香、花蜜来传播花粉，招蜂引蝶，花的自然状态的存在证明了它的合规律性。人们因花的灿烂开放而种花、养花，培育新的品种，花又成为合目的性的存在。牡丹原本遁于深山，南北朝以前无名，混同于芍药，唐代发展成花中之王，刘禹锡诗："庭前芍药妖无格，池上芙蕖净少情；唯有牡丹真国色，花开时节动京城"，"国色"是审美对象牡丹的性质，刘禹锡通过与芍药、芙蕖的对照，显示了牡丹因"国色"而产生的审美效应。"夕阳芳草寻常物，解用多为绝妙词"，和夕阳芳草一样，自然状态的牡丹也是寻常物，"动京城"表明牡丹从寻常物转化为审美对象的有情物，而且是轰动无数京城人们感情的有情物。从寻常物向有情物的转变是自然向人生成的过程。正如马克思指出的："整个所谓世界史不外是人通过人的劳动而诞生的过程，是自然界对人来说的生成过程"，[26] 马克思的价值论美学思想是生成论的美学思想。

对象如何对他来说成为他的对象，不但取决于对象的性质，更为关键的是取决于"与之相适应的本质力量"即主体的性质，克罗齐认为，要判断但丁，我们就须把自己提升到但丁的水平；同理，如果要欣赏贝多芬，我们也须与之相适应地把自己提升到贝多芬的水平，我的对象只能是我的本质力量的确证，对于没有音乐感的耳朵来说，最美的音乐也毫无意义，不是对象。

《列子》记载了这样一个事例：

伯牙善鼓琴，钟子期善听。伯牙鼓琴，志在高山，钟子期曰："善哉，峨峨兮若泰山"，志在流水，钟子期曰："善哉，洋洋兮若江河"，伯牙所念，钟子期必得之。伯牙琴声所要表达的内容，钟子期总能产生与之相适应的音乐感，中国音乐史这一知音的事例，生动地证明了马克思所说的"对象如何对他来说成为他的对象"的科学性。

对主体来说，价值又具有个体性的特征，不仅不同时代、不同民族、不同阶级的价值观存在差异，而且不同的个体也存在差异，尽管人是社会关系的总和，是社会的存在，作为社会存在物，个体是千差万别的，绘画史上的《四爱图》表现了王羲之爱鹅，陶渊明爱菊，林和靖爱梅，周敦颐爱莲的个性差异。马克思指出，人的特殊性使人成为个体，成为单个人的存在物。早在 1842 年 1 月，在《评普鲁士最近的书报检查令》中，马克思就已指出："同一个对象在不同的个人身上会获得不同的反映。"1844 年《巴黎手稿》则进一步指出："人是自我的。人的眼睛、人的耳朵等等都是自我的；人的每一种本质力量在人身上都具有自我性这种特性。"因为任何一个对象对我的意义恰好都以我的感觉所及的程度为限，《巴黎手稿》多次提及的"你""我""他"都是单数而非复数，说明马克思十分重视价值关系中个体性的原则。在《美育书简》中，席勒也同样关注审美关系中的个体性："感觉的快乐我们只能通过个体来享受，而不能通过我们生存的类来享受。我们不能把我们的感官快乐普遍化，因为我们不能把我们的个体普遍化。"[27]

不同层次的审美主体面对不同层次的音乐具有不同的审美效应，《宋玉对楚王问》有很好的记述："客有歌于郢中者，其始曰：《下里》《巴人》，国中属而和者数千人。其为《阳阿》《薤露》，国中属而和者数百人。其为《阳春》《白雪》，国中属而和者不过数十人。引商刻羽、杂以流徵，国中属而和者不过数人而已。"[28]《下里》《巴人》是当时的流行歌曲，所以跟着应和的多达数千人，《阳春》《白雪》、"引商刻羽、杂以流徵"是高雅的音乐，需要很高的艺术修养，不同层次的音乐，与之相适应的应和者也就不同，对于《下里》《巴人》大多数应和者来说，高雅的音乐对他们不是对象，正是在曲高和寡的意义上马克思写道："如果你想得到艺术的享受，那你就必须是一个有艺术修养的人。"

作为现实的肯定方式，一为物质需要的肯定方式、一为特殊的肯定方式，即审美的肯定方式。黑格尔认为，在这种对外在起欲望的关系中，人以感性的个别事物的身份来对待本身也是个别事物的外在对象，用它维持自己，利用它们，吃掉它们，牺牲它们来满足自己，在人类生活的这种自然需要范围里，这种满足在内容上是有限的，狭窄的；今天吃饱睡足，饥饿和厌倦到明天还是依旧来临。[29]马克思同样指出："为了人并且通过人对人的本质和人的生命、对象性的人和人的产品的感性的占有，不应当仅仅被理解为直接的、片面的享受，不应当仅仅被理解为占有、拥有。"另一种肯定方式即特殊的、现实的肯定方式，之所以特殊，是因为自然界失了自己的有用性，需要和享受成为审美的享受。马克思以消费香槟酒和消费音乐为例："如果音乐很好，听者又懂音乐，那么消费音乐就比消费香槟酒高尚。"消费香槟酒只是满足一己口腹之欲，消费音乐给我们是审美的享受，是超越利己主义感情上的快乐和满足。马克思告诉我们，私有制使人变得愚蠢和片面，一个对象为我们所直接占有和使用时才是我们的，一切肉体和精神的感觉都异化为拥有的感觉，人的本质只能归结为绝对贫困，由此，马克思得出了革命性的结论：共产主义是对私有财产即人的自我异化的积极扬弃，是人和自然界之间，人和人之间矛盾的真正解决。对私有制的扬弃，不仅是政治上和经济上的解放，而且是人的一切感觉和感性的解放。对人的感性解放，费尔巴哈热情洋溢地写道："动物只感受得到生活所必要的太阳光。只有人，对星星的无目的的仰望能够给他以上天的喜悦；只有人，当看到宝石的光辉、如镜的水面、花朵和蝴蝶的色彩时、沉醉于单纯视觉的欢乐；只有人的耳朵听到鸟儿的啭声、金属的铿锵声、溪流潺潺声、风的飒飒声时，感到狂喜。"[30]

与自然相对的概念是文化，文化记录了通过改造自然使自然向人生成的历程，所谓人的方式，实际上也就是文化的方式。两千年来，樱花一直在中国受到冷遇，近年来才形成体验异域风情的赏樱热；作为油料作物的油菜人们习以为常，而婺源油菜花旅游产业这些年来引得赏花的人群络绎不绝，一个不见经传的小山城，以原生态的自然风光和古村落一跃成为"中国最美乡村"和"一生必须到地方之一"。在《文化的异国》里，汪曾祺写道："美国也有荷花，但美国人似乎不很欣赏，他们没有读过周敦颐的《爱莲说》，不懂什么'香远益清''出淤泥而不染'。"[31]周敦颐的《爱莲说》已经融入整个中国文化中而传承不衰，正是在这个意义上，马克思认为："艺术对象创造出懂得艺术和具有审美能力的大众——任何其他产品也都是这样。因此，生产不仅为主体生产对象，而且也为对象生产主体。"文化是一个国家、一个民族的灵魂，文化造就了人们的聪明才智，文化塑造了时代和民族的特色，文化赋予天地万物以意义。恩格斯写道："最初的、从动物界分离出来的人，在一切本质方面是和动物本身一样不自由的；但是文化上的每一个进步，都是迈向自由的一步。"

制造工具和使用工具的劳动把人和动物区别了开来，这是最初的自由；从异化的人到完整的人，从肉体上片面的占有到精神上审美的享受，这是自由的进一步扩展。马克思写道："这种关系通过感性的形式，作为一种显而易见的事实，表现出人的本质在何种程度上对人来说成为自然，或者自然在何种程度上成为人具有的人的本质。因此，从这种关系就可以判断人的整个文化教养程度。"审美关系所体现的不是别的而是自由。

从《巴黎手稿》开始，在《德意志意识形态》《政治经济学批判导言》《费尔巴哈论纲》《共产党宣言》《资本论》等一系列著作中，马克思指出私有制导致人的异化，导致人和自然之间、人和人之间的矛盾，而共产主义则是矛盾的真正解决，和发现剩余价值一样，马克思从政治经济学的研究中发现"对象如何对他来说成为他的对象"而建立审美这一特殊的现实肯定方式，不仅具有开创性的美学意义，而且具有伟大的革命意义，恩格斯认为，研究人与现实的关系包括审美关系"不应当在有关的时代的哲学中去寻找，而应当在有关的时代的经济学中去寻找"，因此马克思的价值论美学思想"是从研究政治经济学产生的"。

参考文献

[1]《马克思恩格斯全集》第 1 卷 [M]. 北京：人民出版社，1995：12.

[2]《马克思恩格斯文集》第 2 卷 [M]. 北京：人民出版社，2009：13.

[3]《马克思恩格斯选集》第 3 卷 [M]. 北京：人民出版社，1972：574.

[4]《马克思恩格斯文集》第 3 卷 [M]. 北京：人民出版社，2009：82–83.

[5]《马克思恩格斯文集》第 5 卷 [M]. 北京：人民出版社，2009:871.

[6] 回忆马克思恩格斯 [G]. 北京：人民出版社，1973：4.

[7]《马克思恩格斯文集》第 1 卷 [M]. 北京：人民出版社，2009:162.

[8] 马克思 .1844 年经济学哲学手稿 [M]. 北京：人民出版社，2014：53.

[9]《马克思恩格斯文集》第 1 卷 [M]. 北京：人民出版社，2009:162.

[10]《马克思恩格斯文集》第 1 卷 [M]. 北京：人民出版社，2009:187.

[11]《马克思恩格斯文集》第 1 卷 [M]. 北京：人民出版社，2009:189.

[12]《马克思恩格斯文集》第 1 卷 [M]. 北京：人民出版社，2009:158–159.

[13] 杨适 . 人的解放——重读马克思 [M]. 成都：四川人民出版社，1996：121.

[14] 马克思 .1844 年经济学哲学手稿 [M]. 北京：人民出版社，2014：142.

[15]《马克思恩格斯 < 资本论 > 书信集》[M]. 北京：人民出版社，1976:209.

[16]《马克思恩格斯文集》第 1 卷 [M]. 北京：人民出版社，2009:211.

[17]《马克思恩格斯文集》第 1 卷 [M]. 北京：人民出版社，2009:210.

[18]《马克思恩格斯文集》第 1 卷 [M]. 北京：人民出版社，2009:210–211.

[19]《马克思恩格斯文集》第 8 卷 [M]. 北京：人民出版社，2009：410.

[20] 钱锺书 . 管锥篇 (卷三)[M]. 北京：北京三联书店，2016：1645.

[21] 西方美学家论美和美感 [G] 北京：商务印书馆，1980：45.

[22] 席勒 . 美育书简 [M]. 北京：中国文联出版公司，1984：134.

[23] 马克思 .1844 年经济学哲学手稿 [M]. 北京：人民出版社，2014：83.

[24]《马克思恩格斯文集》第 1 卷 [M]. 北京：人民出版社，2009：190.

[25] 徐复观 . 中国艺术精神 [M]. 桂林：广西师范大学出版社，2007：258.

[26]《马克思恩格斯文集》第 1 卷 [M]. 北京：人民出版社，2009:196.

[27] 席勒 . 美育书简 [M]. 北京：中国文联出版公司，1984：146.

[28] 朱东润主编 . 中国历代文学作品选（上编第一册）[G] 上海：上海古籍出版社，1979：273.

[29] 黑格尔 . 美学（第一卷）[M]. 北京：人民文学出版社，1958：121.

[30] 费尔巴哈哲学著作选集（上卷）[M]. 北京：商务印书馆，1984：212.

[31] 汪曾祺 . 一草一木 [M]. 长沙：湖南文艺出版社，2015：298.

评"美在意象"说

——与叶朗教授商榷

一

唐代柳宗元提出了一个重要的美学命题，即"夫美不自美，因人而彰，兰亭也，不遭右军，则清湍修竹，芜没于空山矣"。据此，叶朗在《美学原理》和彩色插图本《美在意象》中提出了"不存在一种实体化的、外在于人的美"的论断[1]。不存在一种实体化的美这一点笔者同意，不存在外在于人的美（审美对象）这一点笔者则不能苟同。

庄子认为"天地有大美而不言"，不言，说的是天地自身不能言说，不能自行昭显其美。邦达可夫说得好："请想象一下，在地球上再也没有人——在城市的石头走廊上，在荒野的草地上，到处是一片沙沙作响的空旷；没有一点人声、笑声，甚至也没有一点绝望的喊叫来打破这沉寂。那么，我们的地球，这宇宙中鲜花盛开的神奇花园，连同它的日出日落，空气清新的早晨，星光闪烁的夜晚，冰冻的严寒，炎热的太阳，连同它全部的光明，凉快的阴影，七月的彩虹，夏秋的薄雾，冬日的白雪，将又会是怎样的一种情景呢？"[2]萨特写道："这个风景，如果我们弃而不顾，它就失去见证者，停滞在永恒的默默无闻状态之中。"庄子所谓"大美"，显然有别于人所刻意为之之美，管子在庄子这一论断的基础上进一步指出，"人与天调，然后天地之美生"，与人敌对的自然界是没有美的，人与自然处于谐调关系之中，然后才能产生人与天地之间的价值论的审美效应。

清代美学家叶燮在《滋园记》中写道："美本乎天者也，本乎天自有之美也。"？肯定了"天"存在一种自有之美；他在《原诗》中进一步指出："凡物之美，盈天地间皆是也，然必待人之神明才慧而后见。"叶燮的话表明，天地万物向人生成成为一种可能性或现实性的审美对象需要人的神明才慧。人之神明才慧从何而来？笔者认为来自人的物质实践和精神实践，来自外在客观的文化。马克思认为："只有物以合乎人的本性的方式跟人发生关系时，我才能在实践上以合乎人的本性的态度来对待物。"[3]合乎人的本性的方式是文化的方式,文化赋予天地万物以灵气,文化赋予了天地万物以意义,文化也造就了人的神明才慧。

该如何正确理解柳宗元的"美不自美,因人而彰"这一命题呢?彰者,显也,由于人类主体的存在,天地才能彰显其审美性质,正如鲁迅所指出的:"并非人为美而存在,乃是美为人而存在",所谓"美不自美,因人而彰",说明物的审美性质和主体是连接在一起的,没有主体,没有人,事物则不能昭显其美。兰亭作为杜夫海纳所说的可能的审美对象,仍然是客观的、外在于人的:

1. 右军撰写《兰亭序》之前,雅集者选择在此地有崇山峻岭、茂林修竹,又有清流激湍,映带左右,引以为流觞曲水,亦足以畅叙幽情的原因,正是因为看中了此地美丽的风景,符合畅叙幽情的条件。

2. 刘勰《文心雕龙·明诗》指出:"庄老告退,而山水方滋。"山水作为可能性的审美客体或现实性的审美对象跟魏晋文化有着密切的关系。《世说新语》记载:"顾长康从会稽还,人问山川之美。顾云:'千岩竞秀,万壑争流,草木蒙笼其上,若云兴霞蔚。'可见,对山水的审美已进入审美主体的视野,山水是载体,文化是内涵。"

3. 兰亭作为可能性的审美客体与现实性的审美对象至今仍然作为一个景点吸引无数游客前去观赏。

4. 王右军的《兰亭序》只不过增添了兰亭的知名度和文化品位,正如王勃的《滕王阁序》、范仲淹的《岳阳楼记》增添了滕王阁与岳阳楼的知名度和文化品位是同样的道理。

柳宗元的"美不自美,因人而彰"可以成立,"不遭右军,则清湍修竹,芜没于空山矣"不能成立。

对"美不自美,因人而彰"这一论断,我们可以得出以下结论:

1. 20世纪30年代,朱光潜《谈美》就已指出:"你看到峨眉山才觉得庄严、厚重,看到一个小土墩却不能觉得庄严、厚重。从此可知物须先有使人觉得美的可能性,人不能完全凭心灵创造出美来。"朱光潜主张:"美生于美感经验","凡是美都要经过心灵的创造",就是朱光潜也不能否认物须先有使人觉得美的可能性,人不能完全凭心灵创造出美来。

2. 自然审美性质的存在是自然向人生成的结果,它具有文化内涵;随着劳动而开始的人对自然的统治,在每一个新的进展中不断扩大了人的眼界,他们在自然对象那里不断发现新的、以往所不知道的属性,人赖以生活的那个无机自然界的范围越加广阔，自然向人生成的领域也就不断拓展。自然并不是泛泛的天和地，人也不是悬在半空中。小溪、河流、湖海、山峰、平原、森林、峡谷，都是感觉和行动的场所，成为人们的实践对象、认识对象和审美对象。自然向人生成是一个有着具体文化内涵的概念，它具有时代、民族、阶级的内容。

3. 审美对象是外在的，马克思明确指出，对象是主体之外感性的存在，"而非对象性的存在物，是一种非现实的、非感性的、只是思想上的即只是想象出来的存在物，是抽象的东西"。[4]

4. 美究为何物，从柏拉图开始两千多年来始终陷入困境，黑格尔说得好："乍看起来，美好像是一个很简单的观念。但是不久我们就会发现：美可以有许多方面，这个人抓住的是这方面，那个人抓住的是那一方面；纵然都是从一个观点去看，究竟哪一方面是本质的，也还是一个引起争论的问题。"美在意象作为认识论美学的一说，也必然陷于宿命的困境。

5. 价值论美学开辟了美学研究的新天地，作为关系范畴，价值论美学追寻的并不是"美是难的"的美，而是审美主体与审美对象交会时所生成的意义、价值的审美效应，即审美主体根据自身需要和内在尺度，对审美对象的审视所获得的感情上的愉悦与满足。

二

在认识论美学中美是一种抽象，它是无数美的个别的集合，正如恩格斯所指出的：抽象的物质和运动还没有人看到或体验到，实物、物质无非是各种实物的总和，而这个概念就是从这一总和中抽象出来的；运动无非是一切可以从感觉上感知的运动形式的总和。要不研究个别的实物和个别的运动形式，就根本不能认识物质和运动。它们不是可以感觉到的事物，一切认识都是感性上的测度，这正是黑格尔所说的困难：我们当然能吃樱桃和李子，但是不能吃水果，因为还没有人吃过抽象的水果。同理，我们也不可能面对抽象的"美"。与此同时，美学研究也不能单纯从主体、主体的心灵，或者从客体、对象进行考察，正如黑格尔在《美学》中指出的：如果把对象作为美的对象来看待，就要把主体和对象两方面的片面性取消掉，因此，美在意象说仍然摆脱不了认识论美学的困境，黑格尔认为审美带有令人解放的性质，马克思认为，对私有财产的扬弃，是人的一切感觉和特性的彻底解放，但这种扬弃之所以是解放，正是因为这些感觉和特性无论在主体上还是在客体上（应为对象）都成为人的。当物按照人的方式同人发生关系时，我才能在实践上按人的方式同物发生关系，这样需要和享受失去了自己的利己主义性质，而自然界失去了自己的纯粹的有用性，因为效用成了人的效用。审美作为价值论美学的范畴，不仅牵涉到审美主体与审美对象关系的存在，不仅牵涉到审美主体与审美对象关系所发生的审美效应，而且必须认真地研究当物按照人的方式同人发生关系时审美对象的特征，从哲学的可能性与现实性将审美客体与审美对象区分开来。

在《＜政治经济学批判＞导言》中，马克思写道："一条铁路，如果没有通车，不被磨损，不被消费，它只是可能性的铁路，不是现实的铁路。"[5]一件衣服，由于穿的行为，才现实性地成为衣服。一间房屋无人居住，事实上就不成其为现实的房屋。两千多年前的亚里士多德在《形而上学》中写道："现实之于潜能，犹如正在进行建筑的东西之于能够建筑的东西，醒之于睡，正在观看的东西之于闭住眼睛但有视觉能力的东西；已由质料形成的东西之于质料；已经制成的东西之于未制造的东西。"[4]可能性是未展开的现实性，现实性则是已经展开的可能性，可能性是现实事物中的一种代表未来发展趋势的潜在，现实性则是已经实现的可能性。正是在这个意义上，汉斯・科赫在《马克思主义和美学》中写道："花可以具有审美享受对象的一切素质，它可以在颜色或形状上都是美的，它可以有一种香味。但是，不言而喻，这种花之所以成为客体（不是可能性的，而是现实的），不是在花开花谢而无人觉察的时候，而是在它确实成为审美享受对象的时候，在人们观赏或用它作装饰，以及用它作艺术或文学反映的'模特儿'的时候"[7]。汉斯・科赫没有把客体和对象区别开来是个缺点，除此，笔者完全同意他把花和主体连接到一起的观点。"一个歌唱家为我提供的服务，满足了我的审美的需要，但是，我所享受的，只是同歌唱家本身分不开的活动，他的劳动即歌唱一停止，我的享受也就结束；我所享受的是活动本身，是它引起的我的听觉的反应。"[8]很明显，歌唱家的歌唱同我的享受是同步的，具有共时性，歌唱家歌唱时的歌唱是审美对象，是歌唱引起了审美主体的享受。杜夫海纳在《美学与哲学》中写道："是否说博物馆的最后一位参观者走出之后大门一关，画就不再存在了呢，不是。它的存在并没有被感知。这对任何对象都是如此。我们只能说：那时它再也不作为审美对象而存在，只作为东西而存在。如果人们愿意的话，也可以说它作为作品，就是说仅仅作为可能的审美对象而存在。"[9]

李泽厚认为审美客体和审美对象在英语中是同一个词，即 Aesthetic object，似乎没有什么区别，笔者认为客体和对象是有区别的。在《政治经济学批判・导言》中，马克思写道："主体是人，客体是自然。"[10]在《1844 年经济学哲学手稿》

中，马克思解释了这一观点"感觉为了物而同物发生关系，但这物本身却是对自己本身和对人的一种对象性的、属人的关系"[3]。同物发生关系时是对象，不同物发生关系时，物便是客体，可能性的客体不等于现实性的对象，现实性的对象是现实主体的对象。根据杨适的说法，所谓对象，德文词 Der Gegenstand 的意思和中文差不多，Gegen 指面对着，Stand 指站立或站立的一个东西，连起来就是：在我们（主体）对面站立着的一个东西[11]。中文词客体与对象也是有分别的，比如，对一个恋爱者来说，他的所爱者是对象，其他异性都是客体，对此，马克思有过精辟的论述："说一个东西是对象性的，自然的，感性的——这就等于说，在它之外有对象"[3]，"如果你的爱没有引起对方的反应，也就是说，如果你的爱作为爱没有引起对方对你的爱，如果你作为爱者用自己的生命表现没有使自己成为被爱者，那么你的爱就是无力的，而这种爱就是不幸"[3]。

关于客体与对象的区别，"忧心忡忡的、贫穷的人对最美丽的景色都没有什么感觉。"[12]，对于忧心忡忡的穷人来说，最美丽的景色对他仅仅是客体，而不是对象。原因是"任何一个对象的意义都以我的感觉所能感知的程度为限"，对于那个与其相适应的主体人来说，最美丽的景色才有意义，才是对象。

三

叶朗认为"美在意象"。"中国传统美学认为，审美活动就是要在物理世界之外构建一个情景交融的意象世界，即所谓'山苍水秀，水活石滋，于天地之外，别构一种灵奇'，所谓'一草一树，一丘一壑，皆灵想之独辟，总非人间所有'。这个意象世界，就是审美对象，也就是我们平常所说的广义的美（包括各种审美形态）"[1]。笔者则认为，对象本身就是一种关系的概念，它和主体连接在一起，没有主体，哪有对象，马克思认为，对象存在于主体之外，而不是存在于主体心灵之中，因此，审美对象并非意象世界。周敦颐《爱莲说》写莲："出淤泥而不染，濯清涟而不妖，中通外直，不蔓不枝，香远益清，亭亭净植，可远观而不可亵玩焉"，从七个方面抒写了莲作为花之君子的感性形式，这些物性不是莲的整个实体，而是具有特定文化内涵的性状，从周敦颐开始，莲就作为一种关系实在一直积淀于中国审美文化之中。[13]马克思在《1844 年经济学哲学手稿》中明确指出，说一个东西是感性的，亦即现实的，这就等于说，它是感觉之对象，是感性的对象，亦即在自己之外有着感性的对象。马克思认为太阳是植物的对象，是植物生长不可缺少的、保证它的生命的对象，从植物方面说，是太阳的光和热唤醒了植物的生命，作为太阳的对象性本质力量的表现，植物又是太阳的对象。因此，"一个在自身之外没有对象的存在物，就不是对象性的存在物"[3]。贩卖矿物的商人只看到矿物的商业价值，而看不到矿物的美和特性。

叶朗一方面坦承"一个客体的价值正在于它以感性存在的特有形式呼唤并在某种程度上引导主体的审美体验"[1]，另一方面，用现象学悬搁的方法对对象感性存在的特有形式存而不论，并于外在的物理世界之外构建一个非人间所有的意象世界作为审美对象，因此，叶朗所建立的现代美学体系就必然存在致命的矛盾，不符合审美活动实际。根据马克思的观点，对象如何成为他的对象有两个要点，既取决于对象的性质，又取决于与对象相适应的本质力量的性质，因而审美关系在考虑作为根据和主导的审美主体的同时，有必要考虑审美对象的性质：

1. 审美对象具有悦人的审美性质

马克思引用《评政治经济学上若干词语的争论》的作者和贝利等人说的："'value，valeur'这两个词表示物的一种属性。的确，它们最初无非是表示物对于人的使用价值，表示物的对人有用或使人愉快等等的属性。"[14]实际上Value、Veleur所表示的物对于人的使用价值并不是物的固有属性，而是物与人关系中产生的，物本身并没有有用无用一说，他们赋予物以有用的性质，好像这种有用性是物本身所固有的，虽然羊未必想得到，它的'有用'性之一，是可作人的食物。"[15]"使人愉快"更不是物的属性，而是物对人的精神价值。"愉快"属于审美主体，"使人愉快"则是对象所具有的审美性质，郭沫若在《女神》中写道："女神哟！你去，去寻那与我的振动数相同的人，去寻那与我的燃烧点相等的人。"对象悦人的审美性质庶几近之。

"使人愉快"的愉快有两种形式：功利性的愉快和满足是一种狭隘的以占有为目的的愉快和满足；另一种愉快和满足是黑格尔《美学》指出的："它让对象保持它的自由和无限，不把它作为有利于有限需要和意图的工具而起占有欲和加以利用"，这一审美的愉快和满足在主客二分模式的认识论美学中称之为美感，而价值论美学克服了主体与对象两方面的片面性，认为是主体与对象关系中所产生的审美效应，审美对象打动了主体，使主体产生审美的愉快和满足，笔者称之为"悦人"。悦人的事物即审美对象，悦人这一性质即审美性质，是价值论审美的根本特征。席勒认为"感官的快乐我们只能通过个体来享受"，所谓审美活动不过是审美对象以其悦人的性质使审美主体的个体产生审美愉悦和满足的活动，审美客体存在可能性的审美性质，审美对象则具有现实性的审美性质。国内诸多美学论著在给美下定义时，不是说美是人的本质力量对象化，美是人的本质的感性显现，就是说美是和谐，美是自由的形式，美在意象等等，究其实，都是认识论美学的哲学层面的解决，而绝非价值论美学层面的解决。

杨振宁在《美和理论物理学》中，引用韦伯斯特（websten）大学辞典对美下的定义是："一个人或一种事物具有的品质或品质的综合，它愉悦感官或使思想或精神得到愉快的满足。"[16]古希腊伊壁鸠鲁认为，如果美不是令人愉快的事物，就不成其为美。意大利托马斯·阿奎那认为，凡是一眼见到就使人愉快的东西才叫作美的。法国库申认为，美的定义在于一切在感官上产生愉快印象的东西。德国玛克斯·德索认为，我们在审美方面欣赏的一切都是对象的实际价值。纵使愉悦可能是第一情感，这一活动的根源则存在于对象的自身。对象具有使人愉快的审美性质已成为共识。事实也是如此，绿水青山，蓝天白云，国色天香的牡丹，金光灿灿的油菜花，一旦有缘相遇，谁也不会否认其审美性质。你要欣赏西湖的湖光山色，你就得亲自到西湖或通过图片、文字去观赏。巴金在谈到自己一口气读完当时还是清华大学学生的万家宝的《雷雨》原稿时写道："一幕人生的大悲剧在我面前展开，我被深深地震动了，我为它落了泪，落泪之后感到一阵舒畅，还感到一种渴望。我由衷佩服家宝，他有大的才华。我马上把我的看法告诉靳以，让他分享我的喜悦。"《雷雨》具有的审美性质给巴金和靳以以感情上的愉悦和满足。《雷雨》未被人阅读，未使人愉快，是可能性的审美客体，《雷雨》与巴金有缘相遇则成为现实的审美对象。

2.审美对象具有悦人的感性形式

感性与形式密切相关，审美主体总是凭着自己的感官直接感受和体验着审美对象悦人的感性形式。亚里士多德认为："感官就是撇开感觉对象的质料而接受其形式，正如蜡块，它接受戒指的印迹而撇开铁或金，它所把握的是金或铜的印迹，而不是金和铜本身。"[17]在这个意义上来说，在审美活动中，我们不再生活在事物的直接重压之中，而是生活在一个活生生的形式领域之中，大自然利用诸如色彩、形状、香味、声音等具有表现力的形式以加深印象引发感情。当对象失去自己纯粹的有用性，这样，形式就成为比内容更高级、更为考究的东西，正如马克思说的，色彩的感觉是一般美感中最大众化的形式。感受音乐的耳朵，感受形式美的眼睛，感受人的快乐，都只是"由于相应对象的存在，由于存在着人化的自然界，才产生出来"。因此，对审美对象的感受和体验是对象悦人的感性形式的感受和体验。苏轼的"水光潋滟晴方好，山色空蒙雨亦奇。欲把西湖比西子，淡妆浓抹总相宜"，写的是阳光照耀下潋滟的水光，雨中空蒙的山色。西湖以其独具的山光水色使得苏轼不由自主地进入这一富有情趣的审美世界之中。

对象悦人的感性形式并不是纯粹的形式，它包含了丰富的文化内涵。以玉为例，中国的玉文化显然有别于西方的宝石文化。《说文》对玉的解释是"石之美者"，玉温润而泽，坚韧细腻；玉的色彩丰富，古人将玉的色彩描述为"黄如蒸栗，白如截脂，黑如纯漆"；玉的声音清越绵长，故有"玉振金声"之说。玉文化是一种吉祥文化，寓意吉祥。玉有灵性，通灵宝玉表现人与自然的高度和谐。孔子认为玉有十一德，汉代许慎概括为五德，即仁、义、智、勇、洁。君子比德于玉，故君子无故玉不离身。考古学家在兴隆洼文化遗址发现了世界最古老的玉耳饰和制作精美的玉玦，说明 8000 年前处于石器时代的先民已经掌握了辨玉和加工玉的技术。红山文化出土的玉猪龙和 C 形龙作为礼器和法器充实了中国玉文化的内涵，玉的悦人的感性形式渗透、交融、凝结了感情内容，是感情的形式化和符号化，玉文化包含了数千年的中国传统文化的内涵。

3. 审美对象具有自由悦人的感性形式

我们知道，人本是自然界的一部分，由于制造工具和使用工具的劳动，人从自然界提升出来，所以人类的自由首先表现为制造工具和使用工具的自由。"任何一只猿手都不曾制造哪怕是一把最粗笨的石刀。"[18] 尽管粗笨，最初的人毕竟做出来了，它体现为自由自觉的活动。从制造第一把石刀开始，人就成为与客体自然相对立的主体，不仅从本质上和动物区别了开来，而且从审美上与动物区别开来。第一把石刀的制作经历了一个从不自觉到自觉的多少万年的探索，将自然物的形式转换为工具的形式首先是为了实用的需要，造型美观才能便于使用。原始人的快乐首先是实用的快乐，在实用的快乐里包含了若干精神上、感情上的快乐，创造的快乐，应该说这就是审美的萌芽。由于实用需要必须注意造形，注意工具的光滑平整，造形终于走向标准化和定型化，例如石斧经历了多少万年，至今仍然保留了其基本形式，这说明斧的标准化和定型化是经过了亿万次制作实践而形成的最佳形式，形式相对稳定，工具才可能美化。当形式外观的追求完全摆脱了实用，工具由于美化演变为纯粹的装饰品，这样真正意义的审美活动就开始了。悦人的感性形式是审美的形式，所体现的内容是自由，形式的自由是更为扩展的自由。

工具的制作不仅是人类审美的开端，而且是人类文化的开端、人类自由的开端，不仅体现了人对自然的自由，而且体现为形式的自由，体现为审美的最初发生。

黑格尔认为审美带有令人解放的性质，在《1844年经济学哲学手稿》中，马克思明确指出："囿于粗陋的实际需要的感觉只具有有限的意义"，在《美育书简》中，席勒进一步指出："只要外观是真正的（明确放弃对实在的一切要求），而且只要它是独立的（无须实在的任何帮助），那么外观就是审美的。""他在对面前的对象的静观中毫不旁牵他涉，将自己融入对象之中——此时，他便进入一种审美观照状态，而这被观照的对象便是审美对象。"（杜卡斯《艺术哲学新论》）

马克思认为"全部世界史不外是人通过人的劳动的诞生，是自然界对人说来的生成"，恩格斯认为"在劳动发展中找到理解全部社会史的锁钥"，这应该成为我们美学研究的逻辑原点。

四

叶朗认为"任何美（审美意象）都是'呈于吾心'，同时又'见于外物'"[25]。他的根据是朱光潜《文艺心理学》中说的"自然中无所谓美，在觉自然为美，自然就已告成表现情趣的意象，就已经是艺术品"。朱光潜《谈美》又重申了这一观点，"是美就不自然，凡是自然就还没有成为美"，"如果你觉得自然美，自然就已经过艺术化，成为你的作品，不复是生糙的自然了"。实际上'呈于吾心'的美和'见于外物'之间存在一条不可逾越的鸿沟，不论是朱光潜还是叶朗的美在意象的观点都是无根之木、无源之水，根本填补不了意象与外物之间的鸿沟。文汇报记者沈吉庆在《当年发现九寨沟》写道："我很快发现自己一下子走进世外桃源：天鹅在十几步外自由散步，鱼儿一脸盆可以舀上几条，镜头对着任何一个地方都是一幅油画，晨雾中漫步可以听见自己的心跳……尤其是那晶莹剔透的海子，呈碧绿，呈天蓝，似水晶，似翡翠，多姿多彩，变幻无穷，溪水由高处的海子流向低处的海子，有时缓缓流淌，有时倾泻飞溅，那变换的声响完全是美妙的天籁之音。令人叹绝的是，在海子之间的浅滩上，丛生着无数千姿百态的红柳，溪水穿流其间，犹如千万条银龙夺路而下，神秘莫测，蔚为壮观。"如果没有九寨沟外在的景色，请问自然风景的意象世界从何而来？

女子郭六芳《舟还长沙》："侬家家住两湖东，十二珠帘夕照红。今日忽从江上望，始知家在图画中。"生活在图画中而不知审美，正如苏轼说的'不识庐山真面目，只缘身在此山中'，由于有了一定距离，她才发现两湖东十二珠帘夕照红的自己住处作为自由悦人的感性形式而进行审美。诚然，倘使没有郭六芳的感动，就没有"始知家在图画中"，与此同时，是两湖东作为自由悦人的感性形式打动了郭六芳，这才引发出家在图画中的审美。正如叶朗在谈到黑格尔论及自然美对人的意义时，不能不面对外在的自然物，尴尬地承认"是自然物感发心情和契合心情而引发的美感"[1]。

马克思在《1844年经济学哲学手稿》中写道："人同世界的任何一种属人的关系——视觉、听觉、嗅觉、味觉、触觉、思维、直观、感觉、愿望、活动、爱——总之，他的个体的一切官能，正像那些在形式上直接作为社会的器官而存在的器官一样，是通过自己的对象性的关系，亦即通过自己同对象的关系，而对对象的占有。对属人的现实的占有，属人的现实同对象的关系，是属人的现实的实际上的实现；是人的能动和人的受动，因为按人的含义来理解的受动，是人的一种自我享受"[3]。所谓人的能动是指人作为自然存在物，作为有生命的自然物，赋有自然力、生命力，是能动的自然存在；作为自然的、有形体的、感性的、对象性的自然物，人靠自然界生活，他和动植物一样，又是受制约受限制的存在物，因而是受动的。与利己主义直接、片面的占有、拥有不同，完整的人以全面的方式去把握对象。叶朗认为审美活动是人类的一种精神活动，笔者则认为审美活动是审美主体的个人和对象交会全身心投入的活动。传统观点认为，认知是纯粹的精神活动，然而寓身认知研究对此却持否定态度。寓身认知的英文表述是 embodied cognition，按其"身心合一""心寓于身"的含义，费多益将其译为寓身认知，把大脑，身体与环境组成的整体活动系统作为建构认知活动的实在基础[19]。

美国学者理查德·舒斯特曼所倡导的身体美学认为身体（希腊文为 soma）是指人的生命有机体包括感官，肢体，肌肉，内脏器官，生理系统等。因此审美活动不单单是精神活动而是人整个生命有机体的活动[20]。

《红楼梦》第二十三回写林黛玉刚走到梨香院墙角外，只听见墙内笛韵悠扬，歌声婉转，虽未留心去听，偶然两句吹到耳朵内"原来是姹紫嫣红开遍，似这般，都付与断井颓垣"，黛玉听了，倒也十分感慨缠绵，便止步侧耳细听，又唱道是"良辰美景奈何天，赏心乐事谁家院"不觉点头自叹，心下自思："原来戏上也有好文章，可惜世人只知看戏，未必能领略其中的趣味。"再听时，恰唱到"只为你如花美眷，似水流年"，不觉心动神摇，又听到"你在幽闺自怜"等句，越发如醉如痴，站立不住，便一蹲身坐在一块山子石，细嚼"如花美眷，似水流年"八个字的滋味。忽又想起古人诗中有"水流花谢两无情"，同"流水落花春去也，天上人间"之句，又兼方才所见《西厢记》中"花落水流红，闲愁万种"，仔细忖度，不觉心痛神驰，眼中落泪。林黛玉是听到笛韵悠扬，歌声婉转后才十分感慨缠绵，心动神摇，以至于眼中落泪的，所以审美活动不是纯精神活动，而是审美对象作为自由悦人的感性形式引发或交会生成审美主体全身心投入的感情上的愉悦与满足的活动。

审美活动还是一种文化活动，《易·贲卦》："观乎人文，以化成天下"，这是中国最早对文化的表述，观察人类文化的发展，就能够用它来教化天下，影响天下。人不仅生活在物理世界之中，而且生活在自然界向人生成的文化世界之中，通过实践关系和认识关系去把握真和善，通过审美关系去把握美（认识论美学的话语是美，对价值论美学来说则应理解为审美效应）。在《1844年经济学哲学手稿》中，马克思写道："自然界在何种程度上成了人的属人的本质。因而，根据这种关系就可以判断出人的整个文明程度[3]。"德国阿夫雷特·赫斯纳在《地理学——它的历史、性质和方法》中写道：路易十四时代，卢瓦尔河边的风景是幽雅的，而现在却觉得那里几乎是单调乏味的。几百年来阿尔卑斯山是一个可怖的对象，到十八世纪末才为人们赞叹。随着文化的进步，特别是有了城市文化，对文明风光美的评价就降低了，而过去不被重视的荒野之美却慢慢进入了人们的视野[21]。

《艺术的起源》作者格罗塞也认为从动物装潢到植物装潢实在是人类文化史上一个重要进步的象征——就是从狩猎变迁到农耕的象征[22]。这也就可以了解为什么恩格斯指出："文化上的每一个进步，都是迈向自由的一步。"客体或对象可能或现实地"使人愉快"的审美性质，无论是在哪一个时代，哪一个民族的审美文化中都是层层累积的结果，荷马的史诗，莎士比亚的戏剧，贝多芬的音乐，邓肯的舞蹈，达·芬奇的绘画，米开朗琪罗的雕塑，卓别林的电影，以至王羲之的书法，周敦颐的《爱莲说》，已经成为经典、成为文化传承的一部分，成为客观存在，就这样，无数个体的努力形成了审美文化的系列。"人类有几千年的文化的积累，这些文化不仅教育了我们怎样去感觉，而且也改造了感觉本身，成为人化了的感觉。就是在生活实践的过程中，我们现在也还常常在修正我们的感觉"[23]。一支支烟囱冒着的黑烟，郭沫若礼赞为"二十世纪的名花"，时至今日，它竟然成为制造雾霾的元凶。神奇的香格里拉、具有生态价值的湿地、农耕文化中的植物在劳动中不仅成为人们的实践对象、认识对象，而且在建立感情的基础上成为人们的审美对象。花色彩鲜艳、形状优美、香味独特，黄药眠写道："我们之所以欣赏梅花，乃是由于我们感觉过梅花，它的颜色和香味在我们的感觉上曾留下有许多愉快的情绪色彩，知道它是怎样的一种花，脑子里留下有许多有关于它的记忆和表象。我们不仅对于梅花，而且对于整个冬天的情景，如层冰积雪，如凛冽的寒风，如花木凋零的情况，如园亭楼阁，竹篱茅舍等等都知道得很多。甚至我们曾看过许多有关梅花的图画，读过许多有关梅花的诗，听过许多有关梅的传说。这些民族的历史文化也正影响着我们。正是由于我们的感觉是人化了的感觉，能从这许多方面联系起来看这株梅花，所以梅花这个形象才有可能成为我们高度的审美的对象"[23]。在日本文化中，樱花成为国花，而莲花由于佛教文化莲花座上的坐化而成为忌讳。印度的国花一般认为是荷花，埃及的国花是睡莲，也称莲花，蓝莲花白天绽放，白莲花晚上绽放。埃及人对莲花情有独钟，被视为高雅、圣洁的象征。古埃及人认为莲花象征着轮回和复活，十九王朝法老拉美西斯二世的木乃伊上有一整束的白莲花。埃及有个莲花节，人们置身于莲花的海洋中，赏莲花、买莲花、交流对莲花的感受，吟咏莲花的诗歌，青年男女将莲花作为倾诉爱情的媒介和互定终身的信物。美国也有莲花，但美国人似乎并不很欣赏，汪曾祺在《文化的异国》中解读为："他们没有读过周敦颐的《爱莲说》，不懂得什么'香远益清''出淤泥而不染'。"中国在唐代欣赏"国色朝酣酒，天香夜染衣"的牡丹，宋代则欣赏"香中别有韵，清极不知寒""疏影横斜水清浅，暗香浮动月黄昏"的梅花，其原因范成大总结为"梅以韵胜，以格高，以横斜疏瘦与老枝怪奇者为贵"。日本传统文化认为人生是短暂的，活着就要像樱花那样灿烂，只争朝夕，死则果断地壮烈离去，所以不仅欣赏花团锦簇，灿若云霞的"樱花七日"，而且更加欣赏落花凋零的凄美，形成"欲问大和魂，朝阳底下看落樱"的樱花情结。与之形成鲜明对照的是，樱花源自喜马拉雅山脉一带，是多种蔷薇科樱属植物的通称，作为原产地的中国拥有野生樱花六十多个品种，为世界之最。两千年来，樱花在中国遭到冷遇，中国第一部词典《尔雅》已有樱属植物的踪迹，当时称之为"楔"，人们器重的是其果实而非花朵，《本草纲目》、《植物名实图考》等有关植物的古籍往往只有樱桃果实的描述。随着旅游的发达，国际交流的频繁，近年来才形成体验异域风情的赏樱热。日本文化讲究飘零、凋谢之美，中国文化则讲究"长久"、"圆满"之美，之所以如此，民族和时代使之然也。花作为特定文化的载体，超越了物质需要和利益诉求而进入更为考究更为自由的审美文化之中，对于进入或尚未进入审美活动的任何个体，审美文化都是外在的，客观的，同时任何个体都是千百年审美文化的产儿，如果有缘与其包含一定文化内涵的审美对象邂逅、契合、沟通，它们就是现实的审美对象；如果未进入审美活动，它们就是可能性的审美客体。马克思提出的"最美丽的景色"、

"最美的音乐"没有被你欣赏，对你而言它就是可能性的审美客体，如果被他欣赏，对他而言就是现实性的审美对象。

美学上有个难题，即朱光潜在《文艺心理学》指出的："假如你说它美，我说它不美，你用什么精确的客观标准可以说服我呢？"马克思在《1844年经济学哲学手稿》中破解了这一难题，"对象如何对他说来成为他的对象，这取决于对象的性质以及与其相适应的本质力量的性质；因为正是这种关系的规定性形成了一种特殊的、现实的肯定方式"[3]。审美活动作为双向活动，既和对象有关，又和审美主体的人有关，对对象来说，它必须和人建立感情关系，具有悦人的审美性质；另一方面，主体必须具有与对象相适应的性质，比如你想得到艺术的享受，你本身就必须是一个有艺术修养的人，因此，"只有音乐才能激起人的音乐感；对于不辨音律的耳朵说来，最美的音乐也毫无意义，音乐对它说来不是对象，因为我的对象只能是我的本质力量之一的确证"[3]。

根据马克思恩格斯的观点，甚至人们头脑中模糊的东西也是他们的可以通过经验来确定的、与物质前提相联系的物质生活过程的必然升华物。离开了物质生活过程，那么请问意从何来？象又从何来？离开了审美关系中的外在世界，仅仅从认识论美学的视野认为美在意象来构建美学体系注定找不到美学研究的真谛。

参考文献

[1] 叶朗.美学原理 [M].北京：北京大学出版社，2009：43，55，180，181.

[2] 邦达可夫.美的真谛 [M].译文参阅崔宝衡，王立新.艺术的彩虹.石家庄：花山文艺出版社，1996：248.

[3] 马克思.1844年经济学哲学手稿 [M].刘丕坤译.北京：人民出版社，1979：72，77，78，79，109，121.

[4]《马克思恩格斯文集》第1卷 [M].北京：人民出版社，2009:211.

[5]《马克思恩格斯文集》第8卷 [M].北京：人民出版社，2009:15.

[6] 亚里士多德.形而上学 [M].// 古希腊罗马哲学.北京：商务印书馆，1982：266.

[7] 汉斯.科赫.马克思和美学 [M].佟景韩译.南宁：漓江出版社，1985:154.

[8]《马克思恩格斯文集》第8卷 [M].北京：人民出版社，2009:410.

[9] 米盖尔.杜夫海纳.美学与哲学 [M].孙非译.北京：中国社会科学出版社，1985：55.

[10]《马克思恩格斯文集》第 8 卷 [M]. 北京：人民出版社，2009:9.

[11] 杨适 . 人的解放——重读马克思 [M]. 成都：四川人民出版社，1996:121.

[12]《马克思恩格斯文集》第 1 卷 [M]. 北京：人民出版社，2009:192.

[13] 罗嘉昌 . 从物质实体到关系实在 [M]. 北京：中国社会科学出版社，1996:340.

[14]《马克思恩格斯全集》第 35 卷 [M]. 北京：人民出版社，2013:277.

[15]《马克思恩格斯全集》第 19 卷 [M]. 北京：人民出版社，1963:406.

[16] 杨振宁 . 美与理论物理学 [M]// 吴国盛 . 大学科学读本 . 桂林：广西师范大学出版社，2004:273.

[17] 亚里士多德 . 论灵魂 [M]// 赵宪章 . 西方形式美学 . 上海：上海人民出版社，1996:88.

[18]《马克思恩格斯文集》第 9 卷 [M]. 北京：人民出版社，2009:551.

[19] 费多益 . 寓身认知的神经生物学证据 [N]. 中国社会科学报，2011–7–5(8).

[20] 理查德　舒斯特曼 . 身体美学：理论与实践的结合 [N]. 光明日报，2011– 10–11 (11).

[21] 阿夫雷特　赫斯纳 . 地理学——它的历史、性质和方法 [M]. 王兰生译 . 北京：商务印书馆，1983：236.

[22] 格罗塞 . 艺术的起源 [M]. 蔡慕晖译 . 北京：商务印书馆，1984：116.

[23] 黄药眠 . 论食利者的美学 [M].// 黄药眠美学文艺学论集 . 北京：北京师范大学出版社，2002：46，69.

记 20 世纪 50 年代的美学大讨论

作为亲历 20 世纪 50 年代美学大讨论的见证人，读到 2010 年 12 月 30 日楼达人校友在《文汇报》上的《怀念美学大讨论》，感到失真之处颇多，心理学有虚假记忆之说，楼文恐怕就存在虚假记忆，于是我找出了半个世纪前作家出版社的《美学问题讨论集》一至六集，找出了朱光潜的《美学批判论文集》，还找出了以后北京师范大学出版社的《黄药眠美学文艺学论集》，上海文艺出版社的蔡仪的《美学论著初编》、李泽厚的《美学论集》，特别是找出了五七年北京师范大学中文系举办的《美学论坛》我所做的听讲笔记，根据翔实的材料来谈，该是切近当年实际的。

1950 年 1 月 10 日，朱光潜在《文艺报》1 卷 8 期发表了《关于美感问题》，指出了移情说和距离说并不是自己的创见，只是援用了旁人的学说，其次谈到自己的困惑："在无产阶级革命的今日，过去传统的学术思想是否都要全盘打到九层地狱中去呢？移情说和距离说是否可以经过批判而融会于新美学呢？"针对蔡仪的"按朱光潜的说法，美感是孤立绝缘的，和外物的关系，也就是对人生的意义是一刀截断的"这一主要批评，朱光潜指出自己并没有堕入为文艺而文艺的魔障。朱光潜承认，对于美感经验，确曾指出它是孤立绝缘的意象，美感是聚精会神去观照一个对象时的感觉，我们不能否认它的存在，同时朱光潜认为，这种聚精会神的状态通常是不长久存在的，实际上美感的人同时也还是科学的人和伦理的人，文艺与道德不能无关，自己并没有把美感对象与人生意义一刀截断。尽管如此，从阶级论的观点来看，美感经验为形象观照说并不一定能与马列主义的观点相融洽，作为一个不成熟的摸索，只能在这里约略提及，吁请马列主义学者们想一想。很明显，朱光潜对自己的观点既有批判，又有保留。

1956 年 7 月 9 日、10 日，贺麟在《人民日报》发表了《朱光潜文艺思想的哲学根源》，黄药眠在《文艺报》1956 年第 14、15 号发表了《论食利者的美学》，曹景元在《文艺报》1956 年第 17 号发表了《美感与美》，敏泽在《哲学研究》

1956 年第 4 期发表了《朱光潜反动美学思想的源与流》。最有分量的则是李泽厚 1956 年在《哲学研究》第 5 期发表的《论美感、美和艺术》（研究提纲），副题是《兼论朱光潜的唯心主义美学思想》，第一次用马克思《1844 年经济学哲学手稿》的观点，振聋发聩地提出自然本身并不是美，美的自然是社会化的结果，也就是人的本质对象化的结果。李泽厚不仅批评了朱光潜，而且也批评了蔡仪的美是典型，典型是物质的一种种类的自然本质属性，把美或美的法则变成一种一成不变的绝对的、脱离人类的先天客观存在，这正是由形而上学唯物主义通向客观唯心主义哲学认识论的表现。对车尔尼雪夫斯基美是生活的观点也进行了梳理，生活在车尔尼雪夫斯基那里基本上仍是一个抽象的空洞的人本学的自然人的概念。李泽厚认为，美具有具体形象性和客观社会性这样两个基本特征，所谓美就是包含社会发展本质、规律和理想，有着具体可感形态的社会生活形象，美感则是美的反映。美感具有矛盾二重性，即美感的个人心理的主观直觉性和社会生活的客观功利性，它们既互相对立矛盾，又相互依存，不可分割地形成为统一体。此文为实践派美学奠定了第一块基石，为中国美学研究开拓了一个新的天地。

针对苏联在建设社会主义过程中暴露出来的缺点和错误，1956 年 4 月 25 日，毛泽东在中共中央政治局扩大会议上做了《论十大关系》的讲话，强调指出："我们要调动一切直接的和间接的力量，为把我国建设成为一个强大的社会主义国家而奋斗。"1956 年 5 月 26 日，中共中央宣传部部长陆定一代表中央做了《百花齐放、百家争鸣》的讲话，这就形成了一个批判资产阶级唯心论和一定程度的百家争鸣，向科学进军交织在一起的交响曲。

正是在这一形势下，北京师范大学举办了科学讨论会，中文系系主任黄药眠率先在师大北校（原辅仁大学）礼堂做了《论食利者的美学》，副题为《评朱光潜美学思想》的学术报告，会上哲学所的曹景元，《文艺报》的敏泽，还有心理学家潘菽对报告进行了评论。《论食利者的美学》发表在 1956 年《文艺报》第 14 期、15 期和《北京师范大学学报》创刊号上。《文艺争鸣》2003 年 1 期《美的历程——李泽厚访谈录》，《文汇报》2010 年 11 月 22 日《李泽厚思想之河汩汩向前》，李泽厚 2010 年谈话录《该中国哲学登场了》，都说黄药眠的《论食利者的美学》是在《人民日报》上发表的，显系记忆错误。

以黄药眠的《论食利者的美学》为契机，引发出了 50 年代的美学大讨论，用黄药眠自己的话说："以这篇文章为起点曾引起了有关美学界广泛的争论，这也算是起了点火者的作用。"作为先行者黄先生之功不可没，这一点似乎没有引起中国美学史研究者的注意。

同样是批判朱光潜、蔡仪坚持的是没有人类或人类存在之前，美就客观存在于客观物质世界之中，存在于自然物质本身，是物的自然属性，而黄药眠认为美是人类社会生活现象，审美对象的形成和人类长期的生活实践，和历史文化传统有关。1956年12月1日，《人民日报》发表了蔡仪的《评"论食利者的美学"》，对黄药眠的美学观点进行了批评。蔡仪认为，美学的基本问题，首先就是美在于心抑在于物，是美感决定美呢，还是美引起美感，朱光潜的错误，原不在于他的着重美感经验的分析而在于他的分析不正确；也不在于他是从美感经验的分析出发，而在于他认为"美生于美感经验"，而黄药眠批判文章所说的全然不是事物如何才能算是美，而只是事物怎样才能成为美学对象。客观事物怎能成为美学对象呢？黄药眠以朱光潜所举的梅花为例进行论证，首先是诗人把梅花这个形象和自己的生活实践、过去的经验联系起来，这样才能看出它的形象意义；其次梅花是否能作为美学对象和心境有关；最后，一个人之所以会觉得这一个形象美或那一个形象美，和这个人的思想倾向有密切关系。蔡仪认为美是纯客观的与审美主体的人无关，对象的美如果没有它本身的原因，只是决定于人的主观，美的评价只能因人而异。梅花的形象原来只是人的性格的象征、感情的抒发和美学理想的表现、批判者成了被批判思想的另一个化身，因此，这样的美学仍然陷在唯心主义的迷魂阵里。批判者的黄药眠戏剧性地转变为被批判者，就这样，批判运动开始转化为美学讨论。

1956年12月25日，作为被批判者的朱光潜以追求真理、不断探索的学术精神，写出了《美学怎样既是唯物的，又是辩证的》，发表在《人民日报》上。朱光潜首先提及，黄药眠的《论食利者的美学》是在《我的文艺思想的反动性》之后发表的，在发表之前，他曾经把在北京师范大学科学讨论会上所提出的论文——也就是后来在《文艺报》发表的那篇给自己看过，通过《文艺报》编辑康濯表示基本上接受黄药眠的批评，并且提出了一些意见，但黄药眠把在北京师范大学提出的论文几乎原封不动地发表在《文艺报》上。就蔡仪对于黄药眠的批评来说，朱光潜基本上是同意的。针对蔡仪的"物的形象是不依赖于鉴赏者的人而存在的，物的形象的美也是不依赖于鉴赏的人而存在的"观点，朱光潜认为蔡仪没有在物与物的形象之中见出分别，在反映关系上，物是第一性的，物的形象是第二性的，就其为认识对象而言，它已经不纯是自然之物，而是夹杂着人的主观成分的物即社会的物了。花是红的和花是美的，这中间有着本质的区别，美是引起美感的，同时美感也能影响美，蔡仪所说的美是一个绝对的概念，所谓的审美标准也是一种绝对标准，它基本上就是柏拉图式的客观唯心论，美成为历史长途赛跑的终点指标，原始人跑了一段就停下来了，他们距离美还非常远，随着社会发展，人们跑得愈近于美，也许终究有一天，人们美感发展到了顶点了于是就达到美的终点指标。根据发展的观点，美是发展的，美感是发展的，美的标准也是发展的，因此蔡仪的美学观点既不是唯物的，也不是辩证的。

　　1957 年 1 月 9 日，李泽厚在《人民日报》发表了《美的客观性和社会性》，副题是《评朱光潜、蔡仪的美学观》。李泽厚指出蔡仪对黄药眠的批评，朱光潜对蔡仪的批评，在揭露对方错误方面，都比较准确有力，但其正面论点，不是否认美的存在的客观性，便是否认美的存在的社会性。朱光潜一直认为美（物的形象）并不是一种客观存在，美感的对象是物的形象而不是物本身，美是人的意识、情趣作用于外物的结果，从而把美感和作为美感的对象的美混为一谈。朱光潜所强调的美是主客观的统一，坚持的仍然是"美不仅在物，亦不仅在心，它在心与物的关系上面"。承认了人的主观意识和美感的社会性质是一大进步，但把美的社会性看作是美的主观性则是错误的。朱光潜的第二个错误是认为美感能影响美，美可以随美感发展而发展。在指出与朱光潜分歧的同时，李泽厚指出与蔡仪的分歧则是在美的社会性上，蔡仪美学观的基本特点在于强调了美的客观性存在，却否认了美依存于人类社会这一根本性质，这样没有人类或人类社会之前美就客观地存在，存在于自然界本身之中，这样一种理论实际上成为一种超越时间空间、超越具体感性事物的抽象的先天的实际存在，具体事物的美只是美的抽象显示，这已经接近于柏拉图和黑格尔的理念。李泽厚认为，美与善一样，都是人类社会的产物，在人类社会出现之前自然无所谓美，也无所谓丑。物体的某些自然属性是构成美的必要条件，但条件本身并不是美，它只有处于一定人类社会中才能成为美的条件。李泽厚重申了美是现实生活中那些包含社会发展本质、规律和理想而用感官可以直接感知的具体的社会形象和自然形象，它是客观性和社会性的统一。

　　就这样形成了以蔡仪为代表的主张美是客观的，它不依赖于鉴赏者的人而存在；以朱光潜为代表的美是主客观的统一，单纯的客观事物还不能成为美，客观事物加上主观意识形态的作用，使物成为物的形象才能有美；以李泽厚为代表的主张美是客观性和社会性的统一。一方面美是客观的，另一方面美离不开人类社会，美具有客观的社会性质。

　　这里还必须提及以吕荧和高尔太为代表的主观派。吕荧于 1953 年第 6 期《文艺报》发表的《美学问题》，主张"美是人的一种观念"，1957 年 12 月 3 日在《人民日报》发表了《美是什么》，又说美是人的社会意识。从维熙在《走向混沌》中专门对吕荧有所记叙。高尔太（应作高尔泰）在 1957 年第 2 期《新建设》上发表了《论美》，1957 年 7 期《新建设》上发表了《论美感的绝对性》，主张客观的美并不存在，美和美感实际上是一个东西。美，只要人感受到它，它就存在，不被人感受到，它就不存在。

为了繁荣学术，鼓励师生向科学进军，作为中文系主任，黄药眠在北京师范大学举办了美学论坛，邀请了蔡仪、朱光潜、李泽厚到北师大开讲座，最后一轮讲座，黄药眠阐述了自己的美是美的评价的观点。在向科学进军号召的鼓舞下，我们这些大学生满怀探求美究为何物的热情，积极见证和参与了这场全国最高水平的美学争鸣。论坛的气氛既开放、自由、平等又十分热烈。中国人民大学方竞在《主观性与生活实践的统一：黄药眠美学思想研究》一文中说吕荧也在受邀请之列，这是不确的。吕荧为胡风声辩，此后一直接受审查，他的《美是什么》写于 1957 年 2 月，1957 年 12 月 3 日才发表，《人民日报》特别以编者按语的形式说明了原因，吕荧这才得以在公众前亮相。

我还清楚地记得，美学论坛还印了三十二开大小白色道林纸的听讲证，毕业离校时由于夹在处理的报刊中弄丢了，至今还引以为憾。

1957 年 3 月 21 日、3 月 28 日、4 月 11 日、4 月 18 日，均为周四，地点记得是在物理楼一楼的阶梯教室，蔡仪给我们讲了四次美学，围绕着艺术美的根源和现实中美的事物为什么美，论述了以下几个问题：

一、艺术美的创造与美的法则

二、艺术美的根源与几个特殊问题

1. 现实中美的东西为什么在艺术中不美

2. 现实中丑的东西为什么在艺术中成为美

3. 现实是艺术的源泉也是艺术美的根源

三、现实中美的东西为什么是美的

四、美的法则和典型

1. 典型化和美的法则

2. 现实事物美的种类和法则

3. 事物形体的美

4. 自然事物的美和美的法则

5. 关于现实事物美的几个问题

6. 现实事物美的相对性和绝对性

蔡仪讲课严谨，认为现实事物的美在于事物的自身，和它本身的性质、属性、条件有关。事物的属性有现象有本质，有个别有一般，现象能充分表现本质，个别能充分表现一般，美的本质就是事物的典型性，也就是个别之中显现着种类的一般。美学研究的正确途径必须通过现实事物去考察，去把握。

蔡仪引用了宋玉的《登徒子好色赋》："天下之佳人莫若楚国，楚国之丽者莫若臣里，臣里之美者莫若东家之子。东家之子，增之一分则太长，减之一分则太短，着粉则太白，施朱则太赤。"以此为例证，蔡仪认为她的美就在她是典型的。

从美是典型出发，蔡仪认为世界上的事物有两大种类，一种是自然的种类范畴，一种是社会的种类范畴，自然的种类范畴从无生物到生物，从植物到动物由低到高的排列。人既属于自然的种类范畴，又属于社会的种类范畴，人的美一方面要具备美貌，另方面则要具备美德，她的美貌就是自然美，她的美德就是社会美，也就是一般所说的人格美。

根据马克思《1844 年经济学哲学手稿》："人也按照美的规律来构造"，（《马克思恩格斯文集》第 1 卷，人民出版社，2009 年版，第 163 页）蔡仪推演出典型就是一种规律，一种法则，美的本质是事物的典型，事物的典型关系就是美的规律，美的法则。

5 月 7 日，5 月 14 日都是周二，朱光潜美学讲座的地点记得是西饭厅，而非刚造好的一幢单体阶梯教室，架在黑板架上的只是一块普通黑板，根本不是可以上下活动的新型黑板。朱光潜个子不高，雍容典雅，一派学者风度。第一讲属于导论性质，谈了三个问题，一是要懂外语，以哲学史、美学史、心理学作为基础；二是美学研究的对象从 1750 年德国鲍姆嘉滕开始建立以研究感性认识本身的完善为内容的独立的美学学科，仍然表现为哲学认识论，1956 年苏联美学研究对象的讨论突出了美学与文艺学的区分；三是简略地介绍了西方美学史上的流派，对柏拉图、亚里士多德、莱辛、康德、黑格尔、狄德罗等人的美学观点——做了评介。第二讲谈了四个问题，一、争论的焦点：美的客观性与主观性，自然性和社会性，二、对马克思主义的曲解是美学前进路上的大障碍，三、我现在美学观点的说明，四、我的美学观点是唯物的还是唯心的？第二讲经过整理以《论美是客观与主观的统一》为题发表在 1957 年第 4 期《哲学研究》上。

朱光潜认为，李泽厚和蔡仪的分歧在于蔡仪把美看成是物的自然属性，李泽厚则把美看成物的社会属性。朱光潜主张美学的理论基础除列宁反映论之外，还应加上马克思主义关于意识形态的指示。要区分物本身即物甲和物的形象即物乙。梅花本身只是美的条件，还不能成为美学意义的美，物本身的模样是自然形态的东西，物的形象是艺术形态的东西，是意识形态反映，属于上层建筑，物本身的模样是不依存于人的意识的，物的艺术形象既依存于物本身，又依存于人的主观意识。因此，美是客观方面某些事物、性质和形状适合主观方面意识形态，可以交融在一起而成为一个完整形象的那种特质。

为了更好地阐述自己的观点，朱光潜在黑板上画了这样一个表：

美感经验过程

Ⅰ	Ⅱ	Ⅲ
物本身（物甲） （感觉素材）	美感经验过程 （甲）感觉阶段（乙）欣赏或创造阶段 应用感觉反应原则 应用{意识形态原则 生产原则}	物的形象（物乙） （艺术品）
原料		成品
自然形态的	劳动生产	意识形态的（上层建筑的）
美的条件	反映自然与改造自然	美（产品的质）
自然性（自然包括社会）	美的条件	自然性与社会性的统一
客观（认识和实践的对象）	社会性 主观	客观与主观的统一

朱光潜最后表示："我接受了存在决定意识这个唯物主义的基本原则，这就从根本上推翻了我过去直觉创造形象的主观唯心主义；我接受了艺术为社会意识形态和艺术为生产这两个马克思主义关于文艺的基本原则，这就是从根本上推翻了我过去的艺术形象孤立绝缘，不关道德政治实用等等那种颓废主义的美学思想体系。你问我现在的观点和过去的观点有什么不同，这就是我的答复。"

5月17日，周五，李泽厚美学讲座的地点仍为西饭厅。1956年读到李泽厚在《哲学研究》上发表的《论美感、美和艺术》时，我总觉得他是一位学养挺深的老人，见到李泽厚才发现他风度翩翩，年龄比我们大不了多少。有一个细节我记得特别清楚，就是李泽厚的眼镜腿是用胶布缠的，讲课时，不时用手去扶正眼镜。讲座的题目是《关于当前美学问题的争论——试再论美的客观性和社会性》，1957年10号《学术月刊》发表时，题目下有个附注："这是就五月间在北师大的一个讲演整理成的，主要是为答复一些对我的批评再解释了一下以前说过的论点，同时着重对朱光潜的美是主客观统一论的讲演（讲稿即后来在《哲学研究》上发表的那篇文章）做了一些批评。讲得还不够透彻，请大家多加指正。刘兴昌同志帮忙记录，谨此致谢。"

讲座内容有三：一、对当前几种意见的评述；二、自己看法的一些说明；三、结语。

李泽厚对高尔泰、蔡仪、朱光潜以至于宗白华、洪毅然、周谷城、敏泽、鲍昌、许杰的文章都有所评论。对高尔泰美是主观的观点，李泽厚认为它存在两个困难，一是美感总得有个来源，它的产生最少总要一个客观对象引起或刺激起，美感总得受对象的制约；二是美感总应该有一个客观标准。对蔡仪的美学观点，李泽厚肯定他坚持美在客观，美感是美的反映，艺术美是生活美的反映这一唯物主义反映论的基本原则，其缺点是静观的机械唯物论的反映论，没有注意到美的社会性质，在论及自然美时其弱点暴露得最为突出。对朱光潜的主客观统一论，李泽厚指出唯物论与唯心论的分歧并不在于是否承认必须有一个客观对象的物（物甲）作为美的条件，而在于是否承认美在这不以人们意志为转移的客观的物本身，尽管朱光潜用社会意识或意识形态代替了过去超理智功利的个人直觉，把美作为知识形式，只能是主观的东西，朱光潜的美是主客观的统一实际上仍然是统一于主观。谈到《新建设》《学术月刊》等杂志发表的好几篇美学论文，宗白华、洪毅然、周谷城等同志的文章在美的客观性问题上与自己的看法基本一致，而敏泽、鲍昌、许杰虽然尖锐地批评了朱光潜，敏泽认为美是判断，鲍昌与许杰的文章则自相矛盾，破绽百出。

讲座的重点是自己看法的一些说明。关于美的客观性问题的本质是是否承认现实生活中美的客观存在，是否承认艺术反映现实，唯心论总是把美与美感混同起来，认为美感产生美。李泽厚认为美感作为美的反映，（1）具有愉悦性，即通过眼前有限的对象形式认识某种无限真理内容时的喜悦和满足，具有客观的普遍必然的有效性；（2）具有直觉性，这是一种高级的经过长期经验积累的，实际上是经过理性认识阶段的直觉；（3）具有社会性，作为直觉的反映，美感具有客观的内容；作为感情的判断、它包含评价态度等主观因素，因此，正确的美感是主观感情判断和客观世界正确认识和反映的和谐一致；（4）美感的性质根源于美的性质；（5）美感影响美，反作用于美的问题。

李泽厚在说明美的社会性问题时指出，困难的问题在于自然美，因此李泽厚的讲座是通过自然美说明美的社会性。自然在人类产生以后与人类社会生活发生的一定的客观社会关系，占有一定的客观社会地位、起一定的客观社会作用，这就构成了自然或自然物的社会性，自然于是变成了一种社会的客观物质存在。自然物的社会性是人类社会生活客观地赋予它的，是人类社会存在、发展的产物。比如太阳和阳光之所以美，是因为如车尔尼雪夫斯基所说的，它们是自然中一切生活的源泉，是人类生活的保障，太阳作为欢乐光明的美感对象正在于它与人类生活的这种客观社会联系、作用和地位，太阳的这种客观社会属性是构成它的美的主要条件，其发热发光的自然属性虽是必然的但还是次要的条件。

在自然美史的一瞥中，李泽厚简略地叙述了反映在艺术史实中自然与人类社会的不同关系。首先，自然与人发生的关系是生产关系，人对与生活源泉直接相关的东西产生兴趣，发生美感，在原始狩猎民族那里主要是动物画，到农耕民族的画面上就出现了农作物。其次，要重视社会心理条件在自然美中的重要作用。社会出现了阶级分化，一部分人从直接物质生产中解放出来，在文人雅士那里咏月咏梅就远比咏太阳咏泥土多了，一个自然物成为美感对象得经过一连串错综复杂的中间环节。例如五代北宋对山水画的兴趣、宋词中的移情作用和有我之境的普遍出现，就有士大夫社会心理方面重要原因，初唐时代是"春江花月夜"那样的轻快舒畅；盛唐时是"醉卧沙场君莫笑，古人征战几人回""莫愁前路无知己，天下何人不识君"的豪迈开朗；通过"世事茫茫难自料，春愁黯黯独成眠"萧瑟的中唐，在社会日渐衰颓变乱里，士大夫也就日渐走向官能享乐和山林隐逸，这时的艺术情调是险奇晦艳的李贺，李商隐，是"十年一觉扬州梦，赢得青楼薄幸名""如今都忆江南乐，当时年少春衫薄"的杜牧和韦庄；到承平时代的北宋，我们再也看不到像李白杜甫那样的巨人，而是唱着"浮生长恨欢娱少，肯爱千金轻一笑，为君持酒劝斜阳，且向花间留晚照"这种"汲汲顾景唯恐不及"的风流尚书，是"忍把浮名换了浅斟低唱"的城市浪子。作为一代天才的苏东坡也同样感叹着"世路无穷，劳生有限，似此区区长鲜欢"，陶渊明、王维在这时第一次被捧上云霄。时代生活的变迁使得社会上层士大夫社会心理有了很大变化，很难说自然在唐宋两代有多大不同，透过社会心理条件的不同，我们可以在艺术领域看到不同的反映。托尔斯泰《战争与和平》中由于心境不同，去时觉得老橡树丑陋古怪，是对青春的一种嘲笑，回来时却恰恰相反，随自己内心的喜怒哀乐而觉得对象有喜怒哀乐，这即移情作用。与自然美相联系的是形式美的问题，李泽厚论及国旗红色的例证以后曾引起争论。

在结语中，李泽厚重申了自己的看法：美是包含着现实生活发展的本质、规律和理想而用感官可以直接感知的具体形象（包括社会形象、自然形象和艺术形象），美具有客观社会性和具体形象性两方面的属性或条件。

李泽厚最后引用车尔尼雪夫斯基的话："美是包罗万有而变化多端的东西。'包罗万有'正是它的无限广阔的必然的客观社会性，'变化多端'的正是它的有限的偶然的生动的具体形象性。这次讨论还只就客观社会性这一方面说了很小的一部分，要说的话是很多的。祝在百家争鸣中美学获得丰硕的收成。"

5 月 27 日、6 月 3 日，均为周一，黄药眠美学讲座的地点仍在西饭厅，早在中学时代我就知道黄药眠，他早年投身革命、抗日战争时期和解放战争时期作为社会活动家在中国共产党领导下致力于文艺战线的工作，是颇为知名的大师，考入北京师范大学后，作为中文系的系主任，作为一级教授，黄药眠的形象在我眼中自然就更为高大了。

第一讲黄药眠首先介绍了苏联美学研究的状况。1940 年以前认为美学研究美、美感、审美力、审美趣味和事物、自然现象、艺术品的审美性质，继承了车尔尼雪夫斯基和西欧古典美学的传统。1940 年以后，铎尼克《马克思主义的美学观》认为美学是研究艺术意识、艺术创造、艺术欣赏的学说，苏联百科全书也是这个观点。1948 年苏联科学院讨论美学大纲，不同意把美学规定为研究艺术，认为美学研究的对象是广泛的，应该把现实的美也包括进去。1951、1952 年《苏维埃艺术报》美学对象的讨论认为研究对象是艺术，广义的则认为应该研究人对现实审美关系的一切方面。

针对蔡仪美是典型的观点，黄药眠认为这样一来势必每一种美只有一个典型或每个人都是典型，这一理论脱离了社会生活，脱离了阶级斗争，具有空洞性。朱光潜承认美要认识客观事物是个进步。李泽厚认为美感直接由美产生，黄药眠认为实际有些美不能产生相应的美感，同时，美感由美的事物所唤起，欣赏美需要一定的美的修养。

第二讲谈了以下几个问题，一、美是什么，二、美与美感，三、形式美，四、自然的人化，五、审美能力，六、审美个性，七、艺术美。由于众所周知的原因，作为民盟六教授之一，一个星期后即陷入了厄运，遭到了批判斗争，被剥夺了学术权利，打入了另册，也许此时他已有预感，所以把"不能不说的话"作为讲座的题目。四十二年后，根据童庆炳的记录，将第二讲整理成文，以《美是审美评价：不得不说的话》为题，发表于 1999 年第 3 期《文艺理论研究》上。

黄药眠的讲座不是从抽象的理论出发进行分析论证，而是从生活实际和文学艺术实际出发，深入浅出地加以阐述。黄药眠认为美学是一门科学，它研究审美现象的基本规律，特别是研究美的最高表现——艺术的基本规律，我们知道，审美活动中审美对象总是个别的、具体的，美学研究必须从个别、具体现象出发，概括出美的一般和美的本质，把审美现象作为美学研究的逻辑起点，确实颇有见地，具有方法论的意义。1750 年，鲍姆嘉滕以 Aesthetics（感性学）作为自己著作的名称，不是没有道理的。

黄药眠认为，美是人类生活现象，应该肯定客观现实的存在，但不是说客观现实存在了，美也就存在了。从认识论来说，从哲学上来说，客观现实是先于人发生的，不能因为哲学有此命题而认为美也先于人而存在，否则就会抹杀美是作为社会生活现象而存在的这一命题。离开主体人去谈物的属性，将美归结为典型是错误的。光是存在，我们并不发生美感，我们看到花，看到山水田野，并不一定构成审美对象。列宁在《唯物主义与经验批判主义》中指出，我们对于某种事物的感觉是人对于客观事物的主观的反映，为什么就不能说美是人对客观世界的主观的把握呢？我们承认美是客观事物在人脑主观的反映，并不等于说美没有客观性。美的核心是能引起感情上的快乐和满足，这种思想和感情是客观存在的，不以某个人的意志为转移，具有普遍性，客观性是通过人的意识表现出来的。价值作为产生和存在于主客体之间的关系范畴，都是对于一定审美主体而言的，都是以主体的尺度为尺度。审美价值论的研究总是与人们对价值的评价紧密地联系在一起的，价值评价是审美主体对审美对象是否满足主体需要，做出肯定或否定的评判。黄药眠的美是审美评价突出了审美主体的地位，因而具有特殊意义。

美是审美评价，黄药眠首先从审美发生学，即人类审美生成的高度来进行分析，朱光潜认为感觉加上意识形态的反映就构成审美现象，黄药眠认为审美现象首先应该从生活与实践中去找寻根源。原始社会的人要生活，就得制造工具，从事劳动以满足自己的物质需要，不论是狩猎还是农耕劳动，主体人作用于对象，与此同时对象也作用于主体。比如用刀去打猎，那么刀与动物也作用于人，这不仅是一个实践过程，一个认识过程，更加重要的是一个感情过程。对象对于我们产生不同的效果，愉快的、不愉快的效果，这样，人们同时对对象又发生了情感的反映，比如打老虎，老虎很厉害，怕被老虎吃了，产生恐惧的感觉，这就对对象做出了评价。由于人的劳动，接触的对象越来越多，接触面越来越广泛，这就形成了人的主观力量，对象形成人的主观力量的同时，对象又形成了人对它的需要。随着劳动的发展，随着人们对于对象意义的把握，人的主观力量也在不断发展，人的情感与审美评价也随之发展变化。所以黄药眠认为美不存在于事物本身之中，美是审美主体的人对于客观事物的美的评价，物的存在离开我们仍然存在，美却不能离开人的感觉而存在。原始社会，人对于好、善、美很难区别，人们在劳动过程中遇到胜利，也遇到失败，辛苦劳动得到丰收，感到快乐，这就感到谷物的美；战争胜利，人们就会觉得胜利是美的。随着物质上的满足，跟着而来的是精神上的满足和感情上的满足。人们经历愉快和情感上的鼓舞，往往是丰收过后，战争过后，希望丰收和胜利的再现，于是产生了绘画和舞蹈，舞蹈常常将丰收的动作重现一遍。黄药眠的这一美学思想不仅指出了审美活动具有超越性，审美的秘密在于感情上的满足与快乐，从而将物质活动、精神活动与审美活动区别开来，将审美的生成与审美的本质区别开来，从而具有实践美学与价值论美学，艺术发生学的品格，至今仍能给我们以有益的启示。

黄药眠深知审美活动中的审美主体是个体而非群体。席勒在《美育书简》中早就指出："感官的快乐我们只能通过个体来享受，而不能通过我们生存的类来享受。"尽管人是社会的存在，社会有各个集团、民族，但谈到趣味无争辩，审美现象具有个性色彩，教养不同、阶级不同、美的评价也会不同，无论哪个阶级，审美评价是通过个人而表现出来的，因而一定带有个性色彩。审美活动不仅存在审美个性问题，而且存在审美能力问题，如果没有一定的审美能力，即使美的物存在，也不能有美感。这个审美能力并不是由一个美的事物产生的，作为审美评价，由于审美判断的反复进行，加上生活习惯、知识教养、能力趣味形成的整体生活结构，才能形成审美能力，阳春白雪就是一个很好的例证。

自然的人化是实践美学的核心内容，人不仅是自然的一部分，自然作为主体人生活和活动的场所，从而成为人的社会的一部分，我们在劳动时与自然发生关系，人也就从这个关系来看待自然。太阳作为自然现象，科学家的研究与审美活动中的太阳具有不同的内容，人对自然的反映并不是反映自然事物本身的本质，人们欣赏月亮并不是把月亮作为地球的卫星来反映，而是通过这个形象表现人的生活，而且是通过人的个性表现出来的，对自然现象的美，我们不仅要从整个社会的人来衡量，同时也要从每个人的感性来衡量。

1987 年 6 月在《简论美和美感》一文中，黄药眠简要地概括出自己几十年来形成的美学观点，即对美的理解不能脱离人类的生活实践。美的事物是一种客观的感性的存在，是不能离开事物的自然属性的，但美不能归结为事物的某一自然属性，也不能说美完全是主观的，你觉得美就美，你觉得不美就不美，黄药眠认为美是自然性与社会性的统一，而主要是社会性，根据马克思《关于费尔巴哈的提纲》中的提法：

从前的一切唯物主义——包括费尔巴哈的唯物主义——的主要缺点是：对事物、现实、感性，只是从客观的或直观的形式去理解，而不是把它们当作人的感性活动，当作实践去理解，不是从主观方面去理解。所以，结果竟是这样，和唯物主义相反，唯心主义却发展了能动的方面，但只是抽象地发展了，因为唯心主义当然是不知道真正现实的、感性的活动本身的。

马克思这段话尽管没有涉及美学问题，黄药眠认为它对于我们理解美具有方法论意义。对一切客观存在事物的理解，一方面要从客观的角度去理解，即按事物的本来面貌去理解；另一方面，又要从实践的角度、主观的角度去理解，即重视人们对于事物的主观能动的反映。某个事物美不美，一方面要从客观的角度，看它是否包含美的因素，另一方面还要看它在人的实践中所具有的审美意义。

作为大师级的学者，黄药眠为北京师大文艺学建设铺下了第一块坚实的基石，使北京师大成为文艺学科研究的重镇；黄药眠的美学思想迄今尚未引起重视，这是很遗憾的事。1957 年，黄药眠在《问答篇》中写道："真理是客观的，人人不得而私；至于谁先找到它，那不是十分重要的事"，这话充分体现出大师黄药眠作为学者的品格。

通过 20 世纪 50 年代的美学大讨论，我觉得可以总结出以下几点：

一、学术研究需要学术自由。从批判朱光潜的美学思想开始，以黄药眠《论食利者的美学》为契机，引发出了一直延续到 60 年代的美学大讨论，其中五七年上半年，在意识形态的笼罩下，唯物唯心是个底线，由于没有政治干扰，讨论大致上可以各抒己见。仅以《美学问题讨论集》1—6 集为例，收论文 83 篇。

二、北京师范大学组织的美学论坛是《人民日报》美学讨论的继续和深入，标志着从批判走向争鸣，除蔡仪的讲座稿未见公开发表外，朱光潜、李泽厚的讲座稿经过整理公开发表后产生了巨大的影响，以后的讨论主要是围绕蔡仪、朱光潜、李泽厚三派的观点进行的，讲座体现了当时中国美学研究的最高水平，可以说北京师大美学论坛对促进五十年代的美学大讨论有着不可磨灭的功绩。

三、50 年代美学大讨论受到全国范围广泛的关注并形成热潮，培养出众多的美学新人，很多高校都开出了在国外是冷门的美学课，这在世界学术史上也是罕见的。

四、由于美学大讨论，形成了具有中国特色的美学研究。

五、20 世纪 50 年代的美学大讨论特别是美学论坛属于学术建设的初创期，有其局限和粗疏处。黄药眠审美价值论的思想一直遭到埋没，1957 年 5 月 27 日的第一讲《看佛篇》，半个世纪后才在《文艺研究》2007 年第 10 期发表；第二讲《美是审美评价：不得不说的话》迟至 1999 年才发表。比起蔡仪、朱光潜、李泽厚局限在哲学反映论，黄药眠的美学观点更接近审美活动的实际，就其深度而言，比如人类社会出现之前自然美不美，对原始人来说自然美不美，审美与实践，审美发生，美与美感，艺术发生问题，超出了今天许多美学论著的水平，值得我们进一步思考。

附记：此文有三个版本，一为 2012 年 1 月 2 日《中华读书报》删节本；二为 2012 年第 7 期《新华文摘》刊录本；此文本为论文全文。

文学艺术创作的审美本性

一、创作发端于外在审美

生活是文学艺术创作的源泉，外在生活要进入创作，它必须是作家艺术家所熟悉的生活，是作家艺术家感兴趣的生活，是作家艺术家感情上有联系的生活，作家艺术家之所以要创作，首先是由于现实生活打动了他，引起他强烈的感情体验，为了表现自己这种感受和体验，他才拿起笔来。歌德在谈到《少年维特的烦恼》创作时写道："使我感到切肤之痛的、迫使我进行创作的、导致产生《维特》的那种心情，毋宁是一些直接关系到个人的情况。原来我生活过、恋爱过、苦痛过，关键就在这里。"情感是从生活中产生的，创作之前，对生活的体验、分析和研究是情感积累的过程，没有真正感情上的激动，是不可能进入创作的，这种感情上的激动，我们称之为外在审美。

有人问画家马蒂斯，一个西红柿，你在吃它的时候和你在画它的时候，看上去是否都一样？马蒂斯回答说："不一样。"他解释说："当我吃一个西红柿的时候，它看上去就是普通人看到的那个样子。"言下之意，生活中的西红柿与作为创作对象的西红柿是不一样的，生活中的西红柿以食物的形态存在，它可以满足人的物质需求；作为创作对象的西红柿已经丧失了它的物质内容成为审美对象，以它的形状和色彩打动创作者的感情。席勒认为："只要外观是真正的（明确放弃对实在的一切要求），而且只要它是独立的（无须实在的任何帮助），那么外观就是审美的。"[1]这说明审美对象以自由悦人的感性形式进入外观的领域，是对现实生活、对具体物质需要的一种超越，在《剩余价值理论》中，马克思引用《评政治经济学上若干词语的争论》的作者和贝利等人说的："'value, valeur'这两个词表示物的一种属性。的确，它们最初无非是表示物对于人的使用价值，表示物的对人有用或使人愉快等等的属性。"事实上，对人有用并不是物的固有属性，而是和主体的实用联系在一起的使用价值，使人愉快也不是物的一种属性，体现的是主体与对象关系中形成的感情效应，与具体物质需要相联系的愉快是快感，超越了具体物质需要的愉快是美感，在这个意义上，我们把引起美感愉快和满足的事物叫作审美对象，黑格尔认为："艺术作品之所以为艺术作品，既然不在它一般能引起情感（因为这个目的是艺术作品和雄辩术，历史写作，宗教宣扬等等共同的，没有什么区别），而在它是美的。"[2] 黑格尔在这里将一般情感与审美的情感区别开来了，也正是在这个意义上，克莱夫·贝尔写道："一切审美方式的起点，必须是对某种特殊感情的亲身感受。"[3]

单纯的审美与进入文学艺术创作的审美是有区别的，郑板桥画竹时写道："江馆清秋，晨起看竹，烟光、日影、雾气皆浮动于疏枝密叶之间，胸中勃勃，遂有画意。""胸中勃勃"是外在审美，"遂有画意"是进入创作的审美。恩斯特·卡西尔对此进行了透彻的分析："我以一个艺术家的眼光看这风景——我开始构思一幅图画。现在我进入一个新的领域——不是活生生的事物的领域，而是活生生的形式的领域。我不再生活在事物的直接的实在性之中，而是生活在诸空间形式的节奏当中，生活在各种色彩的和谐反差之中，生活在明暗的协调之中。审美经验正是存在于这种对形式的动态方面的专注之中。"[4] 与静态的专注不同，动态的专注是一种创作的专注、一种感情内驱力的专注。

审美作为一种双向活动，既和外在的审美对象有关，又和审美主体的作家、艺术家有关。作家、艺术家都是感受力相当敏锐的人，一次邂逅、一句深情的话，一声汽笛、一滴水珠上的阳光，看到四月的丁香、深秋的红叶，听到小提琴如歌如诉的乐声，都有可能打动他温柔的心灵，启动他记忆仓库里的生活经验材料，激发出创作的欲望，也许他还不能解释这一事物，还没有能力从理论上把握它，但是他发现了这一事实，注意到了其中有一种特别吸引人的地方，于是他热心地摄取到自己心灵中来，和其他同一类型、同一结构的事实和现象联结起来，加以孕育。列宾创作《伏尔加河上的纤夫》，最初的感性刺激是"一只流汗的粗大的手高举在小姐们头上的一瞬间"。列夫·托尔斯泰创作《哈泽·穆拉特》，鲁迅说："野蓟经历了几乎致命的摧折，还要开一朵小花，我记得托尔斯泰曾受了很大的感动，因而写出一篇小说来。"在普希金娜和安娜·皮罗戈娃两个原型的基础上，列夫·托尔斯泰塑造了一个敢于追求爱情和幸福，敢于冲决贵族社会樊笼的叛逆女性安娜·卡列尼娜的艺术形象。

从外在审美进入到文学艺术创作的内在审美存在一种不可遏制的动力，弥尔顿出于春蚕吐丝一样的需要，创作出《失乐园》，马克思认为那是他天性的能动表现。一个音乐家必须作曲，一个画家必须作画，一个文学家必须提笔写作，否则的话，他就无法安宁，这种非表现不可的创作冲动，我们称之为创作动机。现代心理学认为动机是个性积极性的表现，与停留在意向阶段缺乏实际活动动力的愿望不同，动机是创作行为的推动者，它体现了所需要的客观事物对人活动的激励作用，把人的活动导向一定的、满足他需要的具体目标。心理学家彼德罗夫斯基认为，动机是与满足某些需要有关的活动动力。动机包含着意向和欲望，但它并不停留在意向或欲望这一层次上，动机还包含了意志和感情的因素，包含了一种克服困难，把意向转化为实际活动的能力。恩斯特·卡西尔说得好："艺术家的眼光不是被动地接受和记录事物的印象，而是构造性的，并且只有靠着构造活动，我们才能发现自然事物的美。美感就是对各种形式的动态生命力的敏感性。"[5]

文学艺术发端于外在审美，黑格尔认为作家艺术家的快乐就是创作的动力，鲁迅说是"创作须情感"，巴金说："我的生活里有过爱和恨，悲哀和渴望；我在写作的时候也有我的爱和恨，悲哀和渴望。倘使没有这些，我就不会写小说。"曹禺写《雷雨》，"隐隐仿佛有一种情感的汹涌的流来推动我"，因此文学艺术创作的动力学原则是一种感情动力学原则，一种审美动力学的原则。外在审美深化为内在审美，深化为创美，这是一个由初级审美升华为高级审美的完整过程。

二、内在审美是文学艺术创作的基本特征

创作能力是自然的伟大禀赋，创作者灵魂的创作行为，是伟大的秘密，这是别林斯基的观点，无独有偶，弗洛伊德同样认为，"当一个作家把他的戏剧奉献给我们，或者把我们认为是他个人的白日梦告诉我们时，我们就会感到极大的快乐，这个快乐可能由许多来源汇集而成。作家如何完成这一任务，这是他内心深处的秘密"。[6]对研究者来说，创作行为的确是个黑箱，对于创作者本人，创作仍然是有迹可寻的，以《阿Q正传》为例，鲁迅开始并未想到阿Q会被杀头，小说连续写了12个月，这才意识到"阿Q却已经向死路上走"，开始的"没有料到"是非自觉的，以死亡结尾却又是自觉的。

创作的有迹可寻，还表现在"内心视像"上，在《演员自我修养》中，斯坦尼斯拉夫斯基写道："我们的视像从我们的内心，从我们的想象中、记忆中迸发出来以后，就无形地重现在我们身外，供我们观看。不过对于这些来自内心的假想对象，我们不是用外在眼睛，而是用内心的眼睛（视觉）去观看的。"鲁迅创作《阿Q正传》之前，"阿Q的影像，在我心目中似乎确已有了好几年"，康斯太勃尔动笔之前总是在脑子勾勒它们的形象，李泰祥创作《橄榄树》这首歌，

是在街头路过一家走廊，看见有个女人很苍老，一直望着远方，作曲家虽然不知道她在想什么，但从她脸上留下的痕迹，想象出她年轻时应该有很多事情，后来在一家卖山东馒头的店铺中，一边吃稀饭，一边把它谱成歌曲。冯骥才从事二十多年专业绘画，习惯于可视性形象思维，"我想到的东西都会不由自主地变成画面。如果不出现画面，没有可视性，我仿佛就抓不住它们"。阿·托尔斯泰认为，作家的法则是"必须亲眼看见它。凭借内在的视力来看所描绘的对象，来创造作品"。正因为文学艺术创作具有可视性，《牛虻》的作者伏尼契常常看见亚瑟站在自己面前，他那么年轻，全身黑衣，面露忧戚，眼含痛苦，这时小说成了她思想活动的中心，她想着它，讲着它，梦着它。贝多芬作曲，在他的思想中总有一幅画，他就是按着这幅画工作。莫扎特说："在我，一切创造、制作，都像在一个美丽的、壮伟的梦中进行的，但最好的，就是全部同时听到。"

如果说内在视像是形象思维的外观，那么内在审美就是创作中形象思维的实质，正如席勒指出的："在审美的国度中，人就只需以形象显现给别人，只作为自由游戏的对象而与人相处。"[7]

创作是快乐的，汪曾祺写道："一个人在写作的时候是最充实的时候，也是最快乐的时候。凝眸既久，欣然命笔，人在一种甜美的兴奋和平时没有的敏锐之中，这样的时候，真是虽南面王不与易也。"王蒙认为，有的人喜欢讲创作之苦，我则爱说创作的快乐。在文学艺术创作过程中，作家艺术家缔造一个新的世界，从无到有，从有到无。喜怒得到升华，思想得到明晰，回忆得到梳理和新的组合，想象得到发挥与铺染，体验得到温习与消受——这确是人的最好的精神享受。这种创作的快乐就是内在审美。

三、文学艺术创作是审美反映与审美创造的统一

（一）"人的意识不仅反映客观世界，并且创造客观世界"，所以文学艺术创作既是一个反映的过程，又是一个创造新的艺术世界的过程。就反映的内容和源头而言，文学艺术同外部自然同现实生活有着密切的关系；就反映本身而言，它是客观世界的主观映像，具有观念性，在《德意志意识形态》中，马克思、恩格斯写道："意识在任何时候都只能是被意识到了存在"，"甚至人的头脑中模糊的东西也是可以通过经验来确定的，与物质前提相联系的物质生活过程的必然升华物"。升华就意味创造，和一般反映不同，文学艺术创作作为审美反映，反映和创造是交融在一起的，就文学艺术对现实生活的关系来说，文学艺术的反映

是审美反映，就文学艺术创作本身来说，审美反映过程就是审美创造过程，反映的对象也就是他所创造的对象，这是因为情感对感知具有选择性和调控性，审美感受和审美体验经过作家艺术家感情目光的筛选，使得反映在意识中只能是那些与作者感情相一致的东西，另一方面，那些契合作家艺术家感情的印象，又在感情的作用下，不断地得到强化和升华，"通过渗透到作品全体而且灌注生气于作品全体的情感，艺术家才能使他的材料及其形状的构成体现他的自我，体现他作为主体的内在的特性"[8]，"感性的东西是经过心灵化了，而心灵的东西也借感性化而显现出来了"。[9]

文学艺术创作作为审美反映具有以下特点：

1. 它是一种和作者感官相联系的感性反映

按黑格尔的说法，在艺术创造里，心灵的方面和感性的方面必须统一起来，心灵性的内容（意蕴）只有放在感性形式里，才可以被人认识。创作的时候不仅大脑是活跃的，神经和五官也是活跃的，王蒙说，当你写到冬天，写到寒冷，你得动员你的皮肤去感受这记忆中或假设中的冷，如果你的皮肤不起鸡皮疙瘩，毛孔不收缩，脊背上不冒凉气，你能写好这个冷吗？你写到黑夜时，如果你的眼睛不能再现黑夜的各种感觉，你的夜色一定是写不好的。曹雪芹写凤姐的出场，列夫·托尔斯泰写安娜·卡列尼娜出席舞会之所以生动传神，原因就在于它是具体感性的，使人如见其人，如闻其声，如临其境。文学作为语言艺术是间接艺术，造型艺术特别是绘画，善于捕捉大自然和社会生活中人和事物的可视之美。达·芬奇从微风吹起湖水的涟漪中得到启发，描绘了蒙娜·丽莎微微斜视柔和而明亮的眼神，稍稍翘起的嘴角和舒展的面部肌肉所形成的笑靥，具体感性地创造出难以名状的"神秘的微笑"。凡·高不倦地画向日葵，他说："黄色何其美"，印象派爱光，凡·高爱的不是光，而是发光的太阳，对于他，黄色是太阳之光，是光和热的象征，凡·高用绚烂的色彩，奔放的笔触传达出狂热的感情，他眼里的向日葵已经不是平常的花朵，他的画是一幅表现太阳的画，是一首赞美阳光和旺盛生命力的赞歌，当吴冠中第一次见到他的向日葵时，立即感到自己的渺小，因为凡是体验过、留意过苦难生活、纯朴生活的人们，看到这画都会感到分外亲切、恋念和流泪。

2. 它是一种和创作主体相联系的充分个性化的反映

个性化的含义并不是由客观现实生活衍生出来的，而是和创作主体个人生活实践中所形成的独特的眼光，感受和体验有关。

创作个性化很重要的一个内容是童年，作家艺术家的资源无非来自三个方面，一类是传统文化下的个人亲身经历，一类是民间文化，另一类是外来文化。一个人最初的创作往往离不开他的童年，童年的感情以一种巨大的力量和记忆一起嵌入作家、艺术家的意识深层之中。达·芬奇、米开朗琪罗、卓别林、海明威、沈从文、路遥他们的创作无不打上童年的烙印，因为童年是他们个人生活的起点。莫言的基本经历是他 20 岁前在农村的生活，他写高密东北乡，反复写饥饿、孤独和苦难和他的童年生活是分不开的，创作《透明的红萝卜》时，他想到过去、想到童年、想到故乡的生活，艺术感觉就像打开闸门的河流，活水源源而来。

由于经历不同，刘心武认为每一个作家都有自己独特的生活敏感区，茅盾写早期国统区的中国革命；沈从文写湘西的自然、水、船夫和少女。老舍生在北京，那里的人、事、风景、味道和卖酸梅汤、杏儿茶吆喝的声音全都熟悉，一闭眼北平就完整得像一张彩色鲜明的图画立在手中，作家敢放胆地描写它，它是一条清溪，每一探手，就能摸上条活泼泼的鱼儿来，因为这些生活都是他感受过、思考过、清楚地看见过体验过的东西。王蒙曾对刘绍棠说，你写不了政治性太强的作品，这个题材该我来写，你还是写你的运河、小船、月光、布谷鸟，写田园牧歌。茹志鹃认为"生活最主要的是自己的经历"，她参加革命之前，没有什么家，到了部队以后，才有了家，这特殊的经历，赋予了她一双单单属于她自己的眼睛。"文革"前她以非常纯真单纯的眼光看世界，似乎一切都很美好，唱的是《百合花》那样热情的赞歌，经历了"文革"的磨难，严峻而复杂的生活深化了她的作品，她说："歌唱需要热情，鞭打更需要极大的热情，才能真正打到痛处，达到转化的目的。"因此，她的作品在冷峻的鞭挞中，仍然给人一股温馨的暖意，茅盾说她的作品耐咀嚼，有回味，"近于静夜箫声"，准确抓住了她作品的特色。

独特的眼光也是形成个性化的一个重要原因，绘画史上有这样一个例子，四位画家面对同样一片风景，画出来以后四幅画四个模样。法国画家柯罗和卢梭都以画风景出名，但他们对大自然的感受和选材角度明显不同。柯罗善于感受大自然那种牧歌式优美的色调：黎明的爽朗，白昼的沉郁，黄昏的幽静，他喜欢把具有细瘦枝条和透明绿叶的树作为表现对象。而卢梭则善于感受大自然强大而雄壮的气象，他对有着挺拔苦壮的树干和又黑又厚叶子的乔木更感兴趣。对此，马克思写道："人则把自己的生命活动本身变成自己的意志和意识的对象。……他本身的生活对他说来才是对象。"[10]莫言写道："作家应该有自己的腔调，应该发出自己的独特的声音。"

罗丹的雕塑《思》是一个低垂着头、紧闭双眼和唇的少女头像，头下留着尚未凿掉的粗石，不具形的"思想"在沉重的"物质"中花一样开放，雕像的减缩表现了思想的折磨，她想挣脱外在现实的羁勒而又为不能挣脱而苦恼。米开朗琪罗追求的是人的完美，他的人物在肉体和精神上都是巨人，罗丹则放弃了这种英雄式的追求而转向对人的内心的刻画。

3. 它是一种充满感情的反映

审美反映是一种充满感情的反映，感情只能对感情说话，是感情的力量促使审美反映进入审美创造，是感情的力量形成文学艺术的审美效应，正因为如此，康斯太布尔认为："绘画，对我说来应该是表达感情的语言。"[11] 在《艺术和科学》中，李政道写道："艺术，例如诗歌、绘画、雕塑、音乐等，用创新的手法去唤起每个人的意识或潜意识中深藏着已经存在的情感。情感越珍贵，唤起越强烈，反响越普遍，艺术就越优秀。"[12] 罗丹同样认为："绘画、雕塑、文学、音乐，彼此的关系比常人所设想更要接近。它们都是表现站在自然前面人的感情，只是表现的方法不同罢了。"[13]

审美经验的源泉和动力，弗洛伊德认为存在于无意识之中，感情作为深层无意识既深不可测又难以言说，难怪苏佛尔皮教授告诉吴冠中，"艺术是一种疯狂的感情事业，我无法教你"。肖洛霍夫《静静的顿河》写葛利高里抱着阿克西尼亚的尸体，抬头看到了一个黑色的太阳。太阳变成黑色，出自他极度悲痛、绝望、近乎疯狂的感觉，正是这一黑色的感觉充满感情，使我们深深感受到主人公悲剧性的命运，肖洛霍夫描写的这一细节如今已成为经典。

与日常感情不同，创作中的审美感情是经过时间过滤了的感情，是与实际空间不同幻觉空间所产生的感情，是经过整理之后适度的净化了的感情。鲁迅认为情感正烈的时候不宜作诗。斯达尔夫人写道，一定程度的感情足以激发诗情，可是稍微超过限度的话，那就把诗情抛弃了。

李煜《虞美人》写"往事知多少"，写"故国不堪回首月明中"，写"雕栏玉砌应犹在，只是朱颜改"，那是亡国之君的愁。生活中每个人都会遇到艰难挫折，都有自己感情的愁，诗人用接受美学上的召唤结构"问君能有几多愁"，把无数读者引领到"人生愁恨何能免"的艺术境界之中，把一己之愁升华为超越时代、民族、阶级普遍性的愁。水是流动的，感情也是流动的，"一江春水"的意象把又多又满、宽广起伏、无止无休、汹涌澎湃难以言说的感情具体形象地表现出来。春天是美好的，春水带有往昔多少美好的记忆，然而这一切都随着一江春水付之东流，永远一去而不复返，因此这种愁是没有丝毫指望、绝望之愁，它深入人心，打动了无数读者，就这样，审美反映和审美创造自然而然地融合在一起。

4. 它是升华的反映

黑格尔认为："审美带有令人解放的性质，它让对象保持它的自由和无限，不把它作为有利于有限需要和意图的工具而起占有欲和加以利用。"[14] "寂然凝虑，思接千载；悄焉动容，视通万里"，说明审美反映是对一般反映的超越，想象驾着彩凤双飞翼从现实物质必然性的领域进入到更高更为考究的自由王国的领域，在《仲夏夜之梦》中，莎士比亚写道，疯子、情人和诗人都是满脑子结结实实的想象，诗人转动着眼睛，眼睛里带着精妙的疯狂，从天上看到地下，地下看到天上。他的想象为从来没人知道的东西构成形体，他笔下又描述它的状貌，使虚无缥缈的东西有了确切的寄寓和名目。莎士比亚尽管说的是诗剧创作，却道出了整个创作创造性想象的真谛。

创作中的想象既来自生活，又高于生活，情感激发和支配下的想象，把来自现实的表象和情绪材料进行选择，分解，组合，重构出一个崭新的艺术世界，它凝集了作家艺术家整个的生活积累，认识积累，形象积累，情感积累，一句话，他们的整个生命都化成了创作对象，很多作家把生活经验和阅历比作土地，但土地本身并不是一棵树，也不是一朵花，而想象就是阳光，有了想象这个阳光，在生活这块土地上的种子才能发芽、破土，才能长出一棵树来开花结果，在这个意义上，黑格尔在《美学》中写道："真正的创造就是艺术想象的活动。"曹雪芹根据想象把半世亲见亲闻的几个女子的悲欢离合兴衰际遇创作出了《红楼梦》，老舍根据想象把自己认识的经常下茶馆小人物的变迁创作出了反映社会变迁的剧作《茶馆》；凡·高希望在色彩上做出一种发现，在暗的背景上涂上具有明亮光辉的色调来表现头脑里的思想，在想象的整合下画出了一系列独创性的图画。文学艺术反映的世界是现实世界的升华，正是在这一意义上，它可以而且应该比实际生活更高、更强烈、更有集中性、更典型，也更有普遍性，正如斯托洛维奇写的"人对现实的货真价实的审美关系永远是创造关系"。[15]

5. 它是借助一定媒介的反映

作家艺术家进行创作必须借助特定的媒介进行构思并体现为物态化的文学艺术作品，[16] 这些作品都具有物性，正像海德格尔指出的，在建筑艺术中有一种石质的东西；在木刻中有木质的东西；在绘画中有色彩一类的东西；在语言艺术中有话音；在音响作品中有声响。值得注意的是像石料、木料这些材料并不是媒介，只有进入具体作品表情达意的材料，才转化成为媒介，鲍山葵在《美学三讲》中指出：文学艺术家"靠媒介来思索来感受，媒介是他的审美想象的特殊的身体"。[17]朱光潜说，我们想象，往往要连传达的媒介在一起想。例如画家在想象竹子时，要连线条、色彩、光影等在一起想，诗人想象竹子时，要字的音义在一起想。想象之中至少就会有传达在内，所以传达不纯是"物理的事实"，它也正是艺术的活动一部分。由于眼睛对对象的感受与耳朵不同，所以眼睛的对象是视觉的，而耳朵的对象是听觉的，不同门类艺术的感受和造形有很大的差异。

语言是思想的直接现实，文学作为语言的艺术，必须用语言文字来思索，具体的语言文字就是文学的媒介。列夫·托尔斯泰写《安娜·卡列尼娜》，构思四年，一天，拿起一本普希金文集，读到一个残篇的开头"客人聚集在别墅里"，兴奋地大声说，就应当这样开头，一下子就使读者发生了兴趣，换了别人，也许要先写客人和房间，普希金却直接从关键写起。在普希金启发下，作家开始构想人物和事件，开始续下去诞生了作品的初稿，并用"幸福的家庭都是相似的，不幸的家庭各有各的不幸，在奥布浪斯基家里，一切都混乱了"开头，从而奠定了整个作品的基调。

绘画以色彩线条块面等造型手段作为媒介。吴冠中到浙江一个渔村，从高高的山崖上鸟瞰渔港，看见海岸明晃的水泥晒场上拉扯开的渔网，像是伏卧着的巨大蛟龙，渔网间镶嵌着补网者，衣衫的彩点紧咬着蛟龙，伸展渔网的身段静中有动，网线有的松离了，有的紧绷着，仿佛演奏中的琴弦。尽管画家画过不少渔港、渔船、渔家院子，但感到都不如这伏卧的渔网使人激动。根据素描，画家用墨绿色表现，总感到不甚达意，以后改用墨色表现渔网，爬在很亮底色的黑，显得比绿沉着多了，运动感和音乐感也出来了，而易于淹没在绿网丛中人物的彩点，在黑网中闪烁得更鲜明了，由于渔港背景具象的烘托，人们很快领悟这抽象形体中补网的意象。这说明画家不仅用色彩线条来感受，绘画时也用色彩线条来思考，借这一媒介反映现实。

雕塑作为三维的造型艺术，作者对形体、姿态、动作特别敏感，不断地思考和运用这一完整的空间，这三维形体无论有多大，都得像抓在自己手中一样，看到形体的这一面就能知道另一面的样子，他得借助青铜、大理石、黏土、石膏这些物质材料在空间中形成体积语言，而进入作品中的物质材料，也就是审美反映的媒介。雕塑特别注重富有表现力令人久久回味的瞬间，米隆《掷铁饼者》，选取投掷过程中即将投出而尚未投出最富有包孕性的瞬间，给人以连贯的运动感和节奏感。两臂极大展开的动作，带动身躯的弯曲出现不稳定感；但高举的铁饼又使整个人体在不平衡中处于暂时的平衡之中，意味着力的爆发，这就突破了艺术时间、空间的局限性，反映了运动员的健美和青春的生命力。

音乐的媒介是指经过选择、概括的声音物质材料，而尤其重要的是乐音，它具有听觉的直观性。作为时间艺术，音响在时间之流中流淌，具有情绪色彩，因此作曲家对生活的情绪和节奏特别敏感，他们把自然音响音乐化，把节拍节奏予以规范化，把乐音按照不同表情的音程关系组织成一个完整的音乐体系。穆索尔尼斯基在一个晴朗冬日的乡村，看见一些农民在雪地上行走，立刻，脑海里借托音乐形式闪出这一特定情景，自然而然地想起巴赫式"上行下行"的旋律，欢笑的农妇使他脑海中浮现的是以后写的中间部分，即第三声中部所根据的那支旋律，于是一首间奏曲就这样问世了。

舞蹈艺术的媒介是人自己的身体，即由人体生发富有力度的动态、动势和姿态，芭蕾舞作为一门综合表演艺术，它主要是足尖上的艺术，人体动作规律被舞蹈艺术化象征化了，消融在舞蹈家特有的时空中，这一时空不是现实中的时空，而是被舞蹈家改造了的诗意的时空，舞者真实地运动着，存在于特有的人物和故事情节的舞蹈情景中。《红色娘子军》是中国第一个芭蕾舞剧，西方芭蕾舞融合了中国戏曲和民间舞蹈的元素，用来表达中国人的情感文化，反映了中国人民特别是中国妇女的战斗精神，舞蹈由于情景的需要，破掉了二位手、三位手、七位脚的定势，把足尖上的舞蹈跟射击动作完美地结合在一起，让没有经历过那个年代的人可以欣赏到它的美妙。

（二）在《1844年经济学哲学手稿》中，马克思指出"人也按照美的规律来塑造物体"，文学艺术创作是在合规律合目的基础上创造，一方面创作是对现实合规律的反映，另一方面它又是创作主体合目的的实践。

1. 文学艺术创作作为艺术生产可以和物质生产进行比较，衣服、皮鞋是"制造"出来的，飞机、汽车是"生产"出来的，而文学艺术作品是"创造"出来的。艺术生产之称为创作，原因是它具有首创性，具有过去任何时候，任何地方都未曾有过、第一次出现的崭新性质。一幅画，画布是事先存在的，笔墨和油彩也是事先就存在的，但画面上的空间结构（这一空间结构是从可见的形状和色块中浮现出来的）和空间幻象却是第一次出现的、崭新的东西。徐悲鸿画马基于学过马的解剖，熟悉马的骨架，肌肉组织，能捕捉其瞬间的优美体态，细审其神情，他把西方绘画中体面、明暗、分块造型的方法与传统的线描技法相结合，用前人未曾使用过的粗放笔触和浓重墨色突出了奔马的主要骨架和奔驰向前的动势，从而与传统静态的马区别开来，这就是创造。1501 年，26 岁的米开朗琪罗用别人遗弃的大理石，经过二、三年的劳作，雕塑出四、五米高的大型雕塑《大卫》。传统意义的大卫是个牧童，米开朗琪罗使之成为巨人，一个大无畏的、像神一样的战士。为了准备即将开始的战斗，大卫的头猛然左转，炯炯有神的两眼怒视前方，右手紧握着肩上的甩石器，手臂的筋肉条条紧绷，腿的轮廓线非常流畅，肢体和躯体的连接无懈可击，整个雕塑既稳定又呈现动态，体现出一种顽强、坚定和大无畏的正义精神。论者认为从来没有一座雕像有如此优美的姿态，如此完美的优雅，如此美的手足和表情，《大卫》因此成为举世闻名的杰作。路遥的小说《人生》打破了"痴心女子负心汉"的老套，描写了在改革开放的形势下，当代中国青年力图从落后愚昧中挣脱出来，他们向往新的天地，追求新的生活，主人公高加林身上尽管存在历史的盲目性，但他已不再是否定的形象，而是一个交织着正与负、肯定与否定的复杂形象，正因为如此，审美创造是文学艺术创作的本质特征。

2. 文学艺术创作是合规律合目的即合乎美的规律的创造

美的规律要求文学艺术创作必须合乎生活本身的规律，人的目的是由客观世界所产生的，是以它为前提的，客观世界走着自己的道路，有着自己的规律，正如列宁在《哲学笔记》中指出的："人在自己的实践活动中面向着客观世界，依赖着它，以它来规定自己的活动。"[18] 因此，文学艺术创作必须尊重生活的真实，符合生活的逻辑。巴尔扎克的《人间喜剧》包含了 96 部各自独立而相互联系的长、中、短篇小说，巴尔扎克写道："法国社会将要成为历史学家，我只应该充当它的秘书。"政治上巴尔扎克是个保皇派，他的全部同情都在注定要灭亡的贵族阶级方面，作为现实主义大师，他用编年史方式几乎逐年地把上升的资产阶级在 1816 年至 1848 年这一时期对贵族社会的冲击描写出来，他看到他心爱的贵族灭亡的必然性，出于生活的逻辑，他不得不违反自己的阶级同情和政治偏见，把贵族描写成不配有更好的命运，他的嘲笑是空前深刻的，他的讽刺是空前辛辣的，他所赞赏的人物正是他政治上的死对头，是代表人民群众的圣玛丽修道院共和党的英雄们，恩格斯认为这是现实主义最伟大的胜利。列夫·托尔斯泰创作《安娜·卡列尼娜》，最初把主人公写成趣味恶劣、智力低下、卖弄风情的"失了足的女人"，经过反复修改和考虑，安娜升华为一个美丽、聪明、感情丰富，敢于追求自己爱情和幸福的叛逆女性，安娜悲剧性的命运集中反映了当时俄国社会的种种问题。写婚外恋，文学史上从来没有一个作家像列夫·托尔斯泰写得这样美，这么深刻，这么打动人的感情。陈毅说："看悲剧最为沉痛，沉痛的喜悦是比一般的喜悦更高的喜悦"，作为心灵辩证法的大师，列夫·托尔斯泰正是按着社会生活本身的逻辑和人物形象自身性格发展的逻辑进行构思和创作，正因为如此，《安娜·卡列尼娜》才成为不朽的杰作。

美的规律还要求合目的性。目的性是人类活动的一个重要特征，人离开动物越远，就越加具有经过思考的、有计划的，向着一定目标前进的行为特征。文学艺术创作的目的是审美的目的，莱辛在《拉奥孔》中写道："在古希腊人来看，美是造形艺术的最高法律"，凡是为造形艺术所能追求的其他东西，如果和美不相容，就须让路给美，如果和美相容，也至少须服从美。美国画家惠斯勒认为，音乐的目的是悦耳，绘画的目的悦目，绘画不是传播神示，也不是说教，而是要表现美。列夫·托尔斯泰认为，艺术家的目的不在于无可争辩地解决问题，而在于通过无数永不穷竭的一切生活现象使人热爱生活，孩子们二十年后还要为它哭，为它笑，进而热爱生活。徐悲鸿画的马腿，比其他画家都要长，让观众觉得夸张得恰到好处，这是为了美。1824年，康斯太布尔画的《干草车》在法国巴黎沙龙展出，画作以绚丽的色彩描绘了恬静的农村景色，阳光与空气感处理得十分出色，似乎能从画面上感受到温暖的泥土气息，德拉克洛瓦送展的《希阿岛上的屠杀》背景是暗的，色彩比较沉闷，看到《干草车》色彩的处理，德拉克洛瓦立即奔回画室，用两周时间修改《希阿岛上的屠杀》画上的云彩，把背景改为明亮的天空，加强了色调的明度，从而使这幅画具有了更高的审美价值。

邓肯是现代舞的先驱，她曾整日整周地静坐在希腊帕提农神庙里，对着陶立克式圆柱和周围的群山发呆，思考艺术的真谛和人世的美到底是"做作"还是"自然"。作为传统舞蹈的反叛者，她认为芭蕾舞把足尖踮起，脚就变得僵直，不可能优美地完成腾越动作，舞蹈既不能依靠矫揉造作的姿势，也不能依靠富丽堂皇的服饰，而要遵循自然的节奏，把自己的心灵融入舞蹈之中，在美的感召下，用舞蹈去表现那发自灵魂的向上而回旋的音乐。邓肯富有节奏的谐调动作是向上的，她的舞姿总是那么自由，那么洒脱，那么奔放，她轻轻一跃，几个抬头和举手分臂的动作，便体态轻盈地表现了天使一般的美，从而打动了无数观众的感情。

文学艺术创作作为创造，就全局、整体而言是有目的、自觉的，这并不排斥局部、个别环节，有些时候存在无目的、不自觉、不由自主地无意识因素。理性思维型的作者，往往主张创作的高度自觉性，他们重视理性思考在创作中的作用，契诃夫写道："如果否定创作中的问题和意图，那就得承认，艺术家是没有预定意图地无意识地、只凭刹那间冲动的影响来进行创作的。因此，如果某一个作者自我吹嘘，说他没有预先想好的意图，只凭灵感写成了一部中篇小说，那我就叫他疯子。"茅盾写《子夜》，先把人物想好，列一个人物表，把他们的性格发展及连带关系等等都定出来，然后再拟故事大纲，分章分段，使之连接呼应。而感性思维型的作者往往凭直觉无意识来创作，他们往往强调创作的非自觉性，从心理学角度讲，无意识是处于我们意识之外的东西，即对我们是潜在的、不清楚的现象，因此按其本性来说，是我们尚未认识的东西，一旦我们认识了无意识，它就不再是无意识而成为常态的心理事实。普希金写道："任何天才都是无法解释的。雕刻家是如何在一块大理石中看到尚未成型的丘比特，并用雕刻刀和锤子凿碎它的外壳，把它雕制出来的？为什么诗人的思想一产生就武装起四个相同的韵脚，带上了平稳的节奏？除了他本人以外，任何人也无法理解印象何以递送得如此迅疾，无法理解诗人的灵感与异己的外部意志之间的紧密联系。"英国女作家夏洛蒂·勃朗特在《呼啸山庄》序言中指出："一个拥有某种创造才能的作家，往往拥有某种他不能驾驭的东西，这种东西往往会奇怪地自作主张，自行其是。"罗丹创作《流浪的犹太人》，是在整天工作，到傍晚还未写完一章书的情况下，猛然发现纸上画了这么一个犹太人，艺术家自己不知道是怎样画成的，或是为什么去画他，然而那作品的主体便已具形于此。曹禺谈及《雷雨》的创作写道："屡次有人问我《雷雨》是怎样写成的，或者《雷雨》是为什么写的这一类问题。老实说，关于第一，连我也莫名其妙；第二个呢？有些人已替我下了注释，这些注释有的我可以追认，——比如'暴露大家庭的罪恶'——但是很奇怪，现在回忆起三年前提笔的光景，我认为我不应该用欺骗来炫耀自己的见地，我并没有明显地意识着我要匡正、讽刺，或攻击什么。"列夫·托尔斯泰写《战争与和平》，从准备到创作花了六年，《安娜·卡列尼娜》构思三年，写作三年，中间屡易其稿，这说明他的创作是经过理性、反复思考的，因而作为审美创造有这样一个特点：无目的而有目的，不自觉而又自觉，不依存而又依存，创造之所以是创造，其秘密恐怕就在这里，别林斯基认为这便是创作的基本法则。[19]

3. 文学艺术创作中美的规律是造形的规律

作家艺术家开始塑造形象往往受到前人创作的启发，马尔克斯17岁那年读到卡夫卡《变形记》，看到主人公格里高尔·萨姆金一天早晨醒来居然会变成一个巨大的甲虫，于是他想"原来能这么写呀，要是能这么写，自己准能成为一个作家"。王安忆读了《拾麦穗》之后，才觉得做一名作家对她来说是可能的，之前，她对文学充满了畏难情绪。莫言读了福克纳之后，感到如梦初醒，原来小说可以这样地胡说八道，原来农村里发生的那些鸡毛蒜皮的小事也可以堂而皇之地进入小说，于是莫言把福克纳扔到了一边，开始拿笔写自己的小说。创作需要有个起点，有个范本，阿诺德·豪泽尔说，每一个艺术家都是用他前辈的榜样和老师的语言来表达自己，他要花很长时间才能用自己的"语调"说话，才能进入自己独特表达方式之门。[20] 米勒是法国 19 世纪最杰出的描绘农民生活的现实主义画家，凡·高一直以米勒作为精神导师，米勒画面趋于真实的悲悯情怀深深打动了凡·高，从 1880 年起，凡·高描摹米勒画作的数量不少于百幅，他还将米勒没有时间完成的油画作品，用自己浓烈的色彩语言表现出来。凡·高成熟期创作的向日葵系列、鸢尾花系列、星空系列、麦田系列，表面上与米勒相去甚远，实际上通过鲜亮纯粹的色彩，夸张变形的形体，动感强烈的笔触，表现的依然是米勒式庄严情感的倾泻。

和一般人不同，作家艺术家具有一种构形能力，他能把不具形的感触塑造出一个完美的形象、形体或图画，把审美反映通过想象进行审美创造。莫扎特作曲，开始乐曲的碎片一点点来到心上，渐渐地连在一起，过后心灵的劲儿来了，乐曲越来越长，越来越鲜明，在想象中，这乐曲并不是先后次第地听见，而是一刹那间全部听到，这是音乐家的塑造音乐形象。画家塞尚的造形是按照色彩的逻辑来整合的，从而开创了现代派美术的先河。他说，我画的时候，不想到任何东西，我看见各种色彩，它们整理着自己，按照它们的意愿，树木、田园、房屋，通过色块，一切在组织着自己。他还说，这里存在着一个色彩的逻辑，老实说，画家必须依顺着它，而不是依顺着大脑的逻辑，如果他把自己陷落在后者里面，那他就完了。

老舍创作《骆驼祥子》，最初是听到一个朋友讲在北平用的一个车夫，买车卖车三起三落，末了还是受穷的故事；另一个车夫被军队抓了去，乘军队转移之机，他偷偷牵回三匹骆驼，车夫与骆驼便成了老舍这部小说的核心。在人与骆驼之间，老舍确立骆驼只是陪衬，应以车夫为主，确立了骆驼祥子这一人物的中心地位，作为生活环境，其余的各种车夫、车主与乘客都参与了进来，主人公的全部生活，刮风天怎样，下雨天怎样，他的婚姻与家庭也都参与进来。听来的简单故事变成一个社会那样大，主人公骆驼祥子的形象有了生活和生命的依据，老舍从感情上找到了把一瞬间的感触和自己一生连接起来的那座桥梁，按王蒙的说法，这是现实和经验之间的一座桥梁，是现实和想象之间的一座桥梁，是现实和艺术、直观与幻觉之美连接的一座桥梁，是现实和理性、和思考、和民族、和人类悠久而深厚博大的文化连接的一座桥梁。正如黑格尔所指出的："艺术家必须是创造者，他必须在他的想象里把感发他的那种意蕴，对适当形式的知识，以及他的深刻的感觉和基本的情感都熔于一炉，从这里塑造他所要塑造的形象。"[21]

诗人雷抒雁捧读刊载张志新烈士事迹的报刊时，感情十分激动，但激愤不是思想，也不是形象，冷静下来后，代之而起的是思索，诗人想起惠特曼的《草叶集》，想起了鲁迅的《野草》，把许多似乎漠不相关的东西联结在一起，思索的同时，诗人找到了诗的生长点：他总看到一片野草，一摊紫血。在那块刑场上，还有谁是罪恶的见证呢？在那一片暗夜里，还有谁比小草更富有同情心呢？草把各色的花献给死者，草把殷红的血吸进了自己的根须，使之放出芳香，"疾风知劲草"，"血沃中原肥劲草"，草是不屈的，看到了草，诗人也就找到了诗，于是围绕小草展开想象，进行艺术构思，提炼思想。草，在世界上多么普通、多么平凡，她不就是普通人民群众的象征吗，在疾风中，她不就是英勇战士的形象吗，诗人努力发掘"小草"这一形象的内在含义，寻找她内含的力量，从而使之成为形象，找到这个形象后，饱含思想、激情和文采的诗句便像小溪一样从周围欢叫着，拥挤着奔驰而来，这是诗歌的造形，就这样，雷抒雁写出了《小草在歌唱》。

郑板桥根据自己丰富的创作经验把画竹区分为眼中之竹，胸中之竹，手中之竹三个阶段即三次变形。外在之竹反映在画家头脑中形成竹的映像即眼中之竹，是第一次变形；胸中之竹是竹的映像跟画家审美意蕴的整合是第二次变形；手中之竹是画家通过色彩线条等物质媒介塑造出他要塑造的画图之竹，这是第三次变形，因此根据美的规律造形是一个复杂的过程。在这个意义上，有学者认为"艺术乃创作之物，与自然界中现成之物不同，这是艺术的第一特点"，此言良是。

四、文学艺术创作的审美实质

（一）文学艺术创作是人审美方式的自我观照

自然界的事物是直接的，一次的自在之物，花自飘零水自流，花开花落有谁知，这花、这水自身不会认识自己，欣赏自己；人则不然，作为自然物，他是一种存在，其次，他还为自己存在，作为万物之灵，他是自为的存在，他不只认识外物，欣赏外物，他还在实现自己的过程中认识自己、观照自己、欣赏自己。帕斯卡尔说得好："人的伟大之所以伟大，就在于他认识自己可悲。一棵树并不认识自己可悲。"西方哲学、美学、心理学常常把文学艺术中内在的审美叫观照(contemplation)，"人不仅像在意识中所发生的那样在精神上把自己化分为二，而且在实践中、在现实中把自己化分为二，并且在他所创造的世界中直观自身。"[22] 马克思在《1844年经济学哲学手稿》中的这一规定抓住了观照的特点是以自身作为对象，把自身提到心灵面前加以审视，或者如黑格尔说的"把存在于自身内心世界里的东西，为自己也为旁人，化成观照和认识的对象"。[23] 作家、艺术家都有适合他使用的观照生活的美学视角，沈从文的"湘西"是他的主观情致所在；莫言的"高密东北乡"构成了他貌似非逻辑的主观情致；汪曾祺在高邮和昆明找到了自己的主观情致，所有这些都是他们的自我观照，如果以镜子为喻，"我们的产品就会同时是些镜子，对着我们光辉灿烂地放射出我们的本质"。[24]

（二）文学艺术创作是人审美方式的自我确证

马克思认为："我的对象只能是我的本质力量之一的确证"，作家艺术家不仅是认识活动，审美活动的主体，而且还是创造活动的主体，现实生活作为创作对象进入创作过程是"实际创造一个对象世界，改造无机的自然界，这是人作为有意识的类的存在物的自我确证"。[25] 文学艺术创作的审美实质不仅是为了获得对外在世界真理性的认识而改造世界，更加重要的是他以他的作品证实自己的本质力量，确证自己是自为的存在。

正是自我确证的意义上，福楼拜说，爱玛——这就是我，郭沫若说，蔡文姬就是我，莫言写道："一个作家一辈子可能写出几十本书，可能塑造几百个人物，但几十本书不过是一本书的种种翻版，几百个人物不过是一个人物的种种化身。这几十本书合成的一本书就是作家的自传，这几百个人物合成一个人物就是作家的自我。"[26] 希腊神话和史诗至今仍然显示它的永久魅力，因为它是处于人类童年时代希腊人的自我确证，莎士比亚、米开朗琪罗、达·芬奇、贝多芬、曹雪芹的生命是有限的，但只要地球上还有人类存在，他们的作品就是这些杰出文学艺术家的自我确证，别林斯基写道："伟大的诗人谈着他自己，谈着他的'我'的时候，也就是谈着大家，谈着全人类。"[27] 因此文学艺术创作也是人审美方式的自我确证。

（三）文学艺术创作是人审美方式的自我肯定

作家、艺术家对现实的审美把握是在创作过程实现的，它不仅是文学艺术家对现实的把握，而且还是审美方式的自我肯定。文学艺术对现实的把握可以归结为真，即合乎客观规律、合乎生活的本来面貌，但又不能仅仅归结为真，归结为对现实真理性的认识。认识客观世界的伟大目的正是为了改造世界，使之符合人们的目的和需要，列宁写道："善是外部现实性的要求。"在真与善，合规律合目的的基础上，按照美的规律进行文学艺术创作，也就是对人自身、对人的本质审美方式的肯定。鲁迅写《阿Q正传》意在写出现代我们国人的魂灵来，这是以否定形式出现的肯定，《蒙娜·丽莎》生动而形象地表现了从中世纪宗教束缚和封建制度解放出来的新女性，这是以肯定方式出现的肯定，实际上都是人的自我肯定，审美方式的肯定。

所谓审美方式的肯定，不同于物质方式的肯定，而是感情方式的肯定，笔者认为感情的征服是最完全最彻底的征服，感情的肯定是最完全最彻底的肯定。邓肯在柏林演出，每逢她演出结束后，都有人涌向舞台欢呼"圣洁的依莎多拉"！在回旅馆的途中，狂热的大学生卸下马车上的马匹，为她挽车，欢呼游行，甚至有人亲吻她赤足走过的地面，有人相信她的舞蹈有回春之力，把卧病在床的患者抬到剧场观看她的表演，这是审美方式的肯定。

1876年美国为庆祝独立100周年，邀请小约翰·施特劳斯担任总指挥，在波士顿为他建造了可容纳2万人的舞台，可容纳10万听众的超大型音乐厅，安排了100个助理指挥，伴奏乐器多达1087件，数千名歌手排列在乐队后面，节目单上的第一首乐曲就是他的《蓝色的多瑙河》，演出一结束，10万听众齐声欢呼，这也是审美方式的肯定，正如马克思指出的："假定我们作为人而生产，我们每个人在他的生产过程中就会双重地既肯定他自己，也肯定旁人。"[28] 因此文学艺术创作"不仅在思维中，而且以全部感觉在对象世界中肯定自己"。[29]

（四）文学艺术创作是人审美方式的自我享受

享受是文学艺术创作题中应有之义，审美式的生存本质上是享受，伦理式的生存本质上是斗争和胜利，宗教式的生存本质上是苦难和救赎。两千多年前亚里士多德指出："精神方面的享受是大家公认为不仅含有美的因素，而且含有愉快的因素。"这就是说文学艺术创作作为精神生产是具有美和愉快两种因素的享受。文学家艺术家创作时有喜悦也有苦恼，有满足也有障碍，不管情况如何，最后都可归结为审美方式的自我享受。现代心理学认为，当一个困难问题临近解决时，我们会经验到一种知觉上、情感上以至情绪上的特别模式的变化，福楼拜创作时把自己完全忘掉，创造什么人物就过什么人物的生活，是一件快事。巴尔扎克指出，高雷琪奥远在创作他的圣母像之前，早就从欣赏这个姿色非凡形象的幸福中受到陶醉，在自己充分享受了之后才把她交出来。文学艺术创作特有的这种忘我的喜悦只能是审美方式的自我享受。

文学艺术创作中的自我享受是一种具有强烈感情色彩的审美享受。俄国音乐家柴可夫斯基叙述自己创作歌剧《叶甫盖尼·奥涅金》时："我简直是由于一种说不出的喜悦而战栗着，而融化到里面去了。"王蒙指出创作的快乐是一种创造的快乐，是人的最好的精神享受。美国作家伯纳德·马拉奥德谈到作家一旦进入创作过程，他就会在自己的创造性劳动中感受到激动和欢乐。

创作中痛苦以至障碍都有可能成为享受。心理学大量事实证明，最大的欢乐中往往包含痛感，而最大的痛苦中可能包含若干快感，罗曼·罗兰认为极度的痛苦近似解放，李博认为忧郁甚至深沉的痛苦，曾使诗人、音乐家、画家、雕刻家产生最美好的灵感。尼采把母鸡下蛋时的叫鸣和诗人的歌唱相提并论，认为二者都是痛苦所致。文学艺术创作痛苦宣泄后的满足也是一种审美享受，歌德创作了《少年维特的烦恼》才从痛苦中解脱出来。

创作中有着无数的障碍，障碍的克服也是一种审美方式的自我享受。贾岛苦吟"二句三年得，一吟双泪流"，曹雪芹写《红楼梦》，"字字看来皆是血，十年辛苦不寻常"，苦吟和十年辛苦之后，他们将采撷到美的花朵，收获成功后的喜悦。厌世的天才，"一切障碍都在摧毁我"的卡夫卡说："写作是一种神奇的、神秘莫测的也许是危险的，也许是解脱性的慰藉。"他还认为："内心世界向外部的推进是一种巨大的幸福。"

在《詹姆斯·穆勒〈政治经济学原理〉一书摘要》中马克思写道："我在我的生产过程中就会把我的个性和它的特点加以对象化。因此，在活动过程本身中我就欣赏这次个人的生活显现，而且在观照对象之中就会感受到个人的喜悦。"[30] 这一命题不仅深刻地说明了文学艺术创作是人审美方式的自我观照、自我确证、自我肯定，而且明确地指出了它是人的审美方式的自我享受。

（五）文学艺术创作是人审美方式的自我实现

马斯洛的人本心理学之所以被称为第三思潮是相对于弗洛伊德精神分析的第一思潮，华生行为主义心理学的第二思潮而言的。马克思在《资本论》中第一次指出劳动者"使自身的自然中蕴藏的潜力发挥出来"，马斯洛则把人类潜能和自我实现的人引入了心理学范畴，在《人的动机理论》中，马斯洛写道："音乐家必须演奏音乐，画家必须绘画，诗人必须写诗，这样才会使他感到最大的快乐。是什么样的角色就应该干什么样的事。我们把这种需要叫作自我实现。"[31] 音乐家莫扎特、贝多芬，画家拉菲尔、达·芬奇，雕塑家米开朗琪罗、罗丹，文学家巴尔扎克、列夫·托尔斯泰，剧作家莎士比亚、易卜生，舞蹈家邓肯、乌兰诺娃，电影演员卓别林，高仓健都是不断发挥自己的潜能进行创造以审美方式自我实现的人。

王安忆的成名作是《雨，沙沙沙》，她用自己的眼睛去捕捉和发现生活，用自己的心灵去感受生活，用自己的大胆而细腻、冷静而饱含感情的笔进行审美化创造，上海延安路橙黄色和蓝色的路灯，一般人不会注意或视而不见，王安忆却用它铺设了一个诗意的环境，增添了人物间温柔而优美的氛围。王安忆在《访谈录》中着意向张新颖指出，"《史记》里那些英雄、雨果《悲惨世界》里的冉·阿让之所以让读者动心，关键在于作家通过审美化之后才传递给我们"，"我们现在的责任就是把今天人的生命传发给下面的人，还是需要审美化"。从找出路到写作成为习惯，成为一种欲罢不能的乐趣，和王安忆的天分和勤奋是分不开的。从在安徽农村插队时写给她妈妈的信中，茹志鹃就发现她善于感受，能把农村生活的困乏、无聊写得生动亲切，正是在这一基础上，王安忆在创作中感到乐趣，不断发掘出她的潜能，用审美方式进行自我实现。

铁凝的成名作是《哦，香雪》，作家钻进"掩藏在大山那深深的皱褶里"，在被人遗忘的小村台儿沟，捧出了"令人心疼的美"，铁凝认为"文学应该有能力温暖世界"，香雪们身上散发出来的是人间的温暖和积极的美德，认人看到辛酸里的希望。

"我是被饿怕了的人"，莫言为改变自己的命运，参军后于 1981 年至 1982 年接连在保定的刊物《莲池》上发表了《春夜雨霏霏》《丑兵》《为了孩子》等小说。《透明的红萝卜》是莫言的成名作，作家塑造了一个过早背上生活的重担，不时承受辱骂和殴打的黑孩，从而颠覆了赵树理、柳青、浩然诗意农村的浪漫想象，莫言写过很多人物，"但没有一个人物比他（指黑孩）更接近我的灵魂"。莫言创作处理的都是现实和历史的事件，但他决不拘泥于现实层面，在丰富而诡异的想象领域内，莫言所抵达的心理真实比现实更加接近真实，莫言说自己是讲故事的人，讲故事是文学特别是小说的核心和基础，莫言的民间立场使他展现了高密东北乡残酷的一面，他以文学特有的人文精神和理性精神，跨越中西文化差异，正如诺贝尔文学奖授奖辞说的："莫言的幻觉现实主义（hallucinatory realism）融合了民间故事、历史和当代"，让中国文学融入世界文学，让世界了解真实的中国，因此莫言的一系列创作同样是审美方式的自我实现。

文学艺术创作的本质是多重的，就其本性而言则是审美。

参考文献

[1][7] 席勒 . 美育书简 . 徐恒醇译 . 中国文联出版公司，1984：136，145.

[2][8][9][14][21][23] 黑格尔.美学(第一卷).朱光潜译.人民文学出版社，1958：39，350，46，142，217，37.

[3] 克莱夫·贝尔.艺术.周金环、马钟元译.中国文艺联合出版公司，1984：3.

[4][5] 恩斯特·卡西尔.人论.甘阳译.上海译文出版社，1986：193，192.

[6] 弗洛伊德论美文选.张唤民、陈伟奇译.知识出版社，1987：37.

[10][22][25][29] 马克思.1844年经济学—哲学手稿.刘丕坤译.人民出版社，1979：50，51，50，79.

[11] 杨身源，张弘昕编著.西方画论辑要.江苏美术出版社，1990：485.

[12] 李政道.艺术与科学.载《文艺研究》1998（2）.

[13] 汪流等编.艺术特征论.文化艺术出版社，1984：95.

[15] 斯托洛维奇.审美价值的本质.凌继尧译.中国社会科学出版社，2007：200.

[16] 马克思认为劳动产品是固定在对象中物化为对象的劳动。物化的概念应该严格限制在物质生产领域，遗憾的是不少学术论著却把物化概念扩展到艺术生产领域，把以物质形态呈现出来的艺术创作也称之为物化，这就必然引起学理上的混乱。实际上物质生产的原料是自然物质，艺术生产的原料则是精神材料，物质生产是人以自身的自然力以动的形式作用于自然物质，艺术生产则借助于媒介在大脑中对精神材料加工、改造和升华；物质生产的产品具有使用价值以满足人的物质需要，艺术生产的产品绝对不是固定在对象中的物质劳动，而是固定在物质形态外衣下的物态化的精神劳动，它具有意识形态性、假定性、独特性、审美性四大特征，因此，应该而且有必要把物化与物态化严格区分开来，具体分析见我的《物质生产的物化与艺术生产的物态化》载《大庆师范学院学报》2014年第1期。

[17] 鲍山葵.美学三讲.周煦良译.上海译文出版社，1983：31.

[18] 列宁.列宁全集(第38卷).人民出版社,1963：200.

[19][27] 别林斯基选集（第一卷）.满涛译.人民文学出版社，1958：173，41.

[20] 阿诺德·豪泽尔.艺术社会学.居延安译编.学林出版社，1987：16.

[24][26] 莫言.小说的气味.春风文艺出版社，2003：24.

[27] 列别金娜选辑.别林斯基论文学.新文艺出版社，1958：41.

[28][30] 新建设编辑部编.美学问题讨论集.（第六集）.作家出版社，1964：187，186，187.

[31] 马斯洛等著.人的潜能和价值.林方主编.华夏出版社，1987：168.

素质、创新与美感教育

《中华人民共和国国民经济和社会发展第十二个五年规划纲要》提出，要深入实施科教兴国和人才强国战略方针，建设创新型国家，这就需要培养拔尖创新型人才。培养创新型人才，教育是基础和前提，创新型人才教育很重要的一环是全面的素质教育，其中美感教育有着不可忽视的特殊作用。

一、美感教育与素质

美感教育（Aesthetishe Erziehung）即美育，或曰审美教育，即和审美感受相结合的一种教育。创新型人才的教育很重要的一环是全面的素质教育，其中美感教育有着不可忽视的特殊作用。作为万物之灵的人类之所以高于动物具有文明，就在于他能克制自己的私欲，诸如贪婪、自私、懒惰、野蛮等丑恶行径，而这种克制，正是经过美感教育使人知道了美与丑，善与恶，文明与粗野的界限之后才得以实现的。18世纪德国作家席勒是美感教育的创立者，在人类历史上第一次提出美感教育这个概念，在逻辑上完成了美感教育与德育、智育的区分，终结了古典教育模式，鲜明地提出了没有美感教育的教育是不完全的教育。席勒认为，要使感性的人变为理性的人，自然的人变为社会的人，除了使他成为审美的人，没有别的什么途径，美感的产生是自由的亲身体验，美感教育则是人进入自由王国，达到精神解放和完美人性的先决条件。

早在中国古代，就有不少关于美育的论述。老子的"天下皆知美之为美，斯恶已"，庄子的"朴素而天下莫能与之争美"，孔子的"里仁为美"，孟子的"充实之谓美"，荀子的"不全不粹之不足以为美"，强调的都是美与善，美与德育的关系。《淮南子》有这样几句话："白玉不琢，美珠不文，质有余也。"这里面包含了我们先民的一个重要美学观点，即重视人的素质的美。

人的素质包含德、智、体、美等几个方面。客观世界存在真、善、美，人的主观世界存在知、情、意。要培养全面发展的人，特别是拔尖创新人才的培养，除了身体素质，还包括德育、智育、美感教育素质。德育主要培养人的品德使人避恶向善；智育主要是求知，使人辨别真假，追求真理，形成实践能力和创新精神；美感教育主要是培养正确的审美观，提高人们欣赏美、创造美的能力，使人具有美好的感情。三者既互相联系，又各有自己的特点。比如德育主要诉诸人的理性，智育诉诸知性，而美感教育主要诉诸人的感情。由于美具有形象性，所以人们易于接受；由于美具有感染性，所以美感教育能进入心灵的感性情感的层面以至于无意识的深层。美感教育采取自由选择、个人爱好的娱乐方式，它无需对学生作理论性的宣传鼓动，更不用强迫命令，强制实施，而是通过耳濡目染，潜移默化，使人的素质、人的心灵得到净化和升华，使人能够进入创造的境界，去改造旧世界，建设一个合理而美好的和谐世界！

我国古代教育家很早就懂得美感教育在素质教育中的作用。孔子在两千年前就指出："知之者不如好知者，好之者不如乐之者。"根据这一美感教育原则，我们应当把轻松、愉快、欢乐、健康的学习生活还给孩子，还给所有的大中小学生，只有这样，教育才能取得最佳效果，也只有这样，学生的素质教育才能得到全面的提高。

由于审美活动对人的生理、心理、品德、情操、知识、智力的发展产生全面积极的影响，能够把德育智育体育全面有效地带动起来，所以美感教育在素质中有着一种独特的力量。

首先，我们可以把德育寓于美感教育之中。以理服人固然重要，以情感人则更能拨动人的心弦，触动人的感情。古罗马贺拉斯主张"寓教于乐"，我国古代也认识到了"移风易俗，莫善于乐"，用诗歌、小说、音乐、绘画，电影电视，各种展览馆、陈列馆进行有理想、有道德、有文化、有纪律的"四有"教育，其效果是显著的，复旦大学蒋孔阳教授对此有很深的体会："1937年，抗日战争刚刚爆发的时候，我正在初中读书。一天，来了两位抗敌宣传队的队员，他们把全校的同学召集在一起，不讲任何一句话，只是唱《流亡三部曲》。先唱《松花江上》，全场唏嘘，无不痛哭；又唱《打回老家去》，全场的情绪立即为之一振，所有的同学都沸腾了起来，恨不得立刻杀上战场。这是四十七年以前的事了，但它给我的印象是那样深，以致当时不能抗拒，现在也不能忘记。"[1]

正是在这个意义上，高尔基满怀热情地说："美学就是未来的伦理学。"

其次，我们可以把智育寓于美感教育之中。蔡元培主张以美育代宗教，他说："数学、几何学、物理学、化学、地质学、历史学等，无不于智慧中含有美育之元素，一经教师之提醒，则学者自感有无穷之兴趣。"美的事物都有规律性的特点，因此美感教育可以启迪人的智慧，启发人的思维，引导人们去发现和掌握客观世界普遍性的规律。美的事物都有形象性、感染性，所以美感教育可以把理解寓于感情之中，概念寓于形象之中，把艰苦的学习劳动寓于享受之中。

举一个例子：

上海社会科学院赵鑫珊教授 20 岁那年读到日本物理学家汤川秀树写的一本物理书，扉页上引用庄子的"判天地之美，析万物之理"（《天下篇》）给了他双重的震撼。一是汤川秀树引用的两千多年前的这句话，充满了科学主导思想和所追求的最高美学原则，研究数学、物理学和天文学的人，只有拥有这般审视天地之大美的心胸才有可能做出创新的贡献；二则他是从一个外国人，一位杰出的物理学家、诺贝尔奖获得者那里第一次知道了庄子这句格言，"我生平第一次深深感受到哲学的美，正是庄子这句格言所传达给我的"，"一种深沉、壮丽和一片烟波接着远天的壮阔美感顿时充满了我心头"，"从那以后，我就没有放松过从中华古诗文中吸取营养"。[2]

这一事例充分说明了美感教育的特殊力量。

再次，我们可以把体育寓于美感教育之中，蔡元培认为："体操者，一方以健康为目的，一方实以使身体为美的形式之发展。"身体姿势动作的整齐和谐，活动速度力度的把握，动作的节奏韵律，都必须和形式美的规律结合起来。我国体操名将李宁从小就喜欢绘画，进国家集训队后，听说青年画家吴东魁擅长画竹，就拜吴东魁为师，经过刻苦学习，李宁的绘画技巧有了很大的提高。李宁说："画画可以促进自己的体操运动，自己以前在体操训练中总有急躁的毛病，自从开始练画以后，屏息静气地悬臂运笔，刚柔相济的竹竿画法，以及有弹性的竹叶撇笔，都是体操中技巧与艺术的结合。"健全的精神是一个人的灵魂，健康的体魄是一个全面发展的人的基本素质。一个人只有心理、生理都健康，才是真正的健康，美育能使人的心理健康水平得到全面的提高。

素质教育不只是要使学生学会求知，学会劳动，学会生活，学会健康，学会审美，更要学会做人，学会为民族、为国家、为广大人民带来发展和创新。诺贝尔奖获得者，哈佛大学教授格拉索说：往往许多物理问题的解答并不在物理学的范围之内，涉诸多方面的学问可以提供广阔的思路，如多看看小说，有空去逛逛动物园也会有好处，可以帮助提高想象力，这和理解力和记忆力同样重要。爱因斯坦在紧张思索光量子假说和广义相对论后，常常拉小提琴，有时还弹钢琴，同普朗克一起演奏贝多芬的乐曲，音乐美感是爱因斯坦创新素质的一个重要方面，正如许多科学家评论的那样，爱因斯坦的研究方法在本质上是"美学的、直觉的"。

随着 21 世纪的到来，随着社会经济文化的逐步多样化，我们必须重视美感教育在素质教育特别是拔尖创新人才素质教育中的巨大作用。

二、美感教育与科学创新

创新是我们时代的灵魂。钱学森晚年不止一次向温家宝总理谈起他对我国教育的忧虑。他说："现在中国没有完全发展起来，一个重要原因是没有一所大学能够按照培养科学技术发明创造人才的模式去办学，没有自己独特创新的东西，老是冒不出杰出人才。这是一个很大的问题。"2009 年 8 月 6 日，他最后一次见到温家宝总理，仍然指出："培养杰出人才，不仅是教育遵循的基本原则，也是国家长远发展的根本。"钱学森说的杰出人才，并不是我们说的一般人才，而是像他那样有重大成就拔尖创新的人才。温家宝总理在谈到钱学森之问时说："如果拿这个标准来衡量，我们这些年甚至新中国成立以来培养的人才尤其是杰出人才，确实不能满足国家的需要，还不能说在世界上占有应有的地位。"

原英国首相布朗为了应对国际金融危机，做了一个科技方面的报告。他一开始就讲，英国这样一个不大的国家，仅剑桥大学就培养出了 80 多位诺贝尔奖获得者，这是值得自豪的。布朗认为，应对这场金融危机最终起作用的是科技，是人才和人的智慧。

钱学森多次谈起他在加州理工学院的经历。钱学森认为，创新之风弥漫在整个校园，"拔尖的人才很多，我得和他们竞赛，才能跑在前沿。这里的创新还不能局限于迈小步，那样很快就会被别人超过。你所想的、做的要比别人高出一大截才行。你必须想别人没有想到的东西，说别人没有说过的话"。[3] 可以说，加州理工学院教育的核心就是创新。

我们现在的学校之所以一般，原因就在于人云亦云，囿于成规。没有创新，只会死记硬背，考试再好也不是优秀学生；凡是创新的人一定是偏离主流，突破传统，绝不墨守成规的人。著名哲学家詹姆斯在谈到真正的"哈佛"时说，最值得人们合理仰慕的大学，是孤独的思想者最不会感到孤独、最能积极深入和能够产生最丰富思想的大学，因为这里有对例外和奇特的宽容。

21 世纪是智力比拼的时代，国际上的竞争表现为科学技术的竞争，其核心是人的智力竞争。智力创新很重要的一个方面是美感教育和科学创新，这一直没有引起国人的关注。《纽约时报》专栏作家、《地球是平的》一书作者托马斯·弗里德曼援引教育专家的话说，典型的创新就是掌握两个或更多领域的人，运用一个领域的框架予另一个领域以崭新的思考。以杨振宁为例，他在西南联大念大四时，曾就毕业论文向吴大猷教授求教。吴大猷给他出了一个题目《群论在分子光谱学中的运用》，在吴大猷指导下，杨振宁进入了群论研究领域，群论所展示的令人赞叹的奇特之美给杨振宁留下了深刻的印象；当时从美国学成归来的统计力学教授王竹溪给杨振宁的影响也是巨大的。杨振宁说："三十多年来，我进行的物理研究工作，都同对称性原理和统计物理有关。直到今天，我还是在这两方面进行工作。"在近 200 篇论文中，关于基本粒子物理的对称性一类的问题占三分之二，三分之一的内容是统计力学。他在西南联大的学习方法是从数学到物理的推演法，到美国芝加哥大学跟导师泰勒学习，则是从物理现象引导出数学的归纳法。

由于玻恩、狄拉克、薛定谔、波尔和海森堡等人的努力，量子力学使物理学跨入了一个新的时代。20 世纪工业的发展，举凡核能发电、核武器、激光、半导体元件，无一不是量子力学的产物。海森堡从实验出发，他的文章给读者的印象是不甚清楚，有渣滓之感；而狄拉克则从他对数学的灵感出发，认为数学的最高境界是结构美、是简洁的逻辑美，因此狄拉克的文章给读者以"秋水文章不染尘"之感。

值此之故，世界著名数学家丘成桐教授认为，年轻人应该多读书，不仅读专业的书，也读其他方面的书，才可能成才。有些知识是你考试所不能得到的，考试是别人出题让你去解答，而创造则是你自己独立去解决前所未有的难题，所以读书不论是数学、物理、化学、文学的内容都应涉及。美国哈佛大学、斯坦福大学进行的都是通识教育。以土木系为例，钢筋混凝土、结构力学这些课程属于专业课，一个读土木建筑的人还必须在通识教育中选读《美学》，让人住的房子不但要坚固还要美；选读《伦理学》，绝不做偷工减料，不顾使用者生死攸关的事；选读《生态学》，住宅区不能破坏周边水域和生态环境。所以通识教育是补专业教育之不足，要培养学生最基本的素养，培养他们具有广阔的视野。杨振宁因提出弱相互作用下宇称不守恒现象而和李政道一起获得了诺贝尔奖。杨振宁曾提到这样一件事：1957 年，当他发现物理学上的规范场就是数学上的纤维丛理论联络时，立即驱车前往数学家陈省身教授家，告诉陈省身说，他终于认识到了纤维丛理论的美妙及含义深远的陈省身—韦尔定理，惊奇地发现规范场恰恰就是纤维丛上的联络，而数学家在没有涉及物理世界之前就发展了它，这既是惊人的，又是迷人的，因为你们数学家能无中生有的幻想出这些概念来。陈省身告诉杨振宁："不，不，这些概念并不是幻想出来的，他们是自然的，又是真实的。"[4]

杨振宁不仅是著名的物理学家，还是一个知识渊博、兴趣广泛的百科全书式的学者。他对中国古典文学，对中国和埃及等地方的文物古迹都很了解，还爱好音乐、摄影等艺术。杨振宁认为："我感到，在念书的时候，学习的面比较广一些，通过比较广泛的接触向各方面发展，发现新东西就要一下抓住，吸收为自己的学问，这样容易出成果，效率也比较高。"20世纪四五十年代，物理学发展了一个新的领域，这就是粒子物理学，他抓住了这个契机，终于取得了巨大的成就。

在研究美感教育与创新的时候，我们还必须关注科学与艺术的关系，作为审美意识形态的艺术，集中体现了美感教育。现代科学追求精确性，最大限度地说明物质存在，在每一处明晰之外又存在着一种模糊性。科学使人认识物质世界，但科学的发展又带来了许多负面问题；艺术使人认识美，它最大的功能是陶冶人的心灵，抒发人的情感。李政道生动地将科学与艺术的关系比喻为一枚硬币的两面，谁也离不开谁。它的共同基础是人类的创造力，所追求的目标则是真理的普遍性。比如诗歌、音乐、绘画、雕塑，用创新的手法去唤起每个人意识或潜意识中深藏的、已经存在的情感，情感越真挚唤起越强烈，反响越普遍，艺术就越优秀；科学呢，不论是天文学、地质学、物理学、化学、数学，对自然界的现象进行新的准确地抽象，抽象的阐述越简单，应用越广泛，科学创造就越深刻。爱因斯坦著名的公式：$E=mc^2$ 体现了质量能量的关系及其统一，它仅有三个字母，简洁、宏大、优美，将整个自然界中质量与能量的转化，清楚而明确地表达了出来。这个公式第一次深刻地揭示出，如果将一克质量中所蕴含的能量释放出来，将相当于两千吨汽油燃烧所产生的巨大能量。正是这样一个简单而美妙的公式，导致了整整一个原子时代。爱因斯坦不仅是一位伟大的科学家，而且还是一位优秀的小提琴演奏家，在音乐与狭义相对论和广义相对论之间存在一种不可言传的互补。钱学森夫人蒋英是著名的女高音歌唱家，每听到蒋英的歌声，钱学森总是说："我是多么有福气啊！"钱学森还说："在我对一件工作遇到困难而百思不得其解的时候，往往是蒋英的歌声使我豁然开朗，得到启示。"1991年10月16日，国务院和中央军委授予钱学森"国家杰出贡献科学家"称号，中央军委授予他"一级英雄模范奖章"。在人民大会堂授奖仪式上，钱学森公开的、满怀激情地谈到自己的夫人："44年来，蒋英给我介绍了音乐艺术，这些艺术里所包含的诗情画意和对人生的深刻了解，使我丰富了对世界的认识，学会了艺术的广阔思维方法。或者说，正因为我受到这些艺术方面的熏陶，所以我才能避免死心眼，避免机械唯物论，想问题能够更宽一点、活一点。" [5]

爱因斯坦和钱学森的例证生动说明了美感教育与科学创新之间的关系，美感教育诚然不会直接教你去解微分方程，但是它能拓宽你的视野、丰富你的想象力、提高你的审美感受和精神境界，从而有助你去解决难题、消除障碍，有助于你的创新。《杨振宁文集》中收录了一篇《韦尔对物理学的贡献》，韦尔是20世纪的数学大师。在从《空间、时间和物质》一文中提出了引力规范理论，尽管这个引力理论没得到证明，在当时是不真的；但它所显示出来的美又使韦尔不愿放弃它，为了美的缘故，他把理论坚持下来了。多年之后，当规范不变性被应用于量子电动力学时，韦尔的理论被证明是完全正确的。所以钱德拉塞克指出："一个具有极强敏感性的科学家，他所提出的理论即使开始不那么真，但最终可能是真的。"韦尔写道："我的工作总是尽力把真和美统一起来；但当我必须在两者挑选一个时，我通常选择美。"大师也有失误的时候，由于韦尔坚信宇称守恒，坚信左和右在宇宙中是对称的，他放弃他发现的一个重要理论，即中微子的两分量理论，在这个理论中左和右是完全不对称的。1957年，杨振宁和李政道提出"弱相互作用下的宇称不守恒现象"，这一理论引起了轩然大波，许多物理学家不相信。1945年，因量子力学的贡献而获得诺贝尔奖的瑞士物理学家泡利就说，他不相信上帝是左撇子。华裔物理学家吴健雄用自己精密实验证明，上帝有时是个百分之百的左撇子。在杨振宁和李政道的理论里左和右是百分之百的不对称，这样在物理学中引起对称性破缺研究的高潮。研究的结果是，对称性确定物体的运动方程，而对称性破缺决定物体之间的相互作用，在这一基础上，一些物理学的基本理论——电磁现象和弱作用现象的理论、广义相对论，显示出了空前的惊人的美。韦尔由于相信宇宙对称性这一美的先验论而放弃了自己的理论，充分显示出科学创新必须破除迷信。

美感教育对科学创新起哪些作用呢？

首先，美感教育可以开拓科学大师的视野。

科学强调客观理性，重实验、重推理，主要靠理智，以抽象思维为主来探索自然的奥秘；艺术美感教育强调直觉和感性，重想象，主要靠激情，以形象思维为主来探索人类感情的奥秘。理性和感性的互补，抽象和具象的互补，抽象思维与形象思维的互补，使科学技术创新能够更为广阔地把握世界。钱学森的导师冯·卡门是大科学家，他受的美感教育使他有很高的文学艺术修养，他谈话很有风趣，常常引用一些文学作品。老一辈哲学家熊十力认为，人类的思维和智慧有两种，一种叫"量智"，这是指科学；另一种叫"性智"，指的是艺术修养和审美教育。性智不是把问题拆解开来进行分析研究，而是从整体上进行提炼和理解，一下子抓住问题的实质和精髓。科学研究经常有这样一种情况，遇到一个问题解不开，钻进了牛角尖，说不定什么时候豁然开朗，一下子跳到一个更高的层次上把问题看清了，难题得到了解决，这种思维就不是逻辑推理。冯·卡门常说，人的创造不是靠逻辑分析，创造是在逻辑之上的审美思维的结果。

对科学家来说，美感教育好像一种润滑剂与营养剂。科学家的思维是很严谨的，有了美感教育，科学家的思维就增添了一种活力。奥地利著名物理学家薛定谔在谈到他的科学创造时说："每当在研究和实验中遇到难题，总是要家人弹奏几支心爱的乐曲，原来困惑不解的难题往往会在优美的旋律中豁然开朗。"因此他说："是音乐启发了我的智慧。"纽兰兹的化学八音律，据说也是来自音乐。钱学森从夫人蒋英的歌唱中得到启示。爱因斯坦认为这个世界可以由音符组成，也可以由数学公式组成，爱因斯坦说："如果没有早期的音乐教育，无论哪一方面我都将一事无成。"我们知道，爱因斯坦童年时代和青年时代学习并不好，以致他中学时的希腊文老师对他说："你将一事无成。"爱因斯坦从小喜欢音乐，六岁时开始学拉小提琴，他对色彩绚丽大自然的好奇心和对音乐最美好、最深刻的奥秘感交织在一起，使他的思维定式倾向于艺术创造的方式，音乐和物理学领域的研究虽不相同，但文化之间却有着相同的目的，这就是力求反映未知的东西。爱因斯坦提出的相对论突破了牛顿力学经典物理学的框架。牛顿理论作为一个特例，包含在相对论中，狭义相对论容纳不了万有引力定律。广义相对论实际上是一个时间、空间和引力的理论。万有引力不是一般的力，而是时间空间弯曲的表现，从而改写了整个物理学的进程。爱因斯坦创造的理论和方法具有美学上的特点。许多科学家认为，爱因斯坦的理论最突出的就是它的美。霍夫曼说得更为直率，指出爱因斯坦的方法"在本质上是美学的直觉的"。

对于美感教育与科学创新的关系，法国物理学家德布罗意说得十分清楚："只有当科学家表现出所谓想象和直觉的能力，也就是摆脱严格推理的桎梏的能力，从而取得冒险的突进时，它才会导致辉煌的成就。"

其次，科学创新的动因来自美的追求。

在《1844年经济学哲学手稿》中，马克思写道："如果你想得到艺术享受，你本身就必须是一个有艺术修养的人。"科学创新不仅需要科学修养，而且需要美感教育形成的修养。英国数学家、哲学家罗素 11 岁就开始学习几何学。回忆早年这段经历，罗素写道："这是我一生中的大事，像初恋一样使人眩惑。我想不到世界上有什么东西会像数学这样有趣。"和罗素一样，12 岁的爱因斯坦被欧几里得平面几何体系的逻辑推理的美和伟力所深深激动，爱因斯坦写道："我坦白地承认，我被自然界向我们显示的数学体系的简洁性和优美强烈地吸引住了。"早年的美感教育贯穿在每个科学家的整个生涯里，罗素和爱因斯坦的科学见地常常独具慧眼、高人一筹，应该说这不能不是个动因。

在普朗克 60 岁生日的庆祝会上，爱因斯坦提出了科学研究的动机。他直率地指出，向往科学研究的动机是不同的，其中有功利目的，也有的是"因为科学给他们以超乎常人的智力上的快感"。把人们引向艺术与科学的最强烈的动机之一，就是人们总想以最适当的方式来画出一幅简化和易领悟的世界图像。对和谐的世界图景认识上的追求，既是真的追求，又是美的追求。这是一种创新的冲动，有时强烈得有如爱因斯坦的"宇宙宗教感情"。爱因斯坦认为：我们认识到有某种为我们所不能洞察的东西存在，感觉到那种只能以其最原始的形式为我们感受到的最深奥的理性和最灿烂的美——正是这种认识和这种情感构成了真正的宗教感情；在这个意义上，而且也只是在这个意义上，我才是一个具有深挚的宗教感情的人。宗教感情在西方社会是一种最高最美的感情。没有这种最高最美的感情，也就不会产生对科学不屈不挠的献身精神，也就不会有科学创新。

居里夫人说得好："科学的探索研究其本身就含有至美。"科学是美丽的，天文学家在观察天体的时候发现了美，化学家在研究化学结构的时候发现了美，而数学家则从数学公式的推导中发现了美。$C=2\pi R$ 是初等数学公式，圆周长和半径之间原来存在着这样一种简洁、绝妙、和谐的关系。天地间有无穷无尽的圆，$C=2\pi R$ 这个纯粹数学的圆最标准、最精确、最美。无数科学大师竭尽自己的一切精力，以致生命去创新的冲动和动机，在很大程度上是来自他们的美感和美感教育，即来自科学概念之间的某种优美、和谐的关系。浩瀚的天体在空间上是无穷无尽的，在时间上也是无穷无尽的，以此作为研究对象的天文学，该是多么宏伟、多么壮丽、多么浩大。古希腊毕达哥拉斯学派十分重视和谐的观念，他们认为宇宙是天体的和谐 cosmos（宇宙）最初的含义是"秩序"，以后"秩序"的含义逐渐转变整个世界的秩序，有秩序的世界就是宇宙。毕达哥拉斯认为，一切美好的东西都产生于和谐。"音乐是对立因素和谐的统一，把杂多导致统一，把不协调导致协调"，毕达哥拉斯发现，在相同张力作用下振动的弦，当它们的长度成简单的整数比例时，叩击弦所发出来的声音听起来是和谐的，因此也是美的。16 世纪著名的天文学家开普勒在毕达哥拉斯学派美是和谐的影响下，提出了科学史上具有重大意义的开普勒三定律。他把行星围绕太阳转动和一根振动的弦进行比较时，发现不同行星的轨道有如天体音乐奏出了和谐的和声。赫拉克利特认为，有看得见的和谐，有看不见的和谐，看不见的和谐比看得见的和谐更好，天体的音乐是一种看不见的和谐。开普勒写道："我的灵魂最深处证明它是真实的，我以难以相信的欢乐心情去欣赏它的美。"海森堡发现量子力学时，起初很是惊讶，透过原子现象的外表，看到了异常优美的内部结构；当想到大自然如此慷慨地将珍贵的数字结构展示在他面前时，他几乎陶醉了。

从美学角度看，每一个数学公式，每一个物理定律，从逻辑推导到结果，再到应用，都是给人理性以极大地审美感受。法国近代的著名数学家彭加勒写道："科学家之所以研究自然，是因为他们从中得到乐趣；而他们得到乐趣是因为它美。如果自然不美它就不值得去探求，生命也不值得存在。"[6] 科学史的无数事实都说明了科学创新的动因来自美的追求。

参考文献

[1] 蒋孔阳. 美学新论 [M] 北京：人民文学出版社，1993：337.

[2] 赵鑫珊. 哲学与当代世界 [C] 北京：人民出版社，1987：47.

[3] 叶永烈. 走近钱学森 [M] 上海：交通大学出版社，2009：110.

[4] 姚诗煌. 科学与美 [M] 沈阳：辽宁科学技术出版社，1984：94.

[5] 叶永烈. 走近钱学森 [M] 上海：交通大学出版社，2009：175.

[6]S. 钱德拉塞卡. 莎士比亚、牛顿和贝多芬 [C] 长沙：湖南科学技术出版社，1995：68.

物质生产的物化与艺术生产的物态化
——兼论物化术语的滥用

一

学术领域从来没有一个术语像物化这样被滥用，姑举数例如下。

高等教育出版社出版孙美兰主编的《艺术概论》在《艺术形态要求强烈的主体性》一节中提出："把主体的感情世界物化于产品之中，正是艺术掌握世界的情感特征，也是艺术掌握世界的规律性特质"；在《物化结构与艺术形态》中提出："时间艺术的物化结构形式，主要是在一定的时间过程中延续地展开；空间艺术的物化结构形式主要是在一定的空间并列式展开"；而在《艺术作品是"意象"的物态化结果》一节里，又提出"艺术作品中的'意象'，就是艺术家头脑中的'意象'通过艺术家运用艺术手段表达出来的结果，是'意象'的物态化形式"。[1]

物化和物态化是两个不同的概念，有着不同的内涵，前面说是物化，后面则变成了物态化，岂不是前后矛盾。

高等教育出版社出版朱立元主编的《美学》在《艺术的创造》一章里是这样写的："生产阶段指的是艺术家将展开阶段获得的初步意象加以物态化或物化表达，也就是说，应用艺术技巧将意象与形式符号或物质材料结合起来，最终形成艺术品。""艺术的物态化、物化生产是艺术家对'胸中之竹'的实体性赋形，它必须是应用艺术技巧将艺术意象与形式质料联结起来的过程。"[2]

朱立元将物质生产过程中的物化与艺术生产过程中的物态化混为一谈显然也是错误的。

广西师范大学出版社出版王元骧的《文学原理》认为"传达就是艺术语言把审美意象加以物化的活动"。[3]中国人民大学出版社出版潘必新的《艺术学概论》认为"艺术表达，就是将那个由艺术构思产生出来的、尚存在于艺术家心中的意象，用各种艺术媒介如声音、色彩、石头、语言等加以物化，使之成为可以为人的感官所感知的艺术作品，如乐曲、图画、雕像和小说等"。[4]同样，高等教育出版社出版童庆炳主编的《文学理论教程》《文学创造的物化阶段》专门给物化下了这样一个定义："物化，即通过语言、文字、纸张等媒介，把精神性的艺术构思'转化'为物质性的文本。"[5]精神性的艺术构思以一定的物质形态呈现出来，并不叫物化，而是物态化，用物化来表达显然是错误的。

二

在《资本论》及其手稿中，马克思分析了两种物：从有形的物（Ding）到无形的物（sache），马克思认为"劳动的社会性质表现为物的性质"。物化Verdinglichung 表示一种人由物来标识，人与人的关系是由物与物的关系来标识的客观事实。在《1844 年经济学哲学手稿》中，马克思写道："劳动产品是固定在对象中的物化为对象的劳动，是劳动的对象化。劳动的现实化就是劳动的对象化。"[6]在《资本论》第一卷中，马克思写道："在劳动过程中，人的活动借助劳动资料使劳动对象发生预定的变化。过程消失在产品中……劳动与劳动对象结合在一起。劳动物化了，而对象被加工了。"[7]在《剩余价值理论》中，马克思写道："生产工人即生产资本的工人的特点，是他们的劳动物化在商品中，物化在物质财富中。"[8]很明显，马克思使用物化概念是专属于物质生产劳动的。

那么，什么是物质生产劳动呢？在《资本论》中马克思有经典性的论述："劳动首先是人和自然之间的过程，是人以自身的活动来中介、调整和控制人和自然之间的物质变换的过程。人自身作为一种自然力与自然物质相对立。为了在对自身生活有用的形式上占有自然物质，人就使他身上的自然力——臂和腿，头和手运动起来。当他通过这种运动作用于他身外的自然并改变自然时，也就同时改变他自身的自然。他使自身的自然中蕴藏的潜力发挥出来，并且使这种力的活动受他自己控制。"[9]

马克思这段话我认为包含了三个要点：

1. 物质生产的原料是物质材料即自然物质，而且这一材料是外在的。作为物质生产的劳动，人不能超越劳动对象的自然属性，人只能像自然本身那样发挥作用，为了在对自身有用的形式上占有外在的自然物质，他必须通过活生生的体力劳动把自己实现在对象之中，从而改变自然物质的物质形态。劳动者纺纱，棉花就是物质材料，用木材做成桌子，木材就是物质材料。

2. 劳动过程是人自身作为一种自然力和自然物质相对立，亦即使他身上的自然力——臂和腿、头和手运动起来。

劳动的性质是人和自然的物质变换，为了说明这一点，在《资本论》第一卷里，马克思引用了意大利经济学家彼得罗·韦里在1771年出版的《政治经济学研究》中的一段话，韦里说："宇宙的一切现象，不论是由人手创造的，还是由自然的一般规律引起的，都不是真正的新创造，而只是物质的形态变化。结合和分离是人的智慧在分析再生产的观念时一再发现的唯一要素；价值（指使用价值，尽管韦里在这里同重农学派论战时自己也不清楚说的是哪一种价值）和财富的再生产，如土地、空气和水在田地上变成小麦，或者昆虫的分泌物经过人的手变成丝绸，或者一些金属片被装配成钟表，也是这样。"

世界不会满足人，因此劳动者必须以人自身的自然力即体力以动的形式作用于外在的自然物质。作为人的本质特点的劳动，是制造和使用人自身之外的工具去反对自然。马克思赞同富兰克林关于人是"a tool-making animal"的定义。由于工具的制造和使用，就扩大了人的自然力量，突破了人的自然器官的局限性，比如弓箭的制造和使用就是人手的延长，火车汽车的制造和使用就是人腿的延长，电子计算机的制造和使用就是人思维器官的延长，工具是一种强大的物化了的智力活动手段，马克思把物质手段看作是人类的手创造的，另一方面又把它看作是物化的智力。

劳动本质上是物质性的活动，只有物质的东西才能改变物质的东西。劳动过程是一个活劳动的过程，物化劳动不再以死的东西作为外在的，无关的形式而存在，随着时间的流动人自身以一种活生生体力劳动而把自己逐渐实现在劳动对象之中，从而不间断地改变其物质形态。马克思认为劳动是活的塑造形象的火，是物的易逝性、物的暂时性，这一易逝性和暂时性表现为物通过活的劳动而被赋予形式。

3. 劳动的目的是为了在自身有用的形式上占有自然物质，劳动产品是固定在对象中物化为对象的劳动，劳动的结果是生产出能满足人的物质需要，具有使用价值的产品。

人是依照自觉目的而进行活动的主体，目的是物质生产的一个内在要素。物质生产不仅是合规律的活动，而且是依照自觉目的进行的合目的活动，所以恩格斯说："在社会历史领域进行活动的，全是具有意识的，经过思虑或凭激情行动的追求某种目的的人；任何事情的发生都不是没有自觉的意图，没有预期目的的。"在谈到人的能动活动同动物本能活动的区别时，达尔文在《物种起源》中写道："凡观察过蜂房的，对于它的精巧的构造如此巧妙地适应它的目的，除非是笨人，无不给以热情的赞赏！我们听数学家说，蜜蜂实际上已解决了一个深奥的数学问题，它们所造的适当的蜂房形状，既可最大限度地容纳蜜量，又尽可能少地消耗贵重的蜡质。曾有人说，即使熟练工，用合适的工具和计算器，也很难造出真实形状的蜡房来，但是这却是由一群蜜蜂在黑暗的蜂箱内造成的。"[10]在《资本论》中，马克思认为："我们要考察的是专属于人的那种形式的劳动。蜘蛛的活动与织工的活动相似，蜜蜂建筑蜂房的本领使人间的许多建筑师感到惭愧，但是，最蹩脚的建筑师从一开始就比最灵巧的蜜蜂高明的地方，是他在用蜂蜡建筑蜂房以前，已经在自己头脑中把它建成了。劳动过程结束时得到的结果，在这个过程开始前就已经在劳动者的表象中存在着，即已经观念地存在着。他不仅使自然物发生形式变化，同时他还在自然物中实现自己的目的。"物质的形态变化是在对自身生活有用的形式上服从自己的目的，因此，劳动产品是固定在对象中物化为对象的物质生产劳动，在劳动者曾以动的形式表现出来的东西，现在在产品方面以静的属性，以存在的形式表现出来。用木材做桌子，木材的形状改变了，可桌子还是木材，还是一个可以感觉到的物，是固定在对象中物化为对象的劳动。按照马克思的观点，人类工业的产物，如机器、铁路、自动纺纱机等等，都是自然物质转变为人类意志驾驭自然或人类在自然界活动的器官，是人类的手所创造的人类头脑的器官，是物化的智力。

物质生产产品的有用性使其具有使用价值，这是由物质的自然性质决定的，由物质的自然性质派生出来的。比如用于切割的钢刀和钢铁坚硬的自然性质有关，皮革制品的坚韧性和皮革的自然性质有关。在物质消费中，作为使用价值的实物消失了，我们消费衣服这种物质产品，同时也在消费制成衣服的布料，在谈到物质欲望时，黑格尔写道："在这种对外在世界起欲望的关系之中，人是以感性的个别事物的身份去对待本身也是个别事物的外在对象，他不是以思考者的身份，用普遍观念来对待这些外在事物，而是按照自己的个别的冲动和兴趣去对待本身也是个别事物的外在对象，用它们来维持自己，利用它们，吃掉它们，牺牲它们来满足自己。在这种消极的关系之中，欲望所需要的不仅是外在事物的外形，而是它们本身的感性的具体存在。欲望所要利用的木材或是所要吃的动物，如果是画出来的，对欲望就不会有用。"[11]欲望是想获取某一对象或达到某种目的的内心趋求活动，它总是和需要相联系，黑格尔在这里准确地分析了和物质需要相联系的物化劳动产品的消极性和片面性。

以上我们从原料，劳动过程和产品三个方面论述了物质生产中物化劳动的基本特征。

三

和物质生产相对的是精神生产，在《德意志意识形态》中，马克思恩格斯指出，支配物质生产资料的阶级，同时也支配着精神生产的资料，在《共产党宣言》中指出："精神生产随着物质生产的改造而改造"，其后在《政治经济学批判》及其序言、导言，《政治经济学批判大纲》《资本论》《剩余价值理论》等一系列著作中进一步把用于经济学的术语用于文学艺术创作，提出了艺术生产的观点，正如英国柏拉威尔在《马克思与世界文学》中说的："他把主要用于经济学的术语也用在文学和其他艺术的历史上，如生产（ProduZieren，Produktion）等。他把诗人也叫作'生产者'，把艺术品叫作'产品'，虽然是一种独特的、有别于其他种类的'产品'。马克思通过使用这样的术语，叫我们不要忘记把艺术放在其他社会关系的框子里来观察，特别是应该放在物质关系和生产手段的框子里。只有明确了这一点之后，他才独立地、抽象地研究艺术，才有余暇观察一下艺术领域自身。"[12] 正是在这个意义上，恩格斯在《社会主义从空想到科学的发展》中指出意识形态的文学艺术创作"不应当在有关的时代的哲学中去寻找，而应当在有关的时代的经济学中去寻找"，因此，从人类生产劳动角度，从最深层的经济学或曰政治经济学角度去研究艺术生产，有时比从别的角度切入，更有助于把握艺术生产的本质，这一点应该成为我们研究艺术生产的指针。

无独有偶，1942 年 5 月，毛泽东在延安文艺座谈会上的讲话也是从生产劳动角度来观察艺术生产。毛泽东指出，"作为观念形态的文学作品都是一定的社会生活在人类头脑中的反映的产物"，毛泽东的这一论断包括了以下三项：1. 被反映者，一定的社会生活；2. 反映者兼生产者，人类头脑；3. 作品，观念形态的。毛泽东还进一步指出："人民生活中的文学艺术的原料，经过革命作家的创造性劳动而形成观念形态的为人民大众的文学艺术。"这一论断指出文学艺术作为创造性劳动的四个要素：1. 原料，人民生活；2. 劳动者，革命作家；3. 劳动性质，观念形态的为人民大众的；4. 产品，文学艺术。因此从经济学，从艺术生产角度研究文学艺术创作是有充分理论根据的。

从外在到内在，从物质到精神，从自然、社会生活到文学艺术作品，正如毛泽东揭示的，艺术生产的工具是人脑。艺术生产的脑力劳动主要是在大脑这个思维器官中进行的。"物质从自身中发展出能思维的人脑"（恩格斯），"生命产生脑。自然界反映在人脑中"（列宁），人脑作为自然界的最高产物，其结构极度复杂，功能高度完善，是已知宇宙中最复杂、最完善、最有效的信息处理系统。作为反映者，人脑对外在自然和社会生活作出反映；作为物态化劳动器官，人脑得改造这一反映。1936年11月至1937年4月，毛泽东阅读西洛可夫、爱森堡等人著作的《辩证法唯物论教程》，写下了这样一个批注："反映论不是被动的摄取对象，而是一个能动的过程。"这样艺术生产劳动实际上是创造性劳动。由此，我们可以总结出以下几点。

1. 物质生产的原料是外在的物质材料，艺术生产劳动的原料是内在的精神材料，即客观世界的主观反映。恩斯特·卡西尔对此有过透彻的分析："我以一个艺术家的眼光去看风景——我开始构思一幅图画，现在我进入一个新的领域——不是活生生的事物的领域，而是活生生的形式领域，我不再生活在事物的直接的实在性之中，而是生活在诸空间形式的节奏之中，生活在各种色彩的和谐反差之中，生活在明暗的协调之中，审美经验正是存在于这种对形式的动态方面的专注之中。"[13]鲁迅创作《阿Q正传》之前，阿Q的影像在作家的心目中确已有了好几年。列夫·托尔斯泰以当时家庭生活为题材创作的长篇《安娜·卡列尼娜》，最初突然来到他头脑里的是小说女主人公安娜，他回忆说："那回也和现在一样，我躺在一张沙发上抽着烟，当时是在沉思还是在和瞌睡做斗争，现在记不清了。忽然在我眼前闪现出一双贵妇人的裸露着的臂肘，我不由自主地凝视着这个幻象，又出现了肩膀、颈项，最后是一个完整的穿着浴衣的美女子的形象，好像在用她那忧郁的目光恳求式地望着我。幻象消失了，但我已经不能再摆脱这个印象，它白天黑夜追逐着我，我应该想办法把它体现出来，《安娜·卡列尼娜》就是这么开始的。"曹禺写作剧本《雷雨》，初次有《雷雨》的一个模糊影像，逗起作家兴趣的只是一两段情节，几个人物，一种复杂而不可言喻的情绪。王式廓画《血衣》，血衣是鲜明而且具有深刻意义的绘画形象，有了这个以血衣控诉瞬间情节的展开，就使平常活跃在画家头脑里的一些人物和情节和整个农民阶级的命运有机地联系起来了。尽管血衣是创作构思的关键，但是最初的思想材料却是活跃在画家头脑里的一些人物和形象。舒曼谈到，有位作曲家创作一首作品时，眼前浮现的是一只蝴蝶歇在叶子上顺着小溪的流水漂浮，这个形象使他的这支乐曲带有一种异常柔和而天真烂漫的风味。

正是这个意义上，巴尔扎克认为作家必须看见他所描写的对象。冈察洛夫认为他表达的首先不是思想而是想象中看见的人物、形象、情节。何其芳认为，他不是从一个概念的闪动去寻找它的形体，浮现在诗人心灵里的原来就是一些颜色，一些图画。

影像也好，映像也好，记忆也好，它们都是外在物质世界留在作家艺术家头脑中的痕迹和印记，因而艺术构思所处理的原料具有非物质性。

2.艺术生产的劳动过程主要不是通过体力劳动的消耗和付出来进行，它是一个复杂精细的脑力和智力的劳动过程，是人脑对生活经验中提取出来的表象材料和情绪材料的加工、改造和升华。影像、映像和记忆这些感性材料必须通过作为中间物或手段的媒介（medium）来进行思维，这就是媒介思维。媒介具有物性，海德格尔认为一切艺术品都有物的特性，建筑品种有石质的东西，木刻中有木质的东西，绘画中有色彩，语言作品中有言说，音乐作品中有声响。艺术品中物的因素如此牢固地现身，使我们不得不反过来说，建筑艺术存在于石头中，木刻存在于木头中，绘画存在于色彩中，语言作品存在于话音中，音乐存在于音响里。艺术作品的物性和媒介的物性是分不开的。媒介具有构形作用，画家并不是作画时才使用色彩，在酝酿阶段他已经在用色彩思考一切了。朱光潜认为："我们想象，往往要连传达的媒介在一起想。例如画家在想象竹子时，要连线条、色彩、光影等在一起想，诗人想象竹子时，要字的音义在一起想。想象之中至少就会有传达在内，所以传达不纯是'物理的事实'，它也正是艺术的活动一部分。"鲍桑葵在《美学三讲》中强调指出：对于艺术家来说，"他的魅力和想象就生活在他的媒介里，他靠媒介来思索、来感受，媒介是他想象的特殊身体"。

一个雕塑家必须努力不断地去思考和运用完整的空间形式，他仿佛在自己头脑中获得了这一三维形体——他想象着这个三维形体，无论有多大，都像抓在自己手中一样。他在头脑中使一个复杂的形式从各个方面具体化，当他看到形式的某一面时就会知道另一面的样子。也使自己成为形式的重心、主体和重量，正如他实现了在空中形体取代空间那样，他实现了形式的体积，这是雕塑家亨利、摩尔的经验谈。

作曲家莫扎特曾这样描述他构思乐曲时的情形：开始这个乐曲的碎片一点一点来到心上，渐渐地连在一起，过后心灵的劲儿来了，乐曲越长越大，"我就把它开展得越广大越鲜明，最后，就是乐曲很长，它在心里差不多完成了，所以在我想象中，我并不把这套曲照先后次第地听见（后来当然要这样听见），而是一刹那间全部听到，如其可以这样说，这真是一个稀有的享受。在我，一切创造、制作，都像在一个美丽的壮伟的梦中进行着。但最好的，就是全部同时听到。"

正因为如此，艺术构思和艺术传达是不能截然分开的，构思中有传达，传达中包含了构思。

由于媒介具有物性，很多论著将材料和媒介混为一谈，其实媒介和材料是有区别的。材料一词来自拉丁语 materialis（物质的），指艺术家在创作活动过程用来体现艺术产品的东西，而媒介是整合材料，联结艺术构思与艺术传达的手段。从材料角度讲，语言是文学的载体，从体现一定思想感情的角度来看，语言又是媒介。绘画要在二维空间的平面上创造第三维的幻觉空间，作为载体的是颜料、纸张、画布，用颜料显示的色彩，加上明暗线条等组合起来成为表情达意的手段则是媒介。青铜、石膏、大理石是雕塑的物质材料，是载体，而在雕塑过程用作表情达意的造型手段的整体则是媒介，正是在这个意义上，马克思说："颜色和大理石的物质特性不是在绘画和雕刻之外。"音乐的物质材料是音响，音乐的媒介则是从现实世界不同类型不同频率的声音中抽象出 1、2、3、4、5、6、7 七声音阶，这七声音阶失去物质世界声音的具体性，成为有别于人类世界所有声音的乐音，形成一种符号、乐音的高低、长短、强弱和音色作为表情达意手段的总和则是媒介，节奏旋律曲调等的合成则是音乐语言，作曲家将音乐语言诸要素按一定方式组合就能创造出极具表现力的千姿百态的乐曲。材料是天然的或人为加工的不带任何个人情感内容的物质载体，而作为媒介的色彩、线条、体积则是从现实世界抽象出来具有个人情感内容的东西。由于艺术门类的不同，各门艺术有着自己独具的材料和媒介手段，比如石头坚硬而质密，因此不能错看成舞蹈家柔软的肌肉，雕塑时应该考虑石头坚硬质密的特性。在空间中塑造形体和展开形体的空间艺术的媒介和在时间之流中展开乐音的时间艺术的媒介是完全不同的媒介。

物质生产存在物质变换，艺术生产则存在精神性的变换。郑板桥曾这样论述他画竹的过程："江馆清秋，晨起看竹，烟光、日影、露气皆浮动于疏枝密叶之间。胸中勃勃，遂有画意。其实胸中之竹并不是眼中之竹也。因而磨墨展纸，落笔倏作变相，手中之竹又不是胸中之竹也。"郑板桥将艺术构思过程区分为眼中之竹，胸中之竹，手中之竹三个阶段，其中存在三次变形：眼中之竹是竹的表象，胸中之竹是竹的表象与画家主观结合而成的意象，手中之竹则是凭借一定的物质材料将艺术构思赋予一定物质形态的过程，究其实从外在的竹到眼中之竹是一次从物质到精神的变换，从手中之竹到画出来的竹则是一次从精神到物质的变换，精神状态的艺术构思被赋予物质形态，这就是我们所要讨论的物态化。

3. 艺术生产必须生产出自己的产品

物质生产生产出来的物质产品，艺术生产生产出来的则是精神产品，劳动者在大脑内以动的形式表现出来的东西，现在在产品方面作为静的属性以存在的形式表现出来，马克思认为，劳动产品是固定在对象中的物化为对象的劳动，是劳动的对象化，同理，艺术生产的产品则是固定在对象中，物态化为艺术作品的劳动，是物态化劳动的对象化。

物质生产的物化贯穿于整个劳动过程，艺术生产的物态化主要贯穿于作品的传达阶段，应该说艺术构思的全部任务只是在物态化劳动阶段才能最后完成。席勒认为，艺术的本质是外观，人给无形式的东西以形式就证明了他的自由。能否赋予艺术构思以外在形式的物质外壳，是作家、艺术家与非作家、艺术家区别之所在。就体现构思而言，赋予物质形态的外壳是种传达；就其使用物质手段，通过主观见之于客观的活动，创造出具有物质外壳的产品来说，艺术生产则是一种真正的生产劳动。马克思在《1844年经济学哲学手稿》里写道："没有自然界，没有外部的感性世界，劳动者就什么也不能创造。自然界、外部的感性世界是劳动者用来实现他的劳动，在其中展开他的劳动活动，用它并借助于它来进行生产的材料。"文艺创作作为创造性的劳动，它为人类提供了新的，前所未有的东西，而物质产品则是可以批量生产的。

四

和物质生产的产品相比较，艺术生产物态化劳动的产品存在以下四个特点：

（1）意识形态性

马克思、恩格斯把整个社会结构区分为经济基础和上层建筑，并有一定的社会意识形式与之相适应，1890年，恩格斯在给施密特的信中指出宗教、哲学等等是"更高地悬浮于空中的思想领域"的东西，毫无疑问艺术也是更高地悬浮于空中思想领域的东西。艺术生产产品的意识形态性首先表现在它所处理的材料是存在于人脑中可以"通过经验来确定的、与物质前提相联系的物质生活过程的必然升华物"，是现实生活过程在意识形态上的反射和回声，它不仅是一种反映，而且是一种认识，一种观念，因而艺术生产的本质具有精神性。黑格尔在《美学》第一卷中写道："艺术所用为材料的观念则不然，它是一种柔软而简单的因素，凡是人和自然在自然存在中须费大力才可以达到的东西，观念可以轻易地随方就圆地从它的内在世界中取出来。"黄金、宝石、象牙、动物等作为物质是有局限性的，而心灵却可以观古今于须臾，抚四海于一瞬，笼天地于形内，挫万物于笔端，把天上的和地上的，有生命的与无生命的等不存在的幻觉构成形体。

其次，物质产品只有当我们直接享有它，吃它，喝它，穿戴它，住它时，总之，当我们消费它时，它才是我们的（马克思）；而艺术产品"让对象保持它的自由和无限，不把它作为有限需要和意图的工具而起占有欲和加以利用"，因而物态化的产品不同于物化产品。

（2）假定性

画饼充饥这个成语很好地说明物态化劳动所创造的现实并不是真正的现实而是假定性的现实，物质生产做的饼是由面粉、油等材料经过实际的体力劳动加工而成为可供食用的物质性的饼；而画家所画的饼则是将心灵中饼的意象通过笔墨在画纸中画出来的假定性的饼，是仅供观赏的饼，黑格尔写道，我们看到的不是实际存在的毛绒、丝绸，不是真正的头发、玻璃杯、肉和金属物，而是仅仅一些颜色，不是自然物所应现出的立体，而是一个平面，尽管我们得到的印象仍然像实物所给的一样。

在《情感与形式》中，苏珊·朗格认为每一件真正的艺术作品都具有脱离现实生活的倾向，因而每门艺术都有自己特点的基本幻象，这一基本幻象便是该门艺术的基本特征。绘画中的空间并不是我们生活和实际行动的空间，而是一种虚幻的景致。雕塑创造的可视空间也不是现实的空间而是一种虚幻的空间，是能动体积的幻象。与造型艺术相比，人们对音乐的审美转向了听觉。音乐创造的是虚幻的时间。舞蹈的基本幻象是一个虚幻的力的王国——不是现实的、肉体的力，而是由虚幻姿势创造的力量和作用的表现，舞蹈的舞台是一个独立、完整和虚幻的领域。诗歌则是诗人用语言创造出来的幻象，戏剧实现的也是一种幻象，电影则以梦的方式构成虚幻的历史。正是在这个意义上，列宁在《哲学笔记》中认同费尔巴哈的论断：艺术并不要求把它的作品当成现实。

（3）独创性

艺术生产的过程是"我的个性和它的特点加以对象化"的过程，马克思认为"同一个对象在不同的个人身上会获得不同的反映，并使自己的各个方面变成同样多不同的精神实质"，因而潘天寿认为不同才是艺术，别人怎么画，你就不能怎么画。贝多芬所创造的世界就不同于莫扎特创造的世界，罗丹创造的世界就不同于米开朗琪罗创造的世界。作家艺术家独特的生活经历，独特的艺术感受，独特的创作个性不能不在自己作品中打上自己独特的印记。巴尔扎克在谈到艺术家时指出，艺术家的使命在于能找出两件最不相干的事物之间的关系，在于能从两件最平凡的事物的对比中引出令人惊奇的效果。众人看来是红的东西，他却看出是青的。契诃夫也讲，即使观察了千万次的月亮也应得到自己的发现而不是别人已经陈旧的东西。欧·亨利认为"满月是个迷人的妖妇"，朱自清则觉得"月的纯净、柔软而平和，如一张睡美人的脸"。契诃夫笔下觉着无聊、郁闷、烦躁的药剂师妻子见到的却是一个发红的"宽脸膛的大月亮"，泰戈尔《沉船》中的哈梅西为不理想的婚姻而神情沮丧，天气热不可当，那"闪射着一种暗红色的微光"的月亮，"颇像醉汉的一只眼睛"，月亮的不同反映了艺术生产的独创性。

一个富有独创性的艺术家既不能重复别人也不能重复自己。齐白石57岁跋一幅画时写道："余作画数十年，未称己意。从此决心大变不欲人知。即饿死京华，公等勿怜，乃余或可自问快心时也。"他画虾数十年，初只略似，一变逼真，再变分深浅，一共变化三次。齐白石暮年的画，形神兼备，真正体现出此老的独创性。

（4）审美性

在《1844年经济学哲学手稿》中，马克思指出："人也按照美的规律来塑造物体。"在艺术生产物态化劳动中这一点显得特别突出。作家艺术家都是艺术感觉特别敏锐的人，他具有一种构成力量（formative power），如有所遇，画家就把他的情感经验转化为诗的意象，音乐家则用乐音或是表现他的痛苦和哀伤，或是表现他的欢乐之情，或是表现他灵魂深处所体验到的人生；非艺术家则不然，他纵有所思所感，他也许能够讲述出来，但他不能用适当的媒介把它凝结在一个完美的形式之中，"一个人真正成为艺术家的那个时刻，也就是他能够为他亲身体验到的无形体的结构找到形状的时候，这正如一首诗中所说的，韵脚为韵律提供衣衫。"

歌德在谈到《少年维特的烦恼》女主人公绿蒂时写道："我写东西时，我便想起，一个美术家有机会从许多美女中撷取精华，集成一个维纳斯女神的像是多么可庆幸的事，我因不自揣，也模仿这种故智，把许多美女的容姿和特性合为一炉而冶之，铸成那主人公绿蒂；不过这主要的美点，都是从极爱的人那儿撷采来的。"歌德的创作经验是，根据自己从极爱的人那儿撷采来的感情体验按照美的规律熔铸众多美女的容姿和特性。

《蒙娜·丽莎》的构图是一个大的等腰三角形，这个三角形始于那浓密的头发，最后以双手的重叠而汇合，它以显著的中央位置和巨大面积而取得了主导地位，在这等腰三角形中还包含一个以脖子为起点同样结束于双手的等边三角形而形成的反复与呼应。人物的脸部、胸部和手是画像的主体，在朴素深暗的服装和头发的衬托下，明与暗之间放入了半明半暗的调子，显示了人物的生命活力。人体细腻的层次、背景的缥缈、奇美，加上达·芬奇从水波荡漾得到启发的神秘微笑，生动地体现了从中世纪宗教禁锢下解放出来的以人作为本位的文艺复兴时代的人文主义精神。

音乐作为听觉艺术又是如何按照美的规律来塑造形象的呢？以穆索尔斯基的创作为例。一个晴朗的冬日，作曲家在乡间看到一些农民在雪地上行走，他说，立刻，我"脑海借托音乐形式闪出这一特定情景，于是自然地突然想出了第一支巴赫式的'上行下行'的旋律，欢笑的农妇使我脑海中浮现的是以后我写的中间部分，即第三声部所根据的那支旋律……于是，我的《间奏曲》就这样问世了"。

作家艺术家根据美的规律塑造艺术产品的结果是艺术产品具有一种能够打动人的感情的审美性质，恩格斯谈到民间故事书的审美性质时指出："民间故事书的使命是使一个农民在做完艰苦的日间劳动，在晚上拖着疲乏的身子回来的时候，得到快乐、振奋和慰藉，使他忘却自己的劳累，把他的硗瘠的天地变成馥郁的花园……使一个手工业者的作坊和一个疲惫不堪的学徒的寒碜的楼顶小屋变成一个诗的世界和黄金的宫殿，而把他矫健的情人形容成美丽的公主。"

俄国画家拉姆斯科依在谈到维纳斯像对自己的影响时写道："这座雕像留给我的印象是如此深刻、宁静，它是如此平静地照亮了我生命中令人疲惫不堪、郁郁寡欢的章页。每当她的形象在我面前升起时，我就怀着一颗年轻的心，重又相信人类命运的起点。"

作品的一半是作者写的，另一半是读者写的，只有作品（不是具有可能性的审美客体而是具有现实性的审美对象）的审美性质打动了接受者的感情，满足接受者的审美需要，艺术产品的审美性才得以实现。

如何理解物态化产品，苏联托尔斯特赫在《精神生产——精神活动问题的社会哲学观》一书中有精彩的论述，他写道："确实，精神劳动的产品（书、绘画、雕刻）即使获得了外部的实物形式，它对我们之所以有意义，不在于具体体现它的自然物质（纸、颜料、油画底布、大理石等）具有什么有用性质。我们对绘画的兴趣绝不是由创造它的颜料和油画底布的性质决定的。我们对书感兴趣也不是因为印出它的纸张的性质（纸张即使在评价作为印刷工业产品的书时有意义，但纸张并不是精神劳动的产品）。自然物质的有用物质对于精神产品来说，好像是外面的包装材料，与精神产品的真正内容和意义没有直接关系。"[14]

我们消费衣服这种物质产品，同时也在消费制成衣服的布料，我们消费文学艺术作品时，却完全保留了它的物质外貌，在物质消费中，作为使用价值的实物本身消失了；在精神消费艺术消费中，物质并没有消失，而是保存下来了，甚至保护起来了，因为它的物质形态并不是消费的对象而只是消费的条件。

我在《文艺创作中的创造性劳动本质》中指出："作为一种审美把握，一种精神生产，文艺创作具有观念性；审美意识的外化，需要一定的物质外壳，这样文艺创作又具有一定的物质性。……必须说明的是，文艺创作中的物质因素与精神因素并不是处于同等地位，精神是根本、是主导，物质因素是从属，是次要的。文艺创作的实质不是人和自然之间的物质变换，而是人对自然、社会生活的一种精神把握、审美把握；不是体力劳动的物化，而是脑力劳动的物态化，准确地说是与物质前提相联系的物质生活过程的升华物。作为人的本质力量对象化，文艺创作的物态化与物质生产劳动的物化有着原则的区别。"[15]

将物化与物态化区别开来，避免物化的滥用，我想，这决不会没有意义。

参考文献

[1] 孙美兰主编 . 艺术概论 [M]. 北京：高等教育出版社，1990：92.

[2] 朱立元主编 . 美学 [M]. 北京：高等教育出版社，2007：346.

[3] 王元骧 . 文学原理 [M]. 桂林：广西师范大学出版社，2002：83.

[4] 潘必新 . 艺术学概论 [M]. 北京：中国人民大学出版社，2008：54.

[5] 童庆炳主编 . 文学理论教程 [M]. 北京：高等教育出版社，2011：146.

[6] 马克思 .1844 年经济学—哲学手稿 [M]. 北京：人民出版社，1979：44.

[7] 马克思，恩格斯 . 马克思恩格斯全集：第 23 卷 [M]. 北京：人民出版社，1972：205.

[8] 马克思，恩格斯 . 马克思恩格斯全集：第 26 卷 [M]. 北京：人民出版社，1972：446.

[9] 马克思，恩格斯 . 马克思恩格斯全集：第 44 卷 [M]. 北京：人民出版社，2001：207.

[10] 达尔文 . 物种起源 [M]. 北京：北京大学出版社，2005：149.

[11] 黑格尔 . 美学：第一卷 [M]. 北京：人民文学出版社，1958：43.

[12] 柏拉威尔 . 马克思与世界文学 [M]. 北京：生活·读书·新知三联书店，1982：383.

[13] 恩斯特·卡西尔 . 人论 [M]. 上海：上海译文出版社，1986：193.

[14] 托尔斯特赫 . 精神生产——精神活动问题的社会哲学观 [M]. 北京：北京师范大学出版社，1988：163.

[15] 张荣生 . 文学创作中的创造性劳动本质 [M]// 刘延年，夏虹 . 永久的辉煌 . 哈尔滨：黑龙江教育出版社，1992：159.

诗歌意象与诗性智慧

一

意象是中国诗学的一个关键性的范畴，它有一个发生发展过程。

意象说的提出和先秦对"道"的认识有关，《老子》第二十一章指出："道之为物，惟恍惟惚。惚兮恍兮，其中有象；恍兮惚兮，其中有物。""道"是抽象的，通过"象"可以进入"道"的境界。《易传》则首先把"意"和"象"联系在一起，"子曰：'书不尽言，言不尽意。'然则是圣人之意其不可见乎？子曰：'圣人立象以尽意，设卦以尽情伪'。"（《系辞上》）一方面，言不尽意，语言不能完全把"意"表现出来，另一方面，"象"则能把"意"表达出来。到了魏晋，王弼在《周易略例·明象篇》对《周易》卦辞、卦意、卦象三者从哲学上予以论析，他说：夫象者，出意者也；言者，明象者也。尽意莫若象，尽象莫若言。言生于象，故可寻言以观象。象生于意，故可寻象以观意。意以象尽，象以言著。故言者所以明象，得象而忘言。象者所以存意，得意而忘象。

王弼认为，言和象都是意的载体，言和象的终极目的是为了表达意，言是意和象的物质外壳，言生于象，象则生于意，象是有限的，超越有限的象，意可以从"象"外来把握。王弼的得意忘象说是对"立象以尽意"的深入分析。

把"意象"完整地用到文艺理论的是刘勰，《文心雕龙·神思》指出：

"文之思也，其神远矣。故寂然凝虑，思接千载；悄焉动容，视通万里。吟咏之间，吐纳珠玉之声；眉睫之前，卷舒风云之色：其思理之致乎！故思理为妙，神与物游。神居胸臆，而志气统其关键；物沿耳目，而辞令管其枢机。枢机方通，则物无隐貌；关键将塞，则神有遁心。是以陶钧文思，贵在虚静，疏瀹五藏，澡雪精神。积学以储宝，酌理以富才，研阅以穷照，驯致以怿辞。然后使玄解之宰，寻声律而定墨；独照之匠，窥意象而运斤。"

在文学创作中，意中之象有两种不同形式，一是客观事物在心灵中的映像，它还没有与思想感情相结合，一是这一映像和思想感情结合在一起成为意象。这一点刘勰说得很清楚："是以诗人感物，联类不穷，流连万象之际，沉吟视听之区。写气图貌，既随物以宛转；属采附声；亦与心而徘徊。"意象既要"随物以宛转"，又要"与心而徘徊"，心物交融在一起就产生了诗学意义的"意象"。

司空图《诗品·缜密》描述诗人创作过程时写道：

> 是有真迹，如不可知。
> 意象欲出，造化已奇。

元好问在《遗山文集·新轩乐府序》中赞扬苏轼词时写道：自东坡出，情性之外，不知有文学，真有"一洗万马空"意象。

明代胡应麟《诗薮·内篇》在谈到古体诗写道："古诗之妙，专求意象。"就这样，"意象"就成为中国诗学中表达情景交融的基本范畴。

《神思》中的"意象"一词，标志着中国古典诗学的"意象"概念的生成。它不是一般的事物表象，而是在饱含着情感的想象中孕育成形的，含蕴着主题情意的象。这种象，是以客观物象为素材、原料的，但同原物相比，它又多出一种成分，即渗融于其中的主体情意。它传达主体的意，但这里的意已如盐在水，如糖在乳，渗融在象中了，你可以感知，但无法直接把捉。[1]

明代何景明写道："夫意象应曰合，意象乖曰离。是故乾坤之卦，体天地之撰，意象尽矣。"（《与李空同论诗书》）与他同时代的王世贞说：诗"要外足于象，而内足于意"，要求"意象衡当"。其对意与象关系的论述体现了他对诗歌的审美要求，也体现了对意象的重视。

王世贞的话虽然简短，但却为意象理论贡献了新内容。他的话实际上已经指明：意象是个双层互融体：其外层（表层）是"象"，读者可以感知的层面，应当鲜明、丰满、生动，这就是"外足于象"；其内层（底层）是"意"，应当深厚、丰富，这就是"内足于意"。意与象要相互谐和。主题情意明确，但客体景象苍白、贫乏，或客体景象繁富、具体，但情意含糊、肤浅，都无法实现"意象衡当"，都是创作的失败。[1]

意和象作为双层互融体，不是孤立的，而是和谐的，客体的"象"具体，繁富，其深层的意也应是深厚的丰富的。

二

作为中国诗学的一个基本范畴，意象是诗的构件，是组成诗的元素。

严云受在《诗词意象的魅力》中写道："如果我们把一首诗看成一座大厦，或一座亭榭，那么诗中的种种意象就是构成这座建筑的砖石、木质构件"[1]。一首诗就是由若干个意象组合而成的。著名诗人郑敏同样认为："诗如果是用预制板建成的建筑物，意象就是一块块的预制板。"[2]

杜甫《绝句》四首之一：

> 两个黄鹂鸣翠柳，一行白鹭上青天。
> 窗含西岭千秋雪，门泊东吴万里船

全诗四句，每句自成一个独立的意象群。黄鹂、翠柳、白鹭、青天、窗、西岭、千秋雪、门、东吴、万里船皆系意象。"窗""门"为单纯意象，由名词构成。"黄鹂""翠柳""白鹭""青天""西岭""千秋雪""东吴""万里船"为复合意象，由两个或两个单纯意象构成。第一组意象群是写黄鹂于翠柳中的歌声之美；第二组意象群是写白鹭上青天的动态之美；第三组意象群是写自己室内之窗包含了西岭千秋万载不化的冰雪，极写诗人胸怀中永恒的时间；第四组意象群是写大门正对着东吴开来的万里之外的船只，极写诗人视野中广阔的空间。"鸣""上""含""对"四个动词是诗人借助客观物象用以体现自己心灵的手段，借助于这些动词形成主观的意和客观之象的复合体。四个意象群的组合成绝句，写出了诗人对春天的礼赞和对遥远故乡思念之情，船从东吴而来，船也会将诗人送回自己的故乡。

白居易写了一首《长相思》：

> 汴水流，泗水流，流到瓜洲古渡头。吴山点点愁。
> 思悠悠，恨悠悠，恨到归时方始休。月明人倚楼。

汴水、泗水写水，汴水、泗水一直流到瓜州古渡头。汴水、泗水、古渡头三个意象是根据"愁"这个感情的需要连接在一起，水长是为了写"愁"这一感情的长，从水意象这个基点出发，展开了吴山这个意象，吴山是高的象征，人物一点一点堆积起来的愁，有如吴山那么高，这吴山的意象不仅是汴水、泗水、古渡头三个意象的延续，而且是水意象的加深和加高，从而将自然景象转化成体现愁的意象，具体而微写出了山高水长的愁。上阕以意象写景，下阕抒情，从愁发展成思和恨，我想你，想得那么悠长，我恨你，恨得那么悠长，恨的终点是你归来了我才不恨你了，恨是爱的强化。"月明人倚楼"生动地勾画出了女主人公的优美形象，点出了具体的时间和环境，点出了愁、思、恨的具体发生，感情通过自然的物象转化成生动具体的意象。意象的组合形成了意象的建筑群。袁可嘉将意象组合的规律归结为："从一个单纯的基点出发，逐渐向深处，广处，远处推去，相关的意象——即是合乎想象逻辑的发展的意象——展开像清晨迎风醒来的瓣瓣荷花，每一个后来的意象——不仅是前行意象的连续，而且是他们的加深和推远，是诗人向预期效果进一步的接近，读者的想象距离通过诗人笔下的暗示，联想，以及本身的记忆感觉逐渐作有关的伸展，而终于不自觉地浸透于一个具有特殊颜色，气味与节奏的氛围里。"[3]

三

古希腊哲学 philosophia 是由 philos 和 sophia 合成的。Philos 的意思是"爱"，sophia 的意思是"智慧"，合而言之，哲学就是爱智慧。王蒙《说"知"论"智"》指出：

"智慧是指人的一种高级的、主要是知性方面的精神能力。'智'强调的是知识与胆识，是能够做出正确的判断、估量、选择与决策。'慧'主要是悟性，是对于是非、正误、成败、得失等的迅速感受与理解掌控。"[4]

一般人看不到智慧的地方，智慧却能看出来，智慧是一种超乎常人的聪明才智。

诗性智慧是人类天性中最为深层的、充满感情的智慧。18 世纪的意大利法学家、历史哲学家、美学家维柯著有《关于各民族的共同性质的新科学原则》（简称《新科学》，初版于 1725 年），维柯在书中首次提出"诗性智慧"的概念，把人类原初状态对世界的朴素理解、体验和认识称之为诗性智慧，原始人类没有推理能力，却充满旺盛的感受力和生动的想象力，维柯写道：

"因此，诗性的智慧，这种异教世界的最初的智慧，一开始就要用的玄学就不是现在学者们所用的那种理性的抽象的玄学，而是一种感觉到的想象出的玄学，像这些原始人所用的。这些原始人没有推理的能力，却浑身是强旺的感觉力和生动的想象力。这种玄学就是他们的诗，诗就是他们生而就有的一种功能（因为他们生而就有这种感官和想象力）。"[5]

朱光潜在《西方美学史》中引用维柯的另一段话：诗的语句是由对情欲和情绪的感觉来形成的，这和由思索和推理所造成的哲学的语句大不相同。哲学的语句愈上升到一般，就愈接近真理，而诗的语句则愈掌握个别，就愈确实。

"诗性智慧在诗歌中必须通过意象来表现"[6]，意象既是客观的，又是主观的，既是认识性的，又是创造性的。诗人主观的"意"和感性客观的"象"组接，便形成袁枚所说的"夕阳芳草寻常物，解用多为绝妙词"，李商隐"夕阳无限好，只是近黄昏"，夕阳本是外在的物象进入诗人的心灵遂为心象，经过诗人情感的铸造，与意连接，成为意象，表现了诗人对无限美好而又即将消逝事物的流连与惋惜。韦庄《春愁》："自有春愁正断魂，不堪芳草思王孙"，"芳草"已不是外在的，而是与意结合成内在的意象，寄寓了一种离情别绪。

1.诗歌的诗性智慧首先表现为意象具有形象性

帕莱恩认为："意象一词或许最常指一种心灵的图画，自心灵的眼所见的东西，视觉意象在诗中是最常发生的一种意象。"[7]因而意象具有具体感性形象的特点。黑格尔同样认为："艺术也可以说是要把每一个形象的看得见的外表每一点都化成眼睛或灵魂的住所，使它把心灵显现出来。"

杜牧《江南春绝句》：

> 千里莺啼绿映红，水村山郭酒旗风。
> 南朝四百八十寺，多少楼台烟雨中。

千里极言江南的广大，莺啼写鸟声，绿映红写色彩，大片绿色中夹杂着红色，这是写江南自然景观的形象美。水村山郭酒旗风，六个意象，意象密度加大，水村山郭写江南的山水和城市乡村，山水村郭互相映衬，突出酒旗在春风中飘扬，面中有点，画出了江南水乡的形象。南朝二字更增添了画面的历史色彩，历史上宋齐梁陈四个朝代崇奉佛教，曾经大兴土木修建佛寺，四百八十只是概数极言其多，随着历史的兴亡，剩下来的楼台只能在烟雨迷蒙中存在，此诗的诗性智慧通过密集的形象表现了诗人兴亡之感。

韦庄《菩萨蛮》：

> 人人尽说江南好，游人只合江南老。春水碧于天，画船听雨眠。
> 垆边人似月，皓腕凝霜雪。未老莫还乡，还乡须断肠。

从上阕起句点明题旨，"江南好"，而且从"人人"口中道出，令读者不容置疑。第二句点明游人也应老于江南。三四句形象地展示了江南好的具体内容，只用两个生动的画面形象地展开了江南好的具体内容，到处是澄碧的春水，简直胜过那长天一碧的天空，水天一色，上下通明，那该是多么惬意；在如诗如画的船上听着雨打船篷的声音，那该是多么富有诗意。上阕形象地画出了江南水乡好的特色。下阕从景物写到人物，"垆边人似月"，以月比拟人，画出了江南卖酒女子的花容月貌。再用"皓腕凝霜雪"写出卖酒女子的肌肤美，也是用两个画面展示江南人物的美好，尽管江南如此美好，诗人却一直思念自己的故乡，由于中原动乱，干戈不息，如果还乡，看到众多悲惨的景象，岂不悲痛到了极点（断肠），含蓄而形象地写出自己忧国忧民漂泊难归之痛，通过意象表现了自己内心深处的感情。

别林斯基认为："诗的本质就在于给不具形的思想以生动的感性的美丽的形象。"[8]诗性智慧的重要特征就在于给不具形的思想赋予生动的感性的美丽的形象。

2. 诗歌意象的诗性智慧还表现在立意上

王夫之《姜斋诗话》认为：

"无论诗歌与长行文字，俱以意为主。意犹帅也，无帅之兵，谓之乌合。李杜所以称大家者，无意之诗，十不得一二也。烟云泉石，花鸟苔林，金铺锦帐，寓意则灵。"[9]

故作诗务在立意，意不足，诗可不作，无意如山无烟云，春无花草，花无绿叶，月无蓝天，索然无味。

"意"意味着思想的穿透力，诗是诗人思想的体现，心灵中的思想感情通过语言符号表现出来就是诗。诗如果表现了深刻的思想，就具有一种穿透力。思想的穿透力意味着透过现象直达事物本质的力量，还意味着思想震撼的力量。

李白《古风·西上莲花山》：

　　西上莲花山，迢迢见明星。

　　素手把芙蓉，虚步蹑太清。

　　霓裳曳广带，飘拂升天行。

　　邀我登云台，高揖卫叔卿。

　　恍恍与之去，驾鸿凌紫冥。

　　俯视洛阳川，茫茫走胡兵。

> 流血涂野草，豺狼尽冠缨。

诗人正在仙界，飘飘欲仙，遨游天外，驾鸿紫冥，"俯视洛阳川，茫茫走胡兵。流血涂野草，豺狼尽冠缨"。看到洛阳川、胡兵、血涂野草、豺狼尽冠缨这些触目惊心的现实，诗人忧国忧民之心颤抖起来，对现实诗人没有作细腻的描绘，而是通过富有特征的意象，对天上、人间两个世界进行对比，表现出了一种深刻的思想穿透力，这是一种诗性智慧。

杜甫诗"朱门酒肉臭，路有冻死骨"，寥寥十字通过朱门与道路，酒肉臭与冻死骨的鲜明对照，深刻揭示了当时社会贫富阶级的对立，具有"笔落惊风雨，诗成泣鬼神"的思想穿透力。

陆游《示儿》：

> 死去元知万事空，但悲不见九州同。
> 王师北定中原日，家祭无忘告乃翁。

对死者而言，金钱、权力、地位、财产已经没有丝毫意义，所以说"万事空"，"但"字一转，尽管明明知道死去万事皆空，但诗人还有无比的悲哀，无比的遗憾，这悲哀、这遗憾并不是个人的、子孙的，而是关乎国家关乎民族巨大的悲哀和遗憾，诗人殷切嘱咐儿子，如果王师北定中原，收复燕云十六州，家祭时务必告诉老爸一声，以慰老爸在天之灵。刘克庄在《嘉瑞杂诗》之四中写道："不及生前见虏亡，放翁易箦愤堂堂。遥知小陆羞时荐，定告王师入洛阳。"诗人不仅活着爱国，死后还念念不忘祖国，这才是真正的爱国，至死不渝的爱国，"死去元知万事空"和"悲""告"巨大反差所形成的张力，形成《示儿》一诗思想的穿透力，至今还激励着无数的国人。

在当代诗歌中，粉碎"四人帮"后，韩瀚写了一首《重量》：

> 她把带血的头颅，
> 放在生命的天平上，
> 让所有的苟活者，
> 都失去了——
> 重量。

人死，有重于泰山，有轻如鸿毛，这是抽象的思想，诗人用"带血的头颅"，"生命的天平"，"所有的苟活者"三个意象，沉甸甸的"生命的天平"是核心意象，"带血的头颅"与"所有的苟活者"在天平上不仅在数量上构成巨大的反差，而且重量上也构成巨大的反差。张志新烈士抛头颅、洒鲜血，坚持真理的形象跃然纸上。巨大反差形成的对比显示了"重量"这一题旨，这一思想的穿透力正是诗性智慧的体现。

3. 诗歌意象的诗性智慧表现为情感的智慧

意象中的"意"不仅表现为思想而且表现为感情。白居易《与元九书》写道："感人心者，莫先乎情，莫始乎言，莫切乎声，莫深乎义。……诗者：根情，苗言，华声，实义。"诗作为抒情的艺术，感情是诗性智慧主要动力之一，没有感情，就没有诗人，也没有诗歌，情有所感，不能无所寄；意有所郁，不能无所泄。感情作为深层无意识，必须通过意象得到体现。

李白《黄鹤楼送孟浩然之广陵》：

> 故人西辞黄鹤楼，烟花三月下扬州。
> 孤帆远影碧空尽，唯见长江天际流。

"故人"点明人物，黄鹤楼点明地点，"烟花三月"点明季节，这个鲜丽的意象被前人称为"千古丽句"，烘托出春天的氛围，"西辞""下扬州"点明事件。一二句叙事，三四句抒情。"孤帆""远影""碧空"三个意象写孟浩然乘船辞别黄鹤楼，一般送别，送到门口，送到车站，送到码头，而李白一直伫立在黄鹤楼头，看着船越行越远，看着只剩下帆影，一直看到船消失在一碧如洗天空的尽头，剩下的只有长江水，浩浩荡荡，无止无休地流向远方，借"唯见长江天际流"，诗人的感情也化作长江水流向了远方，"长江"这一核心意象体现的是诗人送别依依不舍的深情，生命如流水，别情如流水。

李白的送别丝毫没有伤感，而是健康的积极的，名楼、名士赴名城这一瞬间而永恒的情景便成了盛唐诗人旅游豪兴的诗化象征，生动地表现了李白的诗性智慧，因此，保尔·戴密微认为此诗是"带有印象主义色彩的四行诗的杰作之一"。

马致远的《天净沙·秋思》也表现了诗性智慧，词句如下：

> 枯藤老树昏鸦。

小桥流水人家。

古道西风瘦马。

夕阳西下，断肠人在天涯。

首句三个意象，"枯藤""老树""昏鸦"形成一个意象群，枯藤缠绕在老树上，老树上有个乌鸦窝，重点意象是昏鸦，黄昏了，乌鸦得还巢，"枯""老""昏"三个修饰语，使"藤""树""鸦"增添了衰败、昏暗、凄凉的色调。次句也是三个意象，"桥"小巧玲珑，水流潺潺充满活力，"人家"是重点意象，天黑了，炊烟袅袅，阖家团聚在一起，景象是明丽的、温馨的。第三句"古道""西风""瘦马"也是由三个意象形成的意象群，游子在这里走过，西风是秋天的风，点出了秋天是肃杀的季节，重点意象是"瘦马"，长途跋涉，马焉得不瘦，更何况说"人穷志短，马瘦毛长"，说明主人公处于日暮途穷的困境。"夕阳西下"是一个大的背景，将前面三组意象群连结成一个完整的画面，天黑了，主人公将住在哪里！秋天来了，冬天即将来临，主人公的命运会是如何！这些空白要读者去填补。最后一句"断肠人在天涯"，"断肠人"是核心意象，"天涯"则极言故乡之遥远，"在天涯"点明了他的处境，他为何断肠，为何远离自己的故乡和亲人而远走天涯，这也是个空白，形成接受美学所说的召唤结构。

对整个意象系统而言，第一个意象群对核心意象来说是衬托，乌鸦还有个窝；第二个意象群用温馨人家反衬；第三个意象是对核心意象细节上的补充，暗示了断肠人悲剧性的命运。

元代周德清在《中原音韵》中将马致远的《天净沙·秋思》称之为："百代秋思之祖"，王国维《人间词话》的评语则是"寥寥数语，深得唐人绝句妙境。有元一代词家，皆不能办此也"。

同样是写秋，元代白朴有首《天净沙·秋》：

孤村落日残霞，轻烟老树寒鸦。

一点飞鸿影下，青山绿水，白草红叶黄花。

此诗仅仅停留在一系列秋天的景象上，台湾陈鹏翔曾指出："意象除了提供视听等效果外，最重要的是它们所潜藏包括的意义功能。"诗在本质上不是导向外在的东西，而是要更多地异向内在的感情，据此，白朴的《天净沙·秋》缺少诗歌意象的诗性智慧。

4. 诗歌意象的诗性智慧表现为意象的创新

意大利文艺复兴时期诗人塔索说过一句石破天惊的话：没有人配受创造者的称号，唯有上帝和诗人。心理学家认为，创造或创造活动是提供新的第一次创造的、新颖而具有社会意义产物的活动。

戴复古有诗为证：

> 意匠如神变化生，笔端有力任纵横。
>
> 须教自我胸中出，切忌随人脚后行。

巴尔扎克谈到创造性时写道："艺术家的使命在于找出两种最不相干的事物之间的关系，在于能从两种最平常的事物的对比中引出令人惊奇的效果。"贺铸《青玉案》创造的意象就具有这样的特点，词曰：

凌波不过横塘路，但目送，芳尘去。锦瑟年华谁与度？月桥花榭，琐窗朱户，只有春知处。

飞云冉冉蘅皋暮，彩笔新题断肠句，试问闲愁都几许？一川烟草，满城风絮，梅子黄时雨！

"凌波"出自曹子建《洛神赋》"凌波微步，罗袜生尘"。横塘，贺铸苏州住处，通石湖，景色清幽。"凌波""芳尘"写女主人公轻盈、风致的脚步，通过这两个意象，女主人公美好的形象跃然纸让。她不经过横塘路，我只能远远目送她的离去，她的青春年华有谁与她一起度过，她大约住在有着月台花谢、琐窗朱户的深闺里，这一切，也许只有春天才会知道。"凌波不过横塘路，但目送，芳尘去"是第一个层次，"锦瑟年华谁与度"是第二个层次，"月桥花谢，琐窗朱户，只有春知处"是第三个层次，通过三个层次的意象，贺铸创造了一个"所谓伊人，在水一方"的可望而不可即的美好形象。

下片写春日迟暮，期而不来希望的破灭，诗人只能用彩笔写下断肠的诗句。本来这女孩与诗人并不相识，所以这种漫无目的，若有若无的愁绪，诗人称之为"闲愁"，试问这种闲愁能有多少呢，诗人用"一川烟草，满城风絮，梅子黄时雨！"三个意象来描绘，将无形变有形，化抽象为意象，化不可捉摸为有形有质。

这是一种意象创新的智慧，诗人写愁者多矣，如赵嘏"夕阳楼上山重叠，未抵闲愁一般多"以山喻愁；李后主"问君能有几多愁，恰似一江春水向东流"以水喻愁；冯延巳"撩乱春愁如柳絮，悠悠梦里无寻处"以柳絮喻愁；秦观"飞红万点愁如海"以海喻愁，"无边丝雨细如愁"以雨喻愁；陆游"春愁抵草长"以草喻愁，比喻都很新奇，但用的都是一种事物，而贺铸独出心裁，连用烟草、风絮，梅子黄时雨，具有相互联系的自然景物，形容难以排解的闲愁，这是诗歌意象创造的诗性智慧。故罗大经《鹤林玉露》认为，贺方回有"试问闲愁都几许？一川烟草，满城风絮，梅子黄时雨"，盖以三者比愁之多也，尤为新奇。兼兴中有比，意味更长。

杜甫《登高》诗歌意象的创造也具有诗性智慧，诗是这样写的：

风急天高猿啸哀，渚清沙白鸟飞回。

无边落木萧萧下，不尽长江滚滚来。

万里悲秋常作客，百年多病独登台。

艰难苦恨繁霜鬓，潦倒新停浊酒杯。

《登高》大致写于大历二年（767），时在夔州（奉节）。

首联写"风""天""猿""渚""沙""鸟"六个自然物象，用"急""高""哀""清""白""飞回"修饰形成意象，意象密度大，情感信息丰富，从仰望到俯视，从耳闻到目睹，从声音道色彩，多层次多侧面地写出夔州秋天景象的凄清和悲凉。

颔颈紧承首联写无数的落木在急风中萧萧而下，而源远流长、无止无休的长江，水流汹涌澎湃来衬托出自己的悲秋。

颈联点出了悲秋这一主旨，抒写诗人秋天的悲哀，离家万里一可悲，在萧条的秋天登高二可悲，作客在外三可悲，常作客四可悲，人生一世不过百年，而自己年过半百五可悲，有病六可悲，多病七可悲，孤独一人登高八可悲，创造性地从八个侧面写出自己悲秋的丰富内涵，描绘了自己坎坷的一生和困境。

尾联写生活的艰难和心情的抑郁使自己两鬓如霜，颓丧的是由于自己的病重，连解忧的浊酒也不能喝了，这就更增加了自己的伤感。

《登高》首联、颔联写景，首联是"起"，颔联是"承"，以秋天自然景色衬托出诗人的悲哀。颈联、尾联抒情，抒写诗人"万里悲秋""百年多病"，从自然景观转到自己身世，从章法上讲的是"转"；尾联"繁霜鬓"和"浊酒杯"两个具有特征性的意象书写诗人的困境，从章法上讲是"合"，结构严谨。

《登高》不只写出了诗人悲自然界之秋，悲自己坎坷人生之秋，而且含蓄地透露出国家处于危难之秋，把自己的命运和国家的命运交织在一起，情景交融，意境深远，表现了诗人的诗性智慧。故胡应麟在《诗薮》中认为："杜'风急天高'一章五十六字，如海底珊瑚，瘦劲难名，沉深莫测，而精光万丈，力量万钧，通章章法句法字法，前无昔人，后无来学，微有说者，是杜诗，非唐诗耳。然此诗自当为古今七言律第一，不必为唐人七言律第一也。"

四

如果说意象是诗的构件，是一块块的预制板，那么意境就是整首诗，整个意象系统的建筑物。意境是抒情作品情景交融，虚实相生所形成的氛围和情境，要求要言外之意、弦外之音。梅尧臣论意境："必能状难写之景，如在目前，含不尽之意，见于言外，然后为至矣。""如在目前"是实境，"见于言外"是虚境，实境指逼真描写的风景、形状及环境；虚境指由实境引发出的审美想象空间，它可以是原有画面在联想中扩大和引申，也可以是由实境引发出的体味和感悟，即所谓"不尽之意"，虚境是实境的升华，它来自实境，高于实境。

李白的《玉阶怨》很好地体现了意境的特点：

> 玉阶生白露，夜久侵罗袜。
> 却下水晶帘，玲珑望秋月。

诗人用玉阶、白露、夜、罗袜、水晶帘、秋月六个意象组成了一幅具体感性的图画。时间是深夜，季节是秋天。玉阶、罗袜、水晶帘点明了女主人公的高贵身份，通过"下""望"两个动作显示了她深层的感情世界。夜深了，凉气逼人，她为什么仍然坐在玉阶上，罗袜被白露打湿了，她才回到屋里，并不入睡，空灵地透过水晶帘凝望着秋月，这不尽之意需要读者去破解。

月的意象是中国古典诗歌最常见的原型意象，它意味着团圆，意味着月下怀人思远，《古诗十九首·明月何皎皎》："明月何皎皎，照我罗床帏。忧愁不能寐，揽衣起徘徊。客行虽云乐，不如早旋归。出户独彷徨，愁思却告谁。引领还入房，泪下沾衣裳。"看到团圆的明月，引起了女主人公的愁思。敦煌曲子词："满楼明月夜三更。无人语言，泪如雨。便是思君断肠处。""天上月，遥望似一团银。夜久更阑风渐紧，为奴吹散月边云。照见负心人。"江总《闺怨篇》"屏风有意障明月，灯火无情照无眠"，朱敦儒"月解重圆星解聚，如何不见人归"都以明月写闺怨。

李白在月意象的传统模式中，创造性用"玉阶生白露，夜久侵罗袜。"，继而用"却"转折，进一步深化了主人公的感情，"却下水晶帘，玲珑望秋月"的情景交融的氛围，言简意赅，没有一个字写怨，而怨溢于言表，从而形成了意在言外的意境。

柳永《雨霖铃》的意境是鲜明的，全词为：

寒蝉凄切。对长亭晚，骤雨初歇。都门帐饮无绪，留恋处、兰舟催发。执手相看泪眼，竟无语凝噎。念去去、千里烟波，暮霭沉沉楚天阔。

多情自古伤离别。更那堪、冷落清秋节。今宵酒醒何处，杨柳岸、晓风残月。此去经年，应是良辰好景虚设。便纵有、千种风情，更与何人说。

上片"寒蝉凄切。对长亭晚，骤雨初歇。"写的是异样的时间地点。"都门帐饮无绪，留恋处、兰舟催发。"分别的情景之一，"留恋处"写难舍难分，进一层写出"无绪"和无奈。"执手相看泪眼，竟无语凝噎。"分别情景之二，从执手到流泪，而且两人都眼泪汪汪，从"无语"到"凝噎"，通过一系列富有特征的动作意象，传达出了情深、情浓、情真情切的离别之情。"念去去、千里烟波，暮霭沉沉楚天阔。""念"是料想之辞，从送行人角度写。"去去"是离去又离去，用"千里烟波，暮霭沉沉楚天阔"三种景象来渲染"去去"之情。

下片"多情自古伤离别，更那堪冷落清秋节"，"伤离别"正式点明感情，用"冷落清秋节"来渲染。多情是人之常情，具有普遍性，"自古"二字包含了一种沉甸甸的历史感。"今宵酒醒何处，杨柳岸晓风残月"，杨柳岸，晓风，残月三个意象进一步渲染"伤离别"。漫漫长夜，面对异样凄清的情景，其伤感不言而喻。点染本为绘画常用技法，此处柳永用点染法写诗人的感情。"此去经年，应是良辰好景虚设，便纵有千种风情，更与何人说。""此"作为时间的起点，"经年"，一年又一年，时间过于漫长。"良辰、美景、赏心、乐事"，古人称之为"四美"，即使有良辰美景，由于无人相伴，所以说"虚设"，"风情"即风流的情感，特指男女之情。"千种"极言其多。"纵有"是设想之词，连一个说话的对象都没有，那怎么倾诉，意味深长。

这首词是柳永离开汴京"留别所欢"之作，词以秋天凄凉景物作衬托，抒写诗人离别时的痛苦，上片着重实写离别场景，景中处处渗透着离情别绪，下片偏重写离别后的情景，情景交融，意境的创造体现了诗人的诗性智慧。

　　意境说的形成最早是唐代刘禹锡提出的"境生于象外"，晚唐司空图《与极浦书》写道"戴容州云：'诗家之景，如蓝田日暖，良玉生烟，可望而不可置于眉睫之前也。'象外之象，景外之景，岂容易可谭哉？"宋代欧阳修《六一诗话》写道："诗家虽率意，而造语亦难。若意新语工，得前人所未道者，斯为善也。必能状难写之景，如在目前，含不尽之意，见于言外，然后为至矣。"因此，意象要求情景交融，意境则要求在时间和空间上对"象"有所突破。

参考文献

[1] 严云受.诗词意象的魅力 [M].合肥：安徽教育出版社，2003：19，22，230.

[2] 郑敏.英美诗歌戏剧研究 [M].北京：北京师范大学出版社，1983：52.

[3] 袁可嘉.论诗境的扩展与结晶 [N].经世时报·文艺周刊，1946–09–15.

[4] 王蒙.说"知"论"智"[N].光明日报，2011–1–7（15）.

[5] 维柯.新科学 [M].北京：商务印书馆，2009：187.

[6] 张荣生.诗性智慧及其他——读乔守山的诗集《月亮的指纹》[J].大庆社会科学，1998（6）.

[7] 卢兴基.台湾中国古代文学研究文选 [M].北京：人民文学出版社，1988：68.

[8] 别林斯基.论文学 [M].上海：新文艺出版社，1958.

[9] 王夫之.姜斋诗话 [M].北京：人民文学出版社，2005：146.

科学与诗的融合

——读倪峭丹《丁香山谷》

在纷纷诉说诗歌与大众疏离、新诗近年不景气的今天，还有人耽于诗，还有人写诗、出诗集，这确是喧嚣市场经济大潮中的一块绿洲。峭丹是一个敢于追求的诗人，记得他在学校图书馆工作时，每每将刚写完的诗或发表在报刊上的诗给我过目，我总为他痴迷于诗而感慨万端，读完这本还散发着油墨芳香的《丁香山谷》，我真正懂得峭丹了。峭丹恪守自己的审美理想和做人原则，排除了种种杂念，在自己心灵深处为自己保留了一块净土。峭丹的诗是他心血的结晶，是他感情世界的轨迹，是他超越日常生活诗意的追寻，是他对美的本真的探求。

诗集名曰《丁香山谷》，是因为丁香是报春的花，每当四五月间，阳气刚刚上升，白丁香、紫丁香便绽出花蕾，接着一大片一大片有香有色地开着，给东北的春天增添了一分色彩，给人们增添一份诗情画意。峭丹的《丁香山谷》独具机杼，既有思古之幽情，又富有改革开放时代的特色，把现代科学精神和诗意的追寻比较完美的连接在一起，从而赋予了丁香情以新的内涵，丁香不再与愁怨相连，而是与心扉的豁达开朗连接在一起，丁香山谷的芳菲不由不使你沉醉。

一

峭丹一直在大庆油田工作，他对这片土地和这里的工人有着极为深刻、极为真挚的感情。《找油人的足迹》和《给》都歌唱了找油人。你听："在大漠荒丘 / 在莽原沟谷 / 你博览大自然的群书 / 采撷珍贵的标本 // 太阳帽上的徽章 / 与绿色平川的紫云英辉映 / 登山鞋下的发现 / 和图囊里的资料相印证 / 你在寻找 寻找 / 一本卷帙浩繁的生物密码 / 一只变做化石的史前巨兽 / 一片洪荒时代的森林景观 / 一泓地球封存的悠久佳酿 // 透过一方方 / 刻着花纹的玄武岩 / 通过一株株叶脉依稀的含羞草 / 伴随着旋转的钻杆 / 那些密码终于 / 在你的眸子里获得破译。"

"大漠荒丘，莽原沟谷"八个字写尽了找油人工作环境的艰苦。"寻找""寻找"的重复，既写出了找油人工作的目标，又写出了他们感情上的焦急与期盼；生物密码既然卷帙浩繁就不易破译，史前巨兽既变做化石就不易找寻，森林景观既存在于天地玄黄、宇宙洪荒之时就不易寻觅，悠久佳酿既被浩大的地球封存就不易发现，峭丹接连用这四个排比句从历史与科学、真与美的融合中刻画了找油人的高大形象。

有人认为"一首诗就是诗人生命过程中一个瞬间的展开"，《找油人的足迹》表现了峭丹脱离了自己，超越了自己而进入采油人的天地，升华到美的领域，从感情上把握了采油人的生命过程。诗的核心意象是"密码"，破译了密码才能找到珍贵的石油，大漠荒丘、莽原沟谷、玄武岩、含羞草、浩瀚精深、沉默无言，但它们又都目睹了地壳的变迁，经历了地球的沧海桑田，山崩地裂，风雨雷电，气候冷暖，无不在它们身上留下痕迹。尽管它们无言，但找油人却能够听懂它们无声的语言，峭丹以诗人的艺术感觉发现了这一秘密，诗人生命过程在创造这一瞬间的展开，使诗获得了灵性，为读者展现了一个光华夺目的新的天地。

《检尺女》歌颂的是油城大地上另一类劳动："银灰色的铝罐／矗立在丁香丛中／红翎 蓝尾的小鸟／在树杈间蹿跳／唱的十分欢悦／是春天的季节了／和风染绿了油库／轻拂检尺女的心扉／计量总是定点进行／她像燕子飞向罐顶。"

银灰色的铝罐与大自然生机勃勃的丁香组合在一起，环境的优美不言而喻，何况还有红翎蓝尾的小鸟在歌唱，有和风，有大自然生命的绿色。"她像燕子飞向罐顶"形象地表现出了检尺女的风采，这种融情于景，情景交融的境界只能在古代的水墨画上看到。

《芦荡丛中》则别开生面地描绘了人与自然，荒凉与文明的交融："晚霞的手帕／擦亮了湖心的镜面／井场在水一方／白房子与防蚊帽闪耀／少女的倒影十分清晰／／无名的水鸟／从栈桥上飞掠而过／远天蔚蓝／空气裹着油香飘荡／大自然沉醉在浓绿里。"晚霞本来就很美、湖心的镜面经过手帕一擦自然更为明亮，水天一色，其美妙可知。白房子与防蚊帽，无名的水鸟与栈桥，油香与浓绿的交相辉映，没有正面写采油少女，而是从侧面写其倒影，朦胧中更富有诗意。

《化纤厂写意》写"各种罐的峰峦从天而降／各种塔的森林拔地而起／各种管的网络经纬交织／物理和化学的反应／在这里不断进行／原料和产品的平衡／组成了美学方程式／等号是工艺生产线、泉水在它们左边潺潺流淌／在右边被抽成晶莹的绢丝"。峭丹不是在叙述而是在歌唱，其中心是工人。没有工人，机器是不会启动的，"原本不毛的大地／结束了荒蛮和寂静的岁月／单调的色彩融入／

赤橙黄绿青蓝紫"也不会出现。有了人，任何人间奇迹都能创造出来。晶莹的绢丝是化工工人劳动的结晶，从而也就成为美学方程式的结晶。

《版图》一诗写的是新一代大庆人为石油的稳产增产在千里之外挥师钻探："油田的疆界，不是一条凝固的弧线／圈定了深广的沉积切割丰美的草原／／延伸拖拉机的履带驮着井架／从平野驰向大漠　寻找立体的拓展／接着和地下的岩芯签订开发合同／然后用棕色的油料勾勒巨幅的版面"此诗的中心景象是"版面"，疆界、草原、拖拉机的履带、井架、岩芯、合同这些抽象的或具象的概念或物象，经诗人妙手调和，便成为歌唱大庆人艰苦奋斗，永远开拓的赞美诗。

只要进入丁香山谷，丁香的色彩和芬芳便会扑面而来。

二

故乡情结和爱国主义一样，是在千百年民族生活中形成的，这种纠缠交织在每一个人心灵深处的思想情绪，形成了一种微妙的文化心理结构、一种原始意象、一种原型 (archetype)。它反复出现，活跃在文学艺术作品里，活跃在诗里，活跃在人们意识最隐秘的深处。这种情结和我们民族诞生在原始农业社会的摇篮里相连。从远古开始，生命的繁衍和发展便牢牢维系在脚下的土地上，每一个个体呱呱落地，第一眼看见的就是这片土地以及生活在这片土地上的亲人，是这片土地给他以衣，给他以食，给他以住所，给他以休憩游玩的场所。他生活在这土地之上，劳作于这土地之上，歌唱于这土地之上，哭泣于这土地之上。他自己，他的祖先，他的亲人，他的子子孙孙，都和这土地血肉相连。这片土地就是他安身立命之处，就是他的根，因而他对这片土地有着无限深厚的感情，正如荣格在《论分析心理学与诗歌的关系》一文中所写的："原始意象或者原型是一种形象 (无论这形象是魔鬼，是一个人还是一个过程)，它在历史进程中不断发生并且显现于创造性幻想得到自由表现的任何地方……每一个原始意象中都有着人类精神和人类命运的一块碎片，都有着在我们祖先的历史中重复了无数次的欢乐和悲哀的一点残余，并且总的说来始终遵循同样的路线。它就像心理中的一道深深开凿过的河床，生命之流在这条河床中突然奔涌成一条大江，而不是像先前那样在宽阔而清浅的溪流中漫淌。无论什么时候，只要重新面临那种在漫长的时间中曾经帮助建立起原始意象的特殊情境，这种情形就会发生。"[1]

离开了西辽河北岸的故乡，故乡作为一个原始意象、一种原型同样显现在峭丹的创造性幻想之中，并得到自由的表现。由于经常的乡愁冲动得不到缓解，思乡情结郁积于心，形成了一种眷恋故乡的定向心理结构，因而故乡原野上的荞麦花、房顶上的花生秧、窗台上挂着的辣椒串，墙上爬着的老葫芦，以至于风筝、水鸟、豆铃、柴火垛，无不萦回在诗人的梦里。峭丹在《柳笛》里写道："我是在辽河的臂弯里长大的 / 那绵长深沉的河水 / 驮走了童年时代的记忆。"在《怀念》中，更集中而深沉的表现了这种情结："我怀念 辽北乡间 / 依山傍水的田舍 // 我怀念六月故园 / 花褪残红的杏荷 // 我怀念 村溪瑶草 / 蝴蝶蜻蜓的翔舞 // 我怀念 檐前枝头 / 燕雀鸣唱着飞掠 // 我怀念 早春来临 / 芳草染翠了山谷 // 我怀念 盛夏雨季 / 碧空遍沓的云朵 // 我怀念 晚秋时节 / 初照场院的朝暾 // 我怀念 霜雪冬天 / 载满童话的橇车 // 哦 我怎么能不怀念 / 生育哺育过我的故乡 // 哦 我怎么能不怀念养育教育过我的大哥。"全诗十节，大体按季节的顺序，把内容相关、结构相近、相同，语气一致的诗句连接在一起，反复咏唱，使怀念之情一层比一层深入，一层比一层激烈，从而具有一种真实感人的力量，朱自清说过，复沓是歌谣的生命，《怀念》的旋律，主要是靠复沓体现出来的，复沓有助于情感的强调和意义的集中。

峭丹的故乡情结还表现在他对第二故乡——沈阳的思念上。诗人"出门"的姐姐，毅然挣脱封建的羁绊，从闭塞的山野独自走进省城，开始了新生活幻美的追寻，接着，幼小的峭丹伴随着母亲、二哥离开了山坳里的小村，离开有着金色沙滩的弯弯河套，乘着轱辘车走向未知的远方，辕马哈着冷气拉着车，缓慢地走在褐色的平川，衰老的母亲披着薄被，辽北的原野笼罩着料峭春寒，"到大哥接我们去省城的车站"。"远山变成了一幅浅淡的水墨画 / 近水漂泊着一只破损的古船"，这就是童年峭丹对故乡留下的最鲜明的记忆。

在《咫尺城墙》里，峭丹描绘了他对第二故乡最初的印象和感受："城市的街灯放着青白的光 / 母亲领着我们在马路边等待 / 突然从楼门里传出姐姐的声音 / 我们总算找到投奔的亲人 // 第二天 是一个晴朗的丽日 / 我跑到楼外 看到一个新的世界 / 绿色的电车在视野里飞驰往来 / 高大的城墙在楼后像屏风像山峦。"从杜甫的茅屋走进李白的长安，走向现代化的大城市，这里该有着多少惊异、好奇、害怕、焦急，又有着多少新鲜、热烈的情怀，峭丹以白描的手法完整而真切地写出了最初的一瞥，使我们在灵魂里也经历了一次传奇性的探险。

给幼时的峭丹留下最深切印象的该是摩电："摩电的下面是铁轨 / 摩电的上方是导线 / 跑起来发出震耳之音 / 有轻微的左右摇摆感。"给峭丹留下深刻印象的还有电影，"在中街的儿童电影院 / 观看了肖洛霍夫的 / 《静静的顿河》/ 认识了阿克西尼亚和葛里高利／领略了哥萨克民族的风情。"天光电影院则是一座从大厅穹顶往银幕上打光的电影院，给念小学三年级的峭丹留下印象最深的是一部讲原子弹爆炸给日本大海里的渔民带来灾难的故事，峭丹是非分明地写道："该谴责的受谴责／该同情的受同情／小时候在沈阳天光电影院／看的这部有关天空题材的影片／给我的印象实在是太深刻了／天光一闪就令我想到那恐怖的飞雪"，感受中充满了哲理，形象的画面中体现激情，很能体现峭丹诗歌的特色。

沈阳又是一座古老的城市，有着许多名胜古迹，有着五颜六色的霓虹灯，闪烁着耀眼的书名，橱窗里的模特儿的中街；朱漆红门透着古朴，青砖高墙关着神秘的太清宫；有着琉瓦金檐的皇太极的北陵和努尔哈赤的东陵，还有大块青砖砌造巍峨峭耸的白塔都成为峭丹歌咏的对象，而在"千年苍松之顶／有寒鸦盘旋筑巢／万年翠柏之梢／有灰鹊别枝"，通过"寒鸦"、"灰鹊"的意象，写尽了昔日的辉煌和今日的冷落，令人生出无限的感慨。

康·巴乌斯托夫斯基认为："在童年时代和少年时代，世界对我们说来，和成年时代不同。在童年时代阳光更温暖，草木更茂密，雨更滂霈，天更苍蔚。对生活、对我们周围一切诗意的理解，是童年时代给我们的最伟大的馈赠[2]。"这也就可以了解，峭丹的故乡情结中为什么包含了那么多的童年经验，尽管这些童年经验中包含了成年以后理性的修改，但它毕竟和天真无邪的童年联结在一起，因而峭丹的这部分诗呈现出诗意光辉。

三

峭丹学过天然石油炼制，又考入大学中文系，不只懂得自然科学，而且懂得文学，懂得诗，这就使他得天独厚地闯入了科学诗、石油诗的奇特世界中来。

科学追求真，诗追求美，因而科学诗是真与美的化合。客观世界按自己的规律发展变化，走着自己的路，科学研究的对象就是客观世界的规律性。著名物理学家、诺贝尔奖获得者李政道博士说："什么是科学？科学研究的是自然界的规律。"它研究的不是某一段时间里的规律，而是具有普遍性的规律。金鱼是鲫鱼变异的结果，北宋时代有人通过人工变异演化出今天的金鱼。这种人工培育的方法与我们现在的遗传育种是个道理。应该说是生物学上一个很大的进步，但当时的人们没有上升到普遍性的理性认识，你可以说它是科学，也可以说为了玩赏。如果上升到普遍性，那就是科学。李政道认为，"科学是对自然界现象进行新的准确的抽象，从而找出这些现象的普遍性，归纳的原理越简单。应用越广泛，科学也就越深刻。"[3]审美对象作为自由悦人的形式，是合目的性与合规律性在感性基础的统一，它不只和客体、和对象世界相连，而且和主体个体的人即审美主体相连。一个苹果落地，一块石头落地，一本书从书架上掉下来，一只鸟被打中从天空掉到地面，或者月球围绕地球旋转，地球围绕太阳旋转，一般人习以为常，并不去深究其根源，而在科学家看来，冥冥中有某种必然、某种秩序、某种力存在。牛顿用极其简洁的公式概括出了万有引力定律；爱因斯坦用 $E=mc^2$ 概括出整个自然界质量和能量转化的关系。诗人与科学家不同，前者追求感情，后者追求理性，当科学家把靠近地面的水蒸气由于气温低而凝结成的水珠叫作露的时候，诗人并不是从理性上而是从情感上认为："挂在草叶上的露珠是星星挥手告别地球时落下的眼泪"。古代无名诗人咏出了"蒹葭苍苍，白露为霜，所谓伊人。在水一方"，曹操吟出了"对酒当歌，人生几何，譬如朝露，去日无多"，杜甫更是出人意外"露从今夜白，月是故乡明"，科学家认为天底下的露水组成成分都是氢二加氧一，天上的月亮无论在哪里都是同一个月亮，而诗人从感情上发现露水只是在今夜才显得那样白花花，月亮只有在故乡才格外明亮；李白写的"床前明月光，疑是地上霜"是不是诗？是诗，可这感情人们早就有了，诗就是用创新的手法去唤醒每个人的意识或潜意识中已经存在着的情感，"人人心中所有，人人口中所无"的那种情感。表达手法越简单，叙述的感情越普遍，诗的境界也就越高，李白的诗至今还在震撼我们，即使译成英语、俄语，它同样能打动英国人、俄罗斯人，这就是诗的秘密。

科学上的发现是一种理性的发现，诗人的发现是一种情感上的发现，科学给人的是求真的满足，诗给人的是情感上的喜悦，了解这一点，我们才能了解峭丹科学诗的审美价值。

作为大庆油田独具一格的科学诗人，峭丹的石油诗有这么几个特点：

第一，峭丹的诗具有一种历史感。

作为审美意识形态的诗应该是整个历史发展长链中的一个环节的投影，马克思主义经典作家十分重视历史感，他们特别称道黑格尔具有巨大的历史感，恩格斯认为黑格尔"是第一个想证明历史中有一种发展，有一种内在联系的人"，并且肯定在指出黑格尔这种划时代的历史观"是新的唯物主义观点的直接理论来源"。哲学需要历史感，诗同样需要历史感，比如艾青写的《太阳》："从远古的墓茔／从黑暗的年代／从人类死亡之流的那边／震惊沉睡的山脉／若火轮一飞旋于沙丘之上／太阳向我滚来。"把太阳放在远古这一时间大尺度之中，放在宇宙洪荒的大背景之中，于是作品具有厚重的历史感；李商隐"夕阳无限好，只是近黄昏"，表层是傍晚面对夕阳的直感，深层却蕴含唐王朝已经处于风雨飘摇之中，有如黄昏时的落日，好景已经无多，前景黯淡的惆怅和感慨不能不打动每一个读者的心，因而具有厚重的历史感和感人的力量。

从一朵浪花历史长河，由一草枯荣透露社会兴衰及其变迁是具有历史感诗歌的特色，正如勃莱克的诗所写的："一颗沙里看出一个世界／一朵野花里一个天堂／把无限放在你的手掌上／永恒在一刹那里收藏。"

峭丹写的石油诗，同样重现了这种历史感。诗集的第一首《石油是首古歌》，一个"古"字就透露了无限信息："在男耕女织的汉唐／我们的祖先就曾探寻／从手工开掘的古井中／吮吸光明的神火//……那侏罗纪的恐龙蛋／那新生代的奇蹄兽／以及荒老的沉积泥岩／旷远的豆科灌木／随海陆变迁化物造形／走入古典走入传统／终于／曲曲折折地走入现代的生活。"

"古歌"就是历史之歌，把今天的石油工业放在汉唐，放在侏罗纪、新生代来考查，不仅包含了科学所追求的真，而且在瑰丽的想象里体现了一种悠久的文化传统，体现了一种阔大之美，这正是对我们祖先、我们民族科学技术、文化意蕴的追寻，在科学和诗的融合里追求历史，这正是峭丹诗的一大特色。

第二，峭丹的诗具有开阔的文化视野。

作为一个科学诗人，他不仅要有丰富的、多方面的科学知识，而且要有深厚的文化修养，读万卷书，行万里路曾是古代知识分子的一种追求，峭丹的知识面和文化视野是开阔的，例如《给》："你在大型内陆湖探幽／在河流三角洲揽胜／在荒野泽畔流连……／大野芳菲的梦，被收进／厚厚的考察札记／你又溯资料的江流而上／出没于远古与现实之间／太阳和月亮都知道你的疲劳／但风沙抹不去你嘴角的微笑／当看到采油树枝高挑着／油田稳产再十年的巨幅。"

大型内陆湖，河流三角洲是地理学的概念，经峭丹妙手调和，地理学进入了诗的领域。"太阳和月亮都知道你的疲劳，但风沙抹不去你嘴角的微笑"，二十四个字便刻画出地质考察队员的高大形象：他们无日无夜的奋战，他们的艰苦，他们面对自己成就的欢悦，无不如画地呈现在字里行间。欧阳修在《六一诗话》里主张"必能状难写之景，如在目前；含不尽之意，见于言外，然后为至矣"，比如严维的诗"柳塘春水漫，花坞夕阳迟"，把天容时态、融和怡荡之情景描绘得如在目前，温庭筠"鸡声茅店月，人迹板桥霜"，贾岛"怪禽啼旷野，落日恐行人"则写尽了道路辛苦，羁旅愁思之状，我觉得峭丹这首《给》达到了相当高的水平，这和开阔的文化视野是密切相连的。

第三，《丁香山谷》开拓了科学诗的天地

《科苑踏青》这一辑，我认为最能体现诗人在科学诗领域里的探索。《假说》写的是石油成因，从化学学的角度看"二氧化碳和碱金属／高温合成遇水变成乙炔／经过压力和聚合反应／产生的褐色碳氢化合物"；从地质学的角度看成因则为"在地壳内部／碳化铁发生转化／伴随火山运动／不甘寂寞的碳氢／遇岩石冷却为油滴"；从天文地质学的角度看："欧洲的地质学者／发乎陨石的奇想／浩茫宇宙间／缥缈星云里／仿佛散出石油之母——甲烷的芬芳"；从古生物学的角度考察："上古时代的生物群落／受触媒放射物质的影响／在岁月万年长河里／形成了石油的胎盘"；从地质构成学的角度看："海生与陆生植物腐蚀于地底／热和压强轮番作业便发生奇妙的衍化"；从海洋动物学的角度看："海洋动物或恐龙群／发酵成为脂肪酸／采天地之灵气／受日月之精华／质变应运而生"。

诗人并不跟我们讲玄奥的科学道理，而是从石油成因的六个角度，六种说法，全面而又颇具诗意地做了创造性的"化合"，因而它既是科学的普及化，又是诗人诗心的结晶。

峭丹的《油矿》从石油地质学角度来写，《寻找矿苗》从石油勘探学的角度来写，《开发乌金》从石油钻探学的角度来写，《油龙》从石油储运学的角度来写，《神奇的蒸馏产品》从石油炼制的角度来写，《衍生的花朵》从石油化工学的角度来写，《人类的瑰宝》从石油商品学的角度来写。每一首诗都是独立完整的，然而每一首诗又都是石油诗长链中的一个不可或缺的环节，整个组诗构成了气势宏大，音调铿锵的交响曲，正如莎士比亚在《仲夏夜之梦》中说的："诗人转动着眼睛，眼睛里带着精妙的疯狂，从天上看到地下，地下看到天上。他的想象力为从来没人知道的东西构成形体，他笔下又描出它们的状貌，使虚无缥缈的东西有了确切的寄寓和名目。"[4]

《科苑踏青》作为别开生面、独具一格的科学诗，体现了峭丹匠心独运的构思，科学与诗的结合曾是许多哲人和诗人追寻的目标，峭丹的这一探索应该引起人们的重视。

高尔基曾经说过，创作的欲望可以在两种不同的情况下发生，一种是由于生活的贫乏，一种是由于生活的丰富。诗人何其芳在谈自己写诗的经过时说："我之所以爱好文学并开始写作，就是由于生活的贫乏，就是由于在生活中感到寂寞和不满足。"峭丹写诗，出于丰富性动机，故乡、童年、煤城五载、炼厂六年、大学春秋，以至于油田工作，不仅丰富了峭丹的见识和阅历，而且还鼓动了他的诗兴。峭丹的审美追求不是出于一己的温饱，或者用诗来慰藉自己，而是像巴尔扎克在拿破仑雕像上所写的："他用他的剑所征服了的，我将用我的笔征服来。"因而峭丹写北戴河的海滨，写蟹市，写石岩中的小花，写拾贝，写海的早晨，写秦皇岛，写汉沽盐田，写红叶，写昆明湖泛舟，写定陵登临，写成吉思汗，写太阳岛上的江桥，正像何其芳在延安写的一首诗说的："而且我的脑子是一个开着的窗子/而且我的思想我的众多的云/向我纷乱飘来/而且五月/白天有太好太好的阳光/晚上有太好太好的月亮。"峭丹面对大好人生，摇荡性情，形诸文字，目既往返，心亦吐纳。《沃土》一诗生动地描写了自己的诗创作："我在七月明媚的阳光下/用笔和不甘寂寞的语言/构思一首分行排列的/文字样式/窗外有夏日热烈的白描/室内清爽的电扇在泛唱/但心动懒于安谧/思想的铧犁总系着那片土地//那里有井架升起的白云的帐篷/有绿树烘托楼区的敞亮/有创业者分享的湖光山色/还有印着诗行的采油阡陌//我赞叹肥土沃原的新奇/满眼煽动抽油机的翅膀/岁月深处的记忆更显珍朴/哦闪烁在远方的油田风景。"

读罢《沃土》，你当可以追寻到峭丹心灵的轨迹。峭丹正在中年，来日方长，祝愿他继续努力，写出更多更好的"使味之者无极，闻之者动心"的诗来。

参考文献

[1] 荣格. 心理学与文学 [M]. 北京：三联书店，1987：121.

[2] 巴乌斯托夫斯基. 金蔷薇 [M]. 上海：上海译文出版社，1980：22.

[3] 杨健. 听李政道谈科学与艺术 [N]. 人民日报，1995-06-26.

[4] 中国社会科学院外国文学研究所外国文学研究资料丛刊辑委员会. 外国理论家 作家论形象思维 [M]. 北京：中国社会科学出版社，1979：13.

于细微处见精神

——评《鲁海求索集》

读到了谷兴云的《鲁海求索集》[1]，不禁眼睛为之一亮，原因是它有着太多的闪光点，发人之所未发，有的鲁迅研究脱离文本实际；有的研究有意无意地贬低了鲁迅作品的意义。《鲁海求索集》以"路漫漫其修远兮，吾将上下而求索"的精神切切实实地在鲁海中耕耘。鲁迅研究有宏观研究与微观研究之分，前者如王富仁研究鲁迅前期小说《呐喊》《彷徨》所写的《中国反封建思想革命的一面镜子》，洋洋洒洒数十万言；而《鲁海求索集》则用精雕细刻的眼光和方法，从细微处着手，做出了别开生面的解读，正如鲁迅所说的"太伟大的变动，我们会无力表现的，不过也无须悲观，我们即使不能表现它的全盘，我们可以表现它的一角，巨大的建筑，总是一木一石叠起来的，我们何妨做做这一木一石呢？"文学创作如此，鲁海求索也是如此，鲁迅研究浩如烟海，从"一木一石"着手，于细微处见精神，我以为这正是《鲁海求索集》的特色所在。

一

1918年5月，鲁迅写出了中国现代文学史的第一篇白话小说《狂人日记》，意在暴露家族制度和礼教的弊害[2]，把四千年来的历史总结为吃人的历史。

狂人究竟是不是狂人，有的研究者认为狂人的确表现了一般精神患者共有的癫狂症状；有的研究者认为狂人是反封建的战士，所谓"狂"不过是反语；有的研究者认为狂人既是反封建的战士，又是迫害狂的患者。为此，谷兴云写了《"狂人"形象论辩》——读＜狂人日记＞，《"狂人"和月光（外二篇）——＜狂人日记＞札记》，《（关于狂人日记中"狂人"的原型阮久荪）——介绍鲁迅保存的四封阮氏书简》，《再谈"狂人"原型兼答二位读者》，《应当怎样辨析《狂人日记》第一节的含义——和李允经同志商榷》，《"狂人"语言之我见——对"识"中有关说明的理解》等一系列论文。

谷兴云从三个方面用确凿的事实论证了狂人就是狂人。

小说前的小序再三向读者说明这一重要问题：某君昆仲"皆余昔日在中学校时良友"，1.日前偶闻其一大病，往晤仅见其兄，言病者其弟也，言已早愈，赴某地候补矣；2.出示日记二册，谓可见当日病状，不妨献诸旧友，根据日记证实狂人确实患有"迫害狂"症状；3.狂人日记的书名，为本人病愈后所题；4.归阅后指出"语颇错杂无伦次，又多荒唐之言"，"记中语误，一字不易，今撮录一篇，以供医家研究。"小序虽然不是小说的主体，却是作品的一个有机组成部分，应该成为理解小说的钥匙。

"狂人"就是狂人，这是十三节日记充分表明的。

先看"错杂无伦次"：

> 今天晚上，很好的月光。
>
> 我不见他，已是三十多年；今天见了，精神分外爽快。才知道以前的三十多年，全是发昏，然而须十分小心。不然，那赵家的狗，何以看我两眼呢？

谷兴云分析：试想，一个正常的人，在正常的情况下，怎么能三十多年不见月光呢？见了月光为什么就"精神分外爽快"，而且知道三十多年里"全是发昏"，这和赵家的狗看两眼又有什么联系。很明显，这是狂人"错杂无伦次"的语言，它们之间并没有内在联系。这一节的内容和作用紧承小序，表现出一种害怕恐怖的心理状态，不应牵强地加以引申和解释，加进原文没有的那些内容。

再看第七节中的一段：

> 他们是只会吃死肉的！——记得什么书上说，有一种东西叫"海乙那"的，眼光和样子那很难看；时常吃死肉，连极大的骨头，都细细嚼烂，咽下肚子去，想起来也教人害怕。"海乙那"是狼的亲眷，狼是狗的本家。前天赵家的狗，看我几眼，可见他也是同谋，早已接洽。老头子眼看着地，岂能瞒得过我。

由"我晓得他们的方法，直接杀了，是不肯的，而且也不敢"，联想到他们是会吃死肉，再扯到海乙那，一下子又扯到狼，拉上狗，最后落到赵家的狗和老头子身上，思维跳跃之快达到了离奇的程度。赵家的狗看了几眼，就变成了吃人的"同谋"，而且"早已接洽"，人怎么会跟狗同谋并且接洽，而且老头子眼看着地又跟同谋与接洽有什么关系。因此，这同样是狂人语无伦次的表现。

荒唐之言，实际和语无伦次很难分开，正因为语无伦次，没有内在联系才成为荒唐之言。狂人所说的"吃人"，是真的吃人，吃的是人的肉体，狂人认为他大哥把五岁的妹妹和在饭菜里吃了，又要和医生、那女人、佃户，青面獠牙的一伙人合伙吃他，这是不合常理的。再说他大哥把妹妹做成饭菜吃了还要把弟弟吃了，这显然是荒唐的。

实际我们所说的封建家族和礼教的吃人，固然包含把人杀死、残害、折磨致死，更主要的是指从肉体上奴役、摧残和精神上的毒害，并不一定置人于死地。再说，剥削者的剥削压迫，是要以被剥削者的生存为条件的，而不是要把人杀了，做成饭菜吃了。因此，整个作品中的吃人，是象征意义的吃人。

第三，谷兴云认为，狂人的思维方式和语言，不同于正常人，他的确是狂人，"战士说"有一个难以跨越的障碍，那就是狂人病愈后"赴某地候补"。

鲁迅在狂人错杂无伦次而又荒唐的语言中揉进一些正确而含义深刻的话，原因是他在发狂以前就具有的。有的精神病患者所说的话，并不一定全是胡言乱语，不可理解，有的患者也能讲一些很有道理的话。根据《精神病学》的分析，对于绝大多数精神病人来说，他们的意识是清楚的，会写信算账，言语功能也无障碍，看上去脑子并不糊涂，因为，他们只有一部分的精神活动有了改变，而其他的精神活动是正常的。

这也就是鲁迅在小序中所说的"间亦有略具联络者"，正如唐弢在《鲁迅的故事》所指出的："狂人说的是疯话，是神经错乱下的胡言乱语；而这些胡言乱语又大都包含着生活的真理，提示了历史的本质，给人们以印象深刻的启发，使许多人恍然大悟。"[3]

谷兴云鞭辟入里地指出：《狂人日记》这篇小说，之所以能够通过一个精神病患者的自述，来表达反封建的主题，沟通作者和读者的思想，引起读者共鸣的原因，也就是这篇小说在艺术上以"格式的特制"引起读者浓厚兴趣的"特别"之处。

二

关于孔乙己《鲁海求索集》刊录了两篇文章。

许多教学指导参考用书都断言《孔乙己》的主题是揭露科举制度，通过细读和深思，谷兴云认为这一论断并不符合作品实际，写下了《＜孔乙己＞的主题是揭露科举制度吗？》：

> 作品为孔乙己安排的活动场所是鲁镇的咸亨酒店，围绕孔乙己的人物是小伙计、掌柜、长衫和短衣帮的酒客；事件则是人们由孔乙己到这小酒店喝酒所引起的耍笑，这些和科场应试、科举制没有什么关系，如果孔乙己的立意确系揭露科举制度的罪恶，那么这些环境、人物、事件都是游离在主旨之外的。作品里和科举制度有关的人只有丁举人，有关的事只有孔乙己"终于没有进学"，"连半个秀才也捞不到"，便仅是提及，且丁举人是未出场的人物，并不是重点所在。孔乙己的遭遇和科举制度有联系，但作品并没有从这个方面表现孔乙己的悲剧。

为了正确理解《孔乙己》的主题，谷兴云认为研究作者鲁迅有关阐述是必要的。

在《＜孔乙己＞作者附记》中，鲁迅说："这一篇很拙的小说，还是去年冬天做成的。那时的意思，单在描写社会上的或一种生活，请读者看看，并没有别的深意。"

这"社会上的或一种生活"是什么生活，鲁迅在这里没有明说，根据孙伏园转述鲁迅当年告诉他的话："《孔乙己》作者的主要用意，是在描写一般社会对于苦人的凉薄。"

描写一般社会对于苦人的凉薄，是鲁迅诸多小说共同的主题，只要把《药》中的夏瑜、《明天》中的单四嫂子、《阿Q正传》中的阿Q、《祝福》中的祥林嫂、《示众》中的"白背心"这些鲁迅笔下的人物与各自社会环境联系起来进行考察，问题就更清楚了。鲁迅在《我怎样做起小说来》一文中说："所以我的取材，多采自病态社会的不幸人们中，意思是揭出病苦，引起疗救的注意。"在《英译本＜短篇小说集＞自序》中说："偶然得到一个可写文章的机会，我便将所谓上流社会的堕落和下层社会的不幸，陆续用短篇小说的形式发表出来。"这说明鲁迅所写的"不幸的人们"都生活在"病态社会"中，鲁迅把不幸者和社会联系起来，这样一来，《孔乙己》的用意不就是"描写一般社会对于苦人的凉薄"么。

和作品的主题密切相关，造成孔乙己悲惨结局的根源也值得探讨。语文参考书说，是"封建科举制度无情地摧毁了他的肉体和灵魂"，《中学语文教学指导书》（人教社版）和《阅读参考书》也都强调"备受科举制度摧残"。

把孔乙己的悲剧只归咎于科举制度是不全面的，我们看作品是怎样交代的：

孔乙己原来也读过书，但终于没有进学，不会营生，于是愈过愈穷，弄到快要讨饭了。幸而写得一笔好字，便替人家抄抄书，换一碗饭吃。可惜他又有一样坏脾气，便是好喝懒做。坐不到几天，便连人和书籍纸张笔砚，一齐失踪。如是几次，叫他抄书的人也没有了。孔乙己没有法，便免不了偶然做些偷窃的事。

很明显，造成他一生潦倒的原因，一是"没有进学，又不会营生"，一是"好喝懒做"的坏脾气。形成的根由恐怕应该是封建教育，而不是封建科举，"封建教育"和"封建科举"是两个不同的概念，后者只是一种选拔人才（官吏）的方法，属于人事制度；前者才决定培养什么样的人，所培养的人具有什么思想。孔乙己放不了读书人的架子，穷愁潦倒而不肯脱下又脏又破的长衫，满口的"之乎者也"等等，是由封建教育、封建思想所决定，而不是封建科举。

孔乙己的悲剧有一个发展过程，读书、应试、落第是他早先的事，即小说里写的"也读过书，但终于没有进学"。这就是说，科举制度只对他先前的生活有直接的影响，而不能说决定了他的一生，实际上封建时代落第的书生们，并不是个个都成为孔乙己那样的废物。孔乙己的后一时期，一是社会的凉薄，二是他自己好喝懒做造成了他的悲剧。

《一个围观读书人的故事——＜孔乙己＞的一种细读》，则进一步求索了中国社会的"围观"陋习。

鲁迅对国人的"围观"一直深恶痛绝。在仙台医专讲堂从日俄战争幻灯片中，看到日本军队处决中国人，"围着的便是来赏鉴这示众的盛举的人们，"而且"显出麻木的神情"，这些围观的人们又正是自己久违的同胞，鲁迅深受刺激，认识到"我们的第一要著，是在改变他们的精神"，否则就"只能做毫无意义的示众材料和看客"，嗣后，他将这种现象和自己的体悟化为小说的故事或情节，借以警示国人。读《孔乙己》，可以看出，小说实际写的是：看客们围着赏鉴读书人的故事——以潦倒的读书人[4]为示众材料。

王富仁在《时间 空间 人（四）——鲁迅哲学思想刍议之一章》指出，中国近现代知识分子是在首先建立起新的空间观念之后，才逐渐形成自己新的时间观念的[5]。鲁迅是一个空间主义者，鲁迅更加重视的是空间而不是时间；空间主义者关心的是现实的空间环境，正视现在自我的生存和发展，这就是鲁迅的思想，鲁迅思想的核心。《孔乙己》表现围观，首先布置的是环境：在什么地方围观，看客是些什么人。作品不惜以五分之一的篇幅，近五百字（开头三段），交代了场所、人物、时间，预做铺设。

故事发生地点：鲁镇，咸亨酒店，"当街一个曲尺形的大柜台，这柜台把店主和顾客隔断开来"，写喝酒的人，一种站在柜台外热热地喝上一碗，一种踱进店面隔壁的房子里，要酒要菜，慢慢地坐喝，两个饮酒地点两种喝法，区分出短衣帮与穿长衫的，即下田干活的穷人与悠闲的有钱人，两类人界限分明，不能混同。

故事发生时间——二十多年前。鲁迅巧妙地通过酒价的上涨表现时间，花四文铜钱买一碗酒，这是二十多年前的事，现在每碗要涨到十文，（用多少钱买酒，《孔乙己》中有讲究，千万不能忽略过去。）这是鲁迅作为空间主义者所表现的时间观念，通过叙事者小伙计二十多年后老话重提，细心的读者，可能会留意到这一点；另外，小说所写的人物，如题名所示，明明是孔乙己，为什么开篇不说他，而来先写来酒店喝酒的人？作者至少已经留下两个"思考题"，也就是文艺学所说的"悬念"，歌德说："优秀的作品无论怎样去探测它，都是探不到底的。"《孔乙己》作为杰作体现的正是优秀作品的这一品质。

咸亨酒店出现的人物除了率先出场的两类酒客，接着是回叙往事的"我"，二十多年前仅仅12岁的酒店小伙计，还有酒店的掌柜。12岁就到酒店做童工，其细情和孔乙己无关，不必说明了，值得注意的是，伙计也有等级。有的在里间，专门侍候长衫主顾，而掌柜说"我"样子傻，侍候不了。在外面的还有区别，要能与短衣帮主顾纠缠，会在壶底掺水，只干了几天，又说"我"干不了，就只能专管温酒这一无聊职务了。掌柜虽然不看好"我"，碍于介绍人的面子，留用而不给好样子，"一副凶脸孔"，加上主顾也没有好声气，所以总觉得有些单调，有些无聊，"只有孔乙己到店，才可以笑几声"，正因为能笑几声，所以时间过二十多年还能记起当年的孔乙己。"所以至今还能记得"把过去拉回到现在，时间的线索十分清晰。至此终于提到了主人公，而主人公孔乙己始终是和要笑连在一起的。

《鲁海求索录》指出，这篇小说，等待其他人物（围观者，即看客）一一出现后，故事的中心人物（被围观者，即示众材料）才露面，其效果特别强烈。黄药眠在《论小说中人物登场》指出，王熙凤出场未见其人先闻其声，"像这样生动而充满着动作、对话的人物登场，不仅在中国文学作品里面很少看到，就是在西洋名著里面，也还是不容易找到的。"[6]《红楼梦》如此，《孔乙己》也是如此。

随着孔乙己的登场，咸亨酒店围观大戏立即开演。先是主人公（被围观者）的亮相。这段第一句是总写："孔乙己是站着喝酒而穿长衫的唯一的人。"显示主人公的独特性，身兼两种身份，而又不属于其中一种。接着从五个方面分写，写人物外形，包括身高、面容、胡须三项。"身材很高大"，"高大"而且"很"，在浙东地区很是吸人眼球，值得玩味；"青白脸色"以及皱纹间"夹些伤痕"，引起下文的围观，点明了孔乙己的年龄当有半百之数；第三句写"花白的胡子"，第四句写衣着，所穿长衫"又脏又破，似乎十多年没有补，也没有洗"说明他懒，而且孤苦伶仃，单身一人。"似乎十多年"云云，是说孔乙己沦落潦倒，已有十多年，也暗示以后的日子不会太长了。这件又脏又破的长衫，孔乙己为什么舍不得丢弃？因为这是他身份与尊严的表征，孔乙己最为看重，简简单单的一句长衫描写，包含了多少内容。第五句写说话，"总是满口之乎者也"。"之乎者也"表现其文化教养，"总是"并非"全是"，也就是有时是，有时不是，下文有其具体表现。从孔乙己名称来看，说明鲁镇人只知其姓，不知其名，别人便从描红纸上的"上大人孔乙己"这半懂不懂的话里给他取的绰号。这一段前五句话，仅151个字就给画出孔乙己的形象及其特征，五句所写的方方面面，都是孔乙己不同于平常人之处，也是引起围观的自身因素。

孔乙己"亮相"已毕，大戏的看客们随即开始赏鉴："孔乙己一到店，所有喝酒的人便都看着他笑。"所谓所有喝酒的人既包括短衣帮，也包括长衫主顾，但不含小伙计，也不含掌柜，他们不是喝酒的人。小说表现围观及看客，有区分，有层次，这一点不能忽略。小说先写酒客对潦倒读书人酒客的围观。有一坐在隔壁的长衫者发现孔乙己的新情况，即"有的叫道，你脸上又添上新伤疤了！""叫"即大声喊，他和柜外的孔乙己有一定距离，为要笑孔乙己，引起大家的注意，所以叫。他们对孔乙己只关注他的伤疤，为新疤兴奋而快意，所以句末用惊叹号。孔乙己习以为常，排出九文大钱，"温两碗酒，要一碟茴香豆"。"他们又故意的高声嚷道：'你一定又偷了人家的东西了'"一人（有的）先挑事，众人（他们）一齐响应，所谓'故意'即恶意、不怀好意。对新伤疤，他们一致的结论：

"你一定又偷了人家的东西了。"这正可满足他们幸灾乐祸、耍笑的心理需求。"偷东西"是有失颜面与尊严的大事，孔乙己不能沉默了，以"不能凭空污人清白"驳斥。此时另一人抢先证明："什么清白？我前天亲眼见你偷了何家的书，吊着打。"孔乙己只能以"窃书不能算偷……窃书……读书人的事，能算偷么？"随后是一连串难懂的话。"引得众人都哄笑起来，店内外充满了快活的空气。"这里参与"哄笑"的是众人，即在场的喝酒的人，包括小伙计、掌柜，这就取得耍笑想要达到的效果。以孔乙己的难堪和痛苦为乐，这是第一场围观，他们赏鉴的是：他的伤疤、被吊打以及他的狼狈与痛楚。

接着是小伙计所听到的背地谈论。有关孔乙己的过去，在鲁镇也许只有小伙计尚有些许同情，为孔乙己的坏脾气而感到可惜。而这坏脾气只有"一样"，而不是十样八样；再说"好喝懒做"只是一样坏脾气，并不是什么严重的罪过。对孔乙偷窃一事，小伙计认为"孔乙己没有法，便免不了偶然做些偷窃的事"，"没有法"、"免不了"、"偶然"显然认为孔乙己情有可谅，减轻了问题的严重性。"他在我们店里，品行却比别人都好"，例证是"从不拖欠"，这为后文所写的"长久没有来"，以及关于粉板的细节设下了伏笔，小伙计对孔乙己的态度显然与酒客们、掌柜不同。

补叙之后接着写第二场围观，这些酒客根本不放过机会，必欲从孔乙己身上得到更多的快意与精神上满足。《孔乙己》喝过半碗酒，涨红的脸色渐渐复了原。旁人便又问道，"孔乙己，你当真认识字么？"所谓"渐渐复了原"是指经上一场的耍笑、取乐之后，孔乙己得以喝了半碗酒，慢慢恢复了平静心情；但酒客们不允许他有半碗酒功夫的平静。"旁人便又问道"，所谓旁人是指另一酒客，以"当真认识字"来戏弄他，孔乙己看着问他的人神气显然是不屑置辩。其实这一问话只是个由头。"他们便接着说道，'你怎的连半个秀才也捞不到呢？'"这次围观是另一看客（旁人）先挑事，众看客（"他们"）齐出动。"连半个秀才也捞不到"，这是掀孔乙己的老底，揭旧伤疤，没有"现行"，就纠缠"历史"。非斗倒斗臭不可。这掀老底、揭伤疤，终于使孔乙己招架不住、狼狈不堪，只得以"全是之乎者也之类"的话来掩饰自己的窘境。在这时候，众人也都哄笑起来，店内外充满了快活的空气。

小说接连写了两场围观，表现的是酒客对孔乙己没完没了的嘲讽与戏弄，即表现了围观的常态，经常性地对孔乙己的凌辱。

接着写邻舍孩子听得笑声，也赶热闹，孔乙己给他们茴香豆吃，最后孔乙己

"直起身又看一看豆，摇头说：'不多不多！多乎哉？不多也。'于是孩子在笑声里走散了。"孩子的围观与酒客的围观显然不同，作为孔乙己的正面描写显示了一个潦倒的读书人，虽然跌落在社会底层，备受欺凌与侮辱，但依然保持读书人的自我尊严以及正常人的喜怒哀乐。孩子与酒客们的表现形成鲜明的对比。

"孔乙己是这样的使人快活，可是没有他，别人也便这样过"，作为过渡段前半句"孔乙己是这样的使人快活"，实际是对孔乙己沦落中所受嘲弄也欺辱的浓缩与概括，后半句"没有他"含两重意思，既指孔乙己一段时间的消失，也指他的永远消失。"别人也便这样过"，指的是孔乙己带给鲁镇人所谓的快活，只是暂时性的，作用微乎其微，而鲁镇生活的空虚、无聊、混沌则长远不变。

最后写掌柜对走向末路的孔乙己的最后鉴赏。有一天，大约是中秋节前的两三天，掌柜正在慢慢结账，忽然说："孔乙己长久没有来了。还欠十九个钱呢！"一个喝酒的人告诉说，孔乙己竟偷到了举人家里去了，"先写服辩，后来是打，打了大半夜，再打折了腿。"掌柜关心的只是欠的十九个钱。

接下来一段也是从时间写起："中秋过后，秋风是一天凉比一天，看看将近初冬，一天的下半天，没有一个顾客"暗指鲁镇及更大范围的经济萧条。在这时，孔乙己出场了，但只是声音，"温一碗酒"这声音虽然极低，却很耳熟，为什么声音"极低"，断了腿而又饥寒交迫的孔乙己即将走到生命的尽头。"那孔乙己在柜台下对了门槛坐着。他脸上黑而且瘦，已经不成样子；穿一件破夹袄，盘着两腿，下面垫一个蒲包，用草绳在肩上挂住；见了我，又说道，'温一碗酒。'"从"身材很高大、青白脸色"，说'温两碗酒，要一碟茴香豆，"到如今的惨状，命运的变化，莫过于此。掌柜的看到他先问："孔乙己么？"几乎认不出来了，接着就讨债，"你还欠十九个钱呢！"在听到许诺："下回还清罢。"又开始了赏鉴，笑着对他说，"孔乙己，你又偷了东西了！"，孔乙己单说了一句："不要取笑！"孔乙己终于对掌柜，也是对所有的看客发出了抗争。尽管微不足道，却是发自内心，恳求掌柜，不要再提。"此时已经聚集了几个人，便和掌柜都笑了。"稀稀拉拉的几个人绝不是酒客，只有小伙计，"温了酒，端出去，放在门槛上。""他从破衣袋里摸出四文大钱"，放在小伙计手里，小伙计看见"他满手是泥，原来他便用这手走来的。"他喝光酒，"在旁人的说笑声中，坐着用这手慢慢走去了。"

这一碗酒是孔乙己在人世间唯一的享受，也是他在人世间最后一次被人赏鉴。

掌柜逢年过节一直记挂着"孔乙己还欠十九个钱呢"，而小伙计从"长久没有看见"到"终于没有见",经过二十多年,小伙计还一直记着被赏鉴的孔乙己。

对国人的不觉醒及罕有的麻木。鲁迅写道:"在中国,尤其是在都市里,倘使路上有暴病倒地,或翻车摔伤的人,路人围观或甚至于高兴的人尽有,肯伸手来扶助一下的人却是极少的",这是1933年的观感。鲁迅在杂文《热风》里写道:"群众,——尤其是中国的,——永远是戏剧的看客。北京的羊肉铺前常有几个人张着嘴看剥羊,仿佛颇愉快,人的牺牲能给他们的益处,也不过如此。而况事后走不几步,他们并这一愉快也就忘却了。对于这样的群众没有法,只好使他们无戏可看倒是疗救。"

鲁迅小说写围观不在少数,《孔乙己》围观的描写具有独特性:1. 在题材选择人物塑造上,以潦倒的读书人为中心;2. 在表现手法上,围观场所设置在酒店,以喝酒人为看客,叙述人是小伙计,让他回忆往事,使众多研究者以至中学教师忽略了本篇是表现围观的小说,导致误读;鲁迅留学日本期间研读过明恩溥的《中国人的气质》,该书认为"中国人对于别人的痛苦之冷漠无情,大概是任何一个文明国家都无法相比的"[7],终身致力于研究并改造国民性的鲁迅,正是从围观角度创作了《孔乙己》。

三

鲁迅的散文诗《雪》写于1925年1月18日,最初发表在1926年1月26日出版的《语丝》周刊第11期,副题为《野草之八》,1927年7月收录于《野草》中。

谷兴云求索认为这是一篇雪的赞歌,用对照的手法描绘了江南的雪和朔方的雪。

写江南的雪,先是用"可是滋润美艳之至了"来吟赞,又用"那是还在隐约着的青春的消息,是极壮健的处子的皮肤"两个判断的句子写雪花,预告了春天的到来,妩媚动人充满了青春的活力。鲁迅还点出白皑皑的雪野上,盛开着山茶、单瓣梅和馨口腊梅,雪下还有丛生的杂草。血红、白中隐青、深黄、冷绿的斑斓色彩,和白雪交相辉映,形成一幅鲜艳而明快的江南雪野图。但画家并不满足于静态的花草,还要添上飞动的生命。他采用浪漫主义的手法,以想象中的"仿佛看见"来补充"确乎没有""记不真切"的蜜蜂们"忙碌地飞着""嗡嗡地闹着",使画面更加生机勃勃,春意益然。

写朔方的雪,先写它"如粉""如沙"。由于北方的雪比较干燥,不像江南的雪那样滋润,洒落下来,既不附着于物,又彼此"决不粘连",一有风吹,便又纷飞、腾空,所以"旋风忽来,便蓬勃地奋飞",于是它们在"晴天之下",

由于阳光照射，使得勃飞升腾的雪，更加灿烂夺目。这里寄寓了深一层的意思。把雪飞与光明联系在一起，就像《秋夜》的小青虫扑向灯火为追求光明而牺牲。如火焰的大雾，旋转而且升腾，弥漫太空，使太空旋转而且升腾地闪烁，朔方的雪腾飞于无边的旷野，遍布于无尽的天宇。因此，这是一曲力与光的颂歌，激越昂奋，给人以无穷无尽的鼓舞力量。

末尾两段把雪跟雨联系，和开头相呼应。说雪是"雨的精魂"，朔方的雪有和雨类似的品质。雨，当它由云（水汽）凝成时，就要从高空洒落下来，或者渗入地下，或者漫溢恣肆、汇聚奔流，导入江河海洋，总之，要降落，要流动，不安于现状。朔方的雪不像江南的雪"以自身的滋润相粘结"，如一盘散沙，呈个体状。所以作者说它们是"孤独的雪"，朔方太空的水汽，可能成为液态的雨，在严寒的威压下，成为如粉如沙的雪，而不具有雨的形体，所以它们是"死掉的雨"，但当朔方的雪乘风奋飞、旋转升腾，去冲击太空，和雨一样的要降落、要流动一样，它是不安于现状的，因而说它们是"雨的精魂"。孤独的雪，而具有雨的精魂，犹如革命战士，当队伍被冲散分解，只剩下一个人的时候，他依然奋发蹈励、战斗不已。

散文诗结尾以"是的，那是孤独的雪，是死掉的雨，是雨的精魂"这十分肯定的句子作结，就是赞美这种虽然条件变化，环境恶劣，又只剩下孤独之身，但依然斗争到底的可贵精神。

结合作者当时处于北洋军阀反动统治之下的北平。社会现实的黑暗冷酷，革命斗争的曲折反复，虽曾一度感到彷徨和孤单，使他没有绝望，更没有放弃斗争。相反的，他在黑暗中憧憬着光明，在严冬里预感到春意。他热烈向往，奋力追求光明和春天的到来。文中关于江南雪的种种描写，正是表现了作者对光明和美好事物的热爱与神往；关于朔雪的描写，则体现了对反动统治的批判和抗争；那雪花的蓬勃奋飞，旋转升腾、弥漫太空，不正是作者英勇顽强斗争精神的写照吗！

谷兴云通过自己独特的解说，创造性表现了于细微中见精神的求索。

四

读《鲁迅先生纪念集》，读到田军（萧军）《鲁迅先生逝世经过略记》，1939 年 10 月 19 日，鲁迅逝世后，蔡元培、内山完造、宋庆龄、A.史沫特莱、沈钧儒等十三人组成鲁迅先生治丧委员会。治丧委员会之外，又由鲁迅先生生前友好和年轻的左翼作家组成一个接待来宾、布置灵堂、收受祭品、接见记者等具体事务的治丧办事处。治丧办事处成员有鲁彦、巴金、黄源等三十多人，其中有一位"凡容"既不见于鲁迅著作，也不见于鲁迅研究资料，笔者一直纳闷"凡容"是谁？读到《鲁海求索集》里《"凡容"是谁？"阿累"何在？》，才解开了笔者的疑团。

经过谷兴云的求索，"凡容"和一直收录于中小学语言课本《一面》的作者"阿累"是同一个人，他的真名叫朱一苇，凡容、阿累、一苇、乙苇都是笔名，常用名是朱凡，江苏省涟水县人，生于 1909 年。1932 年秋天，阿累在上海英商汽车公司卖票，一天中午，6 路车早班的最后一趟没回来，还有半个钟头，天空正飞着牛毛细雨，于是阿累趁着这个空当到内山书店看书买书，跟鲁迅有了一面之缘。阿累身上只有维持这几天伙食的一块多钱，鲁迅不仅特别赠送给阿累一本自己翻译的《毁灭》，而且减价卖给他一本曹靖华翻译的《铁流》。《一面》的作者不仅感受到"鲁迅先生是同我们一起的"，因而"更加坚强起来"。

鲁迅的逝世他不仅怀着沉痛的心情吊唁，参与治丧办事处的工作，而且用阿累的笔名为《中流》杂志的哀悼号写出了《一面》，"七七"事变后，他离开上海，参加新四军，1949 年后长期在湖南工作，担任过湖南革命大学副校长、文教厅长、省委宣传部部长等职务，1983 年离休，1987 年逝世。

除了求索"凡容"外，《鲁海求索集》还求索了鲁迅三弟周建人的生日，鲁迅博物馆所编《鲁迅年谱》提出周建人的生日为 1888 年 11 月 11 日（阴历十月初九），根据《中国近代史历表》，谷兴云发现光绪戊子十月初九换成公历应为11 月 12 日，纠正了《鲁迅年谱》的错误。

《鲁迅年谱》又云：

（鲁迅）晚上会见著名作家，法国《人道报》主编保罗·瓦扬·古久里，古久里是为了参加在上海召开的远东反战会议而到中国来的，他是第三国际派来的代表之一。

《鲁海求索集》收录的《古久里是"第三国际"的代表吗？》指出：古久里实际是世界反对帝国主义战争委员会派来上海参加该组织召开的远东会议的代表，这一组织是国际统一战线的组织，参加者有各国著名进步人士，包括不同党派，不同团体的成员，不只是共产党人；而"第三国际"即共产国际，则是世界各国共产党和共产主义组织的国际联合组织。两者不能混为一谈，上述远东会议和第三国际并无直接联系。

《鲁海求索集》收录论文 44 篇，对鲁海诸多问题进行多侧面多层次的求索，为鲁迅研究做了大量有益的工作，不仅发前人之未发，而且于细微处见出了作者独具的求实精神，正如学者王得后所说的："谷兴云学兄也是一枚'出土文物'，像萧军先生曾经自嘲的那样：是一朵经霜的秋菊，一棵傲雪的腊梅。是又一个大器晚成的作者，在八十有二的高龄出版这部著作，恰如寥落晨星！用现在 90 后小朋友的话说，就是一朵奇葩。"此语良是。

参考文献

[1] 谷兴云 . 鲁海求索集 [M]. 天津：百花文艺出版社，2017.

[2] 赵家璧 . 中国新文学大系——小说二集序 [M]. 上海：上海良友图书印刷公司，1935.

[3] 唐弢 . 鲁迅的故事 [M]. 北京：中国少年儿童出版社，1980：79.

[4] 叶圣陶语文教育论集（上）[M]. 北京：教育科学出版社，1980：273.

[5] 王富仁 . 时间·空间·人（四）——鲁迅哲学思想刍议之一章 [J]. 鲁迅研究月刊，2000（4）.

[6] 黄药眠美学文艺学论集 [M]. 北京：北京师范大学出版社，2002：375.

[7] 亚瑟·亨·史密斯 . 中国人气质 [M]. 兰州：敦煌文艺出版社，1995：157.

天下第一奇画《清明上河图》

一

《清明上河图》有多种版本，真本《清明上河图》是北宋末年张择端所画，历史并没有张择端的记载，我们所能知道的唯一材料是金代张著在《清明上河图》卷尾题跋所提供的："翰林张择端，字正道，东武人也。幼读书、游学于京师，后习绘事，本工其界画，尤嗜于舟车、市桥、郭径，别成家数也，按《向氏评论图画记》云，'《西湖争标图》《清明上河图》选入神品，'藏者宜宝之。大定丙午清明后一日，燕山张著跋。" 张著告诉我们这么几点：1. 东武在山东，张择端是山东人；2. 张择端在汴京游学，未第后才从事绘画；3. 徽宗时期，由于赵佶对书画情有独钟，根据《画继》记载，他曾对手下大臣说："朕万几余暇，别无他好，唯好画耳"，为了培养高水平的绘画人才，1104年在"太学"设立了"画学"，即现在的美术专业学校，以科举考试的方法，正式将绘画列入高考科目，并亲自主持考试，像《千里江山图》的作者王希孟就是"画学"培养出来的。赵佶对画院画家给予特殊待遇，画工是临时工，画家是在职干部，画工的报酬叫"食钱"（即生活费），画院画家的工资叫"俸直"，"独许书画院出职人佩鱼"上朝，佩鱼是一种鱼形的装饰物，唐代五品以上官员才能佩戴，宋代也只有够级别的官员才能佩戴，这是一种政治待遇。张择端类似王学孟，也是"画学"出身成为"翰林"；4. 当时盛行"界画"，张择端别成家数是"界画"大家，舟车、市桥、郭径画得特别精彩，《清明上河图》就是例证。

相传，张择端把《清明上河图》献给宋徽宗赵佶，赵佶用他著名的瘦金体在画轴开端题写了《清明上河图》五个字，盖上了双龙小玺，可惜的是赵佶的题签和双龙小玺今已不存。

另外，真本的尾端画有北宋的皇宫，如今也没有了。

根据明代李东阳的考证，此画的前端描绘了远郊的山峦，这也失传了。

历经千年，经过无数的战争和动乱，人世沧桑多次易主，多少珍贵文物已荡然无存，唯独《清明上河图》劫后余生，给我们民族留下了历史的印记，慎终追远，何其幸也。

二

北宋的汴京是中国首次出现以商业为中心而不是以行政管理为中心的大城市，市民阶层正式登上了历史舞台，市井文化随之应运而生，并成为时代的主流，尽管现存故宫博物院的真本《清明上河图》是残本，我们仍然可以窥见千年时清明时节市场经济条件下汴京的繁荣景象。

作为序曲，5头毛驴负重累累向汴京方向走来。接着是拂晓时分的郊区，寒树和村落笼罩在晨雾之中，两个脚夫赶着几头小毛驴往城里送炭，北宋汴京已普遍用煤。向城市伸展的大路旁是错落有致的农舍、田园和柳树，作为市郊农业地区得供应城市所需，田里种的应该是蔬菜，《水浒传》中的菜园子张青原本就是种菜的，"其岁时果瓜，蔬茹新上市，并茄瓠之类，新出每对可值三五十千，诸阁纷争以贵价取之"[1]，时鲜蔬菜比肉还贵。

再过去，斜刺里跑出一簇踏青归来的人马，女眷坐的轿子在前面，轿子插满清明习俗的柳枝，轿帘掀起，轿侧的小窗也打开了，男主人骑马跟在后面，十来个仆从前前后后跟着，表现出富豪人家的做派。

随着陆地向斜前方延伸，画面的主体让位给一片宽阔的水面，汴河作为北宋漕运枢纽，每年有6000艘漕船往来江淮与汴京之间，每艘漕船可载粮食300石，员工20多人，每30艘船为一纲，加上客船、客货船、一般货船、游船、做散活的小船，河上百舸争流，船员、船主、搬运工人、商人、旅客，形成汴京繁荣的一大产业支柱。

以虹桥为中心的"河市"和"桥市"形成画卷的高潮，汴河两岸和虹桥上到处都是摆摊的小商贩，骑马的、坐轿的、挑物的，往来行人络绎不绝，虹桥四角立有四根叫表木的木杆，表木之间的连线内侧允许设摊开店，连线之外是通行的过道，表木鸟形物叫"四两"，用鸡毛制成用来测风向，鸟头朝向便是风向，宋代水运发达，行船主要靠风力行驶，因此风向对航运特别重要。

虹桥跨距20多米，宽8米，无立柱，以巨木凌空架设，便于大船通过，桥身油上红漆，宛如飞虹，所以称为虹桥。虹桥是根据山东一位退休狱吏提出以五根拱骨作为构架的"飞桥"设计方案建设的，桥面成排的木料用铁条杆紧，形成一个硕大牢固的整体，虹桥两边的护栏保障了车马行人的安全。设计者不仅要掌握木材的物理特性，而且需要解决复杂的结构关系和力学关系，"桥成数十年不坏"。一个退休狱吏能有如此高的技术水平并得到官方的认可，这说明北宋的繁荣和底层能工巧匠充分发挥他们的聪明才智是分不开的，这也是市场经济优越性之所在。

虹桥下水流湍急，一艘正欲通过虹桥的大船，船夫有用竹竿撑的，有用长杆钩住桥梁的，有人压低船头，有的放下桅杆，邻船的人也在指指点点吆喝着，桥上看热闹的人靠在栏杆上也在帮着使劲，形成具有戏剧性的一幕。

虹桥旁边有一家规模宏大的酒楼，用竹竿在店门口搭建门楼，围上彩帛，这叫"彩楼欢门"，是流行于宋代酒店业的广告装饰，还有一个巨大的灯箱广告，上书"十千""脚店"，"十千"来自唐诗"新丰美酒斗十千"是美酒的代称，"脚店"则表示所供应的美酒来自有做酒专利执照的"正店"。酒楼周围则是一个挨一个的旅店、茶坊、饭店、地摊，非常热闹，让我们误认已进入了繁华的街市。

走进高大的城楼，才真正进入繁华之区，酒楼不仅更大更加堂皇，"彩楼欢门"更加华丽，而且店前方灯上大书"正店"二字，这才是实实在在的高档酒店，正店可以制作自己特色美酒，还有自己的特制美食。孟元老《东京梦华录》指出："在京正店七十二户，此外不能遍数，其馀皆谓之'脚店'"[1]。正店周围有大型旅店"久住王员外家"，有香料铺"刘家上色沉檀拣香"，有绫罗绸缎店"锦匹帛铺"，还有名医诊所"赵太丞家"。

《清明上河图》描绘了122幢楼宇房屋，可以明确指认为餐饮业的店铺就有三分之一，其中有酒旗的8幢，明显是茶馆的20多幢，余下的是一般饮食店。"孙羊正店"是最豪华的大酒店，主楼三层，还包括多幢楼宇和不少厢房，屋顶搭建了华美的"彩楼欢门"，穿插着繁盛的花朵，栅栏门里插着四盏栀子花，暗示酒店里有异性陪着喝酒演唱，陪酒并没有色情成分。楼上三个窗户里都有人影晃动，有的在对饮，有的则是悠闲地坐着，故宫博物院研究室主任余辉告诉我们，在这里能喝到汴京最贵最好的酒，80文一角的羊羔酒，72文一角的银瓶酒，东京人最嗜羊肉，这里可以享用120文一斤的纯羊肉（整只羊60文一斤）。

今天比较高档的酒店有单间也有散座，宋代酒楼也是如此，《水浒传》的好汉们到酒店喝酒，一般都在阁子、阁儿里，第三十九回宋江到著名的浔阳楼饮酒，"便上楼去，去靠江占一座阁子里坐了"，第七十二回，柴进和燕青潜入东京汴梁，到了东华门外，"迳上一个小小的酒楼，临街占个阁子"，"阁子""阁儿"就是单间。《清明上河图》细致地描绘了阁子的具体样式，那所"脚店"由于是近景，楼上两座阁子看得很清楚，酒楼内用一扇扇竖长的木隔扇门排列在一起，把楼面分割成一个个阁子单间，透过阁上空敞的门，还可以看到阁子外由低层上来的楼梯，一个酒保正端着酒菜上楼。画面里不论是"正店"还是"脚店"，二楼临街的一面，当中的隔扇门都被卸下了，于是阁子成了半开放的空间，桌椅都挨着栏杆安置，画中的几位客人随意地斜倚着栏杆。

所有卖酒的地方北宋规定得注册登记，按规定挂上青白布方型酒旗。《容斋续笔》记载："今都城与郡县酒务，及凡鬻酒之肆，皆揭大帘于外，以青白布数幅为之"，[2] 元代以后就没有了。

北宋清明节放假，三天的寒食把人憋坏了，纷纷到饭店吃饭。城门口那家四合院的饭店门口，酒旗高悬，院子里柳树的新绿报告了春天的来临，在这样的饭店里可以吃到 20 文一份的汴京特色的灌肺、炒肺，还可以吃到 15 文一份的煎鱼、炒鸡兔、血羹、粉羹这一类的下酒菜。

普通市民特别是与漕运有关的低下层工人可以到遍布大街小巷的茶馆或饮食店吃饭，要各式各样的点心。豆浆一文一碗，馍两文一个。市井经纪之家，往往只于市店旋买饮食，市井经纪之家类似今天的白领阶层，他们不习惯在家做饭而是下馆子或叫外卖。

舌尖上的中国应该从宋朝开始，《东京梦华录》作者在汴京生活了 20 多年，作为怀念北宋后期太平盛世之作，一共谈到 300 多种美食，当时厨师也能用溜、炒、鲊、烧、煮、蒸、卤、炖、腊、煎、糟、腌多种方式做菜，讲究口感，让中国成为美食之国。

汴京既然生活着众多的市民，市井文化必然应运而生，孙羊正店楼下有一个说书棚，一群人正津津有味地听一位大胡子说书。汴京城内存在一个庞大的商业性演出的艺人群体，这些人叫"赶趁人"，他们在城市热闹的地方表演杂技、魔术等几十种节目，要看更专业的文娱演出，则需到瓦子或称瓦舍的地方，"瓦"乃"瓦合"或瓦解之意，也就是临时集市。"瓦子"以一个或几个有遮拦的表演场所"勾栏"为核心，周边有众多贩卖故衣、字画、成药、占卦、赌博的店铺以至妓院，形成一个大型的城市综合娱乐区。北宋末年汴京一共有 6 个"瓦子"，其中最大的"桑家瓦子"有 50 个"勾栏"，其中几个大型勾栏，每个可容纳上千观众，勾栏中成天成宿的表演杂剧、滑稽戏、讲史、歌舞、傀儡戏、皮影戏、魔术、杂技、蹴鞠、相扑这些娱乐节目，反映了中国国都和城市文明从北宋开始的新元素。"瓦子"中最重要的表演技艺共有 10 种，其中最受欢迎的是"小说"

和"讲史"，所依据的是"话本"和"平话"，流传至今的话本有《大唐三藏取经诗话》《三国志平话》《宣和遗事》《京本通俗小说》等，话本是以后元明清长、短篇小说发展的基础，是我国大众文学的基石，在文学史上有重要意义。

商业的发达，给人们提供了更多的便利与选择，于是有了熙熙攘攘的闹市，有了高耸林立的酒楼，有了欢歌笑语的勾栏，城市生活的美轮美奂令我们神往。

研究中国古代文艺史的著名学者陈寅恪认为："华夏民族之文化，历数千年之演进，造极于赵宋之世"，《清明上河图》真实描绘了这一"造极"的景象。

在繁荣后面并不是没有危机，作为伟大的现实主义画家，必须描绘出历史的真实，仔细研究《清明上河图》，会发现整个汴京是座不设防的城市，城市管理失控，比如河道和虹桥疏于管理，坐轿的文官与骑马的武官狭路相逢，轿夫与马弁各仗其势，互不相让，争争讲讲；护卫内城的土墙被雨水冲刷快成土坡，坡上长满杂树，上面的城楼毫无防备设施、城门洞开，城门口没有任何守卫，往外牵着骆驼的胡人持杖而行，还不时打量着周围，他们如入无人之境。凡此种种，需要专文叙写，这里只能从略了。

三

晋代陆机认为"宣物莫大于言，存形莫善于画"，[3] 作为造型艺术，绘画必须在纵和横的二维平面上创造三维的幻觉空间，之所以说是幻觉空间，是因为它实际上是在宣纸或画布上通过明暗、色彩等艺术手段创造出来的，具有立体感并不等于真正的立体。雕塑用青铜、石膏、黏土等物质材料塑造的秦兵马俑，或太原晋祠彩塑侍女像才是真正的三维立体，而绘画的立体感则是一种"幻觉"。

意大利文艺复兴时期的达·芬奇从一个固定的位置、一个固定的角度，以一个视点为中心投射出去的视线，通过明暗、色彩的对比以及空气远近法塑造出栩栩如生的蒙娜丽莎形象，画中的风景，连同笑容和手势被公认为达·芬奇绘画三绝。蒙娜丽莎的立体感是通过焦点透视表现出来的幻觉空间。

张择端的《清明上河图》的构成则不受时间和空间的限制，从题目看应该是清明时节，然而，从左到右，我们发现树的颜色在慢慢变化，从开始的淡雅浅绿，慢慢加深，后来又渐渐变黄，最后树叶没落有了雪色，这分明是四季的演变，原来汴河就是数学的时间轴，画卷不仅展示了市井的空间维度，而且延宕了生活的时间维度。画家用一种移动的立场，流动的眼光从汴京郊外到汴河两岸，拱桥、一直到城内繁华街景，大街小巷酒楼饭馆桥梁城楼无不具有宋代特色。洗衣的船员、招呼搬运工及清点货物的工头、骑马的商人、乘马的官员人物共五六百人，骆驼驴马牲畜数十头、各种船只 29 艘、房屋楼阁 122 幢、推车和轿子 20 多件，细节的真实性和整体概括结合，生活的真实升华为艺术的真实，重现了当年北宋汴京的繁荣景象与市民生活，成为不朽的杰作。

作为设色绢本的现存画宽为 24.8cm、长为 528.7cm，作为长卷，很容易画成一字排开平平淡淡的式样，《清明上河图》不论道路、村庄、楼宇都有立体感，角度灵活多变、景物安排巧妙；汴河的船错落有致、有纵有横，把河道推到远处引人入胜；人物安排疏密相间，高官骑在马上随从前呼后拥、气度不凡，而骑马的文官则表现得温文尔雅；坐在椅子上抱着病孩的母亲和领着孩子凭窗观看汴河风光的母亲一个焦虑、一个安详，神情截然不同。

张著认为，张择端工于界画别成家数。所谓界画，指用界笔、直尺画线的绘图手法。将长度为界笔三分之二的竹片，一头削成半圆磨光，另一头根据界笔粗细刻出一个凹槽，作画时把界尺放在所需部位，将竹片凹槽抵住界笔笔管，按界尺方向运笔，以画出均匀笔直的线条。《清明上河图》的屋宇，鳞次栉比瓦片铺成的屋顶、水井、器物、船篷无不准确细致，洗练有力、富于生气，充分发挥了白描的表现力。

四

天下第一奇画之奇

第一，画家之奇

除了金朝张著记载之外，我们不知道他的任何情况，唐代张若虚凭着一首《春江花月夜》足以傲视天下；宋代张择端凭着他的《清明上河图》也足以傲视天下。

第二，《清明上河图》流传之奇

根据学者薛凤旋的考证，画作大约成于北宋徽宗宣和、政和年间，被收于宫廷内府。

1126 年北宋亡，画卷进入金朝内府，1186 年被张著所购，时为北宋亡后 60 年。之后画卷又入元朝内府，1343 年元朝内侍以伪作换取真本，转卖给私人，经二人之手，1351 年由杨准购得。两百年间，3 次入内府收藏，3 次流出宫外，至少被 4 人收购过。

元朝最后一位购得画卷的是周文府，时为 1365 年，3 年后元亡，画卷在民间流转近 130 年，1491 年被明朝朱文徵、徐溥拥有，以后经李东阳、陆宪、顾懋宏、严嵩和严世蕃父子分别拥有，1542年严世蕃被抄家再入内府，结束了在民间达两百年的流转。

明朝最后一位有记录的拥有者为太监冯保，他于1578年窃为己有，之后又流落民间，到乾隆年间再入内府，因此从明亡之后亦有将近两百年的民间流传，乾隆年间，两次被陆墀和毕沅私人拥有，至嘉庆年间（1796~1825）画卷再度入宫收藏，直到末代皇帝溥仪携画出宫为止，在清宫时间大约150年。1945年至今，一直为国家收藏。[5]

就这样，在近一千年时间中《清明上河图》7次进宫或由国家收藏，6次出宫，被有记录的15位私人拥有，中间有370年流落于民间而不知被谁收藏过，经历了多少坎坷，画卷能保留下来，真乃民族之大幸、中华文明之大幸、世界艺术之大幸。

第三，无数伪本、赝本之奇

宋元造假之风盛行，明清两代名画造伪更甚。根据《＜清明上河图＞研究文献汇编》，[6]世界各国博物馆共收藏37幅，其中北京收藏宋至清的画卷6幅，其中一幅是张择端的真本；沈阳收藏2幅，其中1幅是仇英所绘的正本；台北收藏10幅，其中一幅是乾隆朝绘的院本；日本收藏宋至清的11幅；美国收藏宋至明的6幅；荷兰、法国各收藏1幅，全系明代所绘。

苏州画工根据苏州的城市风貌描绘，这就是收藏界所说的"苏州片"。明朝李日华说："京师杂买铺，每《上河图》一卷，定价一金，所做大小繁简不同"，历史学家童书业认为，宋代以来其摹本可能有千万数。由于真本被秘密收藏，能一睹真本者很少。现在能见到20世纪70年代前的赝本，伪本都是凭道听途说加上臆想附会创作，顶多是某种程度的"仿本"，绝不是临本及摹本。

比如辽宁博物馆藏明代仇英本淡化了清明时节上坟祭扫的哀伤气氛，并在汴河两岸画有河堤，树木繁茂似为南方树木性状，大宅院中有女性陪酒作乐，近乎妓院，可门口却有进进出出的小孩。台北故宫博物院仿仇英的绘本，商业街桃花盛开，柳树一片绿色，根本不是清明时节，房宇布局单调呆板，缺乏立体感。清院本是宫廷画院陈枚、孙祜、金昆、戴洪、程志道五人根据乾隆御旨画的，画卷开头画有一个御林军校场，众多骑兵正在骑射训练，校场尽头是一座高大的阅兵台，一位穿红袍的将军端坐在台上，众多将领佩刀肃立两侧，一值日官跪在地上，似乎是在禀报训练情况，校场兵强马壮，显示了清代乾隆时的尚武意识。

20世纪50年代，《清明上河图》真本被古书画鉴定专家杨仁凯无意中发现，经多方鉴定确定为真迹，从此收藏在北京故宫博物院里。

第四，修复、装裱之奇

纸寿千年，绢寿八百，《清明上河图》上一次修复还是在明代，随着时间的变迁，画面沾满灰尘和脏物，伤痕累累。

修复《清明上河图》的前期工作十分慎重，论证完成后本应开始修复，由于政治运动接连不断，到1973年才启动修复工作。古书画修复步骤甚多，最核心的是四个，即洗、揭、补、全。杨文斌大师主要修画芯，裱画室那最大的工作间里，《清明上河图》平放在案台上，一旁放着一盆温水，杨师傅戴着眼镜，弓着背，用排笔蘸水，慢慢为名画洗去灰尘，用干净毛巾吸掉脏水，反复操作，由于久站，裱画室的人腿和膝盖都不好。从开始到1974年，《清明上河图》才修复完毕。

洗之后先揭褙纸，褙纸后是命纸，命纸是紧贴画芯的那层纸，特别薄，揭命纸稍有不慎，影响画芯就会造成不可弥补的损失，得用手指轻搓慢捻，捻成细小的条状取下，有的画得揭一两个月，靠的就是细心和耐心。第三步是补。揭下旧命纸后，拿一张新的命纸托住画芯，缺失处要补，断裂处贴折条。纸本为隐补，《清明上河图》为绢本，得先补后托，先拿绢补好，再托命纸，补完后外边要刮口，不能留有硬突。"全"是指颜色全部得和原画一样，后补的绢比原来颜色浅，得跟本色找齐，不留一点痕迹。画面画意缺失处，用接笔连接上。《清明上河图》所用的绢，经纬线细密精到，十分平整紧实，均为单丝，是典型的北宋宫廷用绢的品质。因此，绢是最难找的，新绢要放大，看它的经纬丝织的密度是否相符，尽量想办法使新绢老化，《装潢志》有这样一个规定："补缀，须得书画本身纸绢质料一同者"，因此，只能从库房里提出古画，对照文物上的图案做成宋锦。[7]

《清明上河图》画卷的开头部分，画家描绘了一家农舍，门前搭了个凉棚，并有土墙环绕。凉棚下有一老人坐在板凳上，正逗小儿玩耍。原绢正好在此处脱落，只剩下凉棚一角和老人、小孩，前代裱画未能将画意审识明白，误以为残剩的棚架一角是一头毛驴的两只耳朵，于是便在补绢上主观地添上了一头毛驴拉着板车，这样一来便变成了老太太坐毛驴板车进城了，补绢十分粗糙，接笔又如此的不合理，所以在这次重新装裱中，就决定将这次补绢撤掉，作为资料存入档案，另找一块绢纹绢丝与原作相近似的补上，为了保持原作风貌，同时也决定在此处再不接笔。[7]

《清明上河图》经历千年终于大致回复本来面貌，这得力于中国画装裱修复方法之奇。

开头的缺失部分，学者罗青另有解释：

《清明上河图》中的情节对应，非常复杂，除了驴队、小桥、小舟之外开始一幕戏剧性的"奔马"场景画面残损，奔马只剩下马屁股及后腿，马后有人跟着奔跑呼和，其后还有轿子相随，造成千古之谜。路旁一位老妇，看到快马飞奔而来，急忙拦阻一名即将闯入马路的小孩，对街路边，则有两头清早尚未下田的耕牛，回首好奇地观看奔马。而此马头身躯干残损，骑士也完全不见。合理的推测，这该是一匹传递"河清"喜讯的快马，骑士手中应执有大宋年号及河清字样的旗帜，故其后有人吆喝开道。此画进入金朝御府后，因为政治忌讳，马上的人旗，均遭刻意小心挖去。这就是为何《清明上河图》全卷完好无缺，这段画面四周亦完好无损，而单只是画面中央人马旗帜残损不见的原因。此一八百里加急报喜骏马的情节，在画卷中段，出现了呼应，观者可以看见此马享受特权，躺卧在官府前院，安静休息。《清明上河图》里所有马匹都在工作，只有此一有功之马，例外。[8]

第五，临摹之奇

1962年，荣宝斋的冯忠莲和陈林斋受命到故宫博物院临摹《清明上河图》，根据规定，故宫文物不能出宫，为了保护名画，两人只能隔着玻璃仔细用放大镜观看这一顶级文物，然后贴着照相师傅所拍的黑白照片构图，对照原作和照片，一点一点地临摹复制，不仅要潜心研究每一起笔落笔，掌握其运笔、设色风格，更需要体现原作韵味。1966年"文革"爆发，故宫闭馆，临摹工作中断。1972年故宫重新开放，冯忠莲和陈林斋正式调入故宫。1976年再次启动临摹，此时的冯忠莲年届花甲，眼力和臂力有所不济，患有高血压以及由此引起的眼底血管硬化，中断十年，以前临摹的部分绢素、色彩都有所变化。冯忠莲凭着她高超的技艺和丰富的经验，使摹件前后一致，丝毫看不出间断已久、重新衔接的痕迹。1980年，《清明上河图》临摹终于完成。

冯忠莲跨越近二十年临摹《清明上河图》，成为一个奇迹。

《清明上河图》上的一百多个印章则由治印，钤印大师刘玉复制，被徐邦达，刘九庵等学者誉为"形神具备"，刘玉反复叮嘱他的徒弟要"守规矩"，守规矩的第一要求就是能守住寂寞。[9]

20世纪80年代中后期，《清明上河图》真本的临摹本开始出现，许多以纺织、刺绣、剪纸、印刷、绘画方法制作的摹本、仿本，全都是以冯忠莲临摹本作为底本。

第六，艺术魅力之奇

北宋汴京作为世界上第一座商业城市，成为世界富有活力的开放城市的样本，由于《清明上河图》具体而微的画面展示，它已成为一个象征性的文化符号。

元代江西新余的刘汉，在看到《清明上河图》之后，于1354年在跋文中写道："其市桥郭径，舟车邑屋，草树马牛，以及于衣冠之出没远近，无一不臻其妙。余熟视再四，然后知宇宙间精艺绝伦者有如此者。"

《简明不列颠百科全书》认为，《清明上河图》是一幅具有重要历史价值的风俗画长卷，成功地描绘出汴京城内及城郊在清明时节社会各个阶层的生活景象。我国学者罗筠筠指出，中国城市审美文化的真正发源地是在宋代，以《清明上河图》为代表的描绘世情的民间风俗画，也创举性地登上画坛，其纯朴生动的内容，细腻写实的手法，不仅是宋代城市生活的艺术再现，而且是宋代审美文化物态化产品的典型。从张著认为是"神品"开始，随着时代的流逝，不仅在国内有无与伦比的影响，而且在世界范围也获得了广泛的认同。

2010的1月，为纪念中日建交正常化40周年，故宫博物院首次将《清明上河图》等文物送赴日本展览，参观者超过10万人，有的排队长达5个小时。和丈夫一起看完展览的山田兴奋地告诉记者："看过展览的朋友跟我说这个展览很好，机会难得，一定要我来看看。虽然排了两个小时左右的队才看到《清明上河图》，但我觉得很值得。这么好的艺术精品，太让我震撼了。"展览结束后，影响所及，有很多人去参观在日本的《清明上河图》仿本。

2017年10月，北京故宫博物院"石渠宝笈特展"开幕，诸多难得一见的重量级书画亮相，引起了热烈的反响，展厅外观众排队最多得6个小时，展厅内《清明上河图》前的观众也排起了长队。鉴于观众的热情，故宫博物院将于2020年再次展出《清明上河图》。

《清明上河图》的魅力非凡。

第七，数码动态画卷之奇

从1851年伦敦世博会开始，很长一段时间世博会一直是西方大国显示其工业实力的场所，19世纪末人们努力使世博会从技术竞争的平台转向思想交流的平台，把注意力集中到全球对未来共同的探讨。1928年11月22日，由法国牵头，31个国家在巴黎正式签订了《国际展览会公约》，成立负责协调管理世博会的国际组织国际展览局，对世博会举办方法做出了若干规定，《国际展览会公约》第一章第一条就明确指出"世博会是一种展示活动，无论名称如何，其宗旨在于教育大众。它可以展示人类所掌握的满足文明需要的手段，展示人类在某一个或多个领域经过奋斗所取得的进步，或展望未来的前景"。

我们国家正处于城市化加速的过程，从世界范围来看已有越来越多的人涌入城市，上海世博会首次把城市和世博会联系起来，其主题英文的宣传是：Better city， Better life，以符合世博会主题要用世界语言的要求，中文用一个像广告词的词汇表达为"城市，让生活更美好"。它的五个副题是：

1. 城市经济的繁荣

2. 城市科技的创新

3. 城市社会的重塑

4. 城市多文化的融合

5. 城市乡村的互动

上海世博会共有 200 多个国家和地区参展，世界各地前来参观的观众多达 7308 万人次，中国馆以"城市发展中的中国智慧"为主题，在馆内最高、最核心的长 128 米高 6.4 米的北面墙上，用 3D 数码动态画面，栩栩如生地展示了"智慧长河"的《清明上河图》，身份各异的 1068 位汴京百姓，在汴河两岸、虹桥上、闹市里熙熙攘攘的活动景象，成为最热门的审美对象，完美地体现了上千年的"城市，让生活更美好"的主题，给无数中外观众以巨大的震撼。

参考文献

[1] 孟元老 . 东京梦华录 [M]. 郑州：中州古籍出版社，2010：2，31，48.

[2] 洪迈，容斋随笔 [M]. 郑州：中州古籍出版社，2010：121.

[3] 张彦远 . 历代名画记 [M]// 汪流等编 . 艺术特征论 [M]. 北京：文化艺术出版社，1984：7.

[4] 梁进 . 名画中的数学密码 [M]. 北京：科学普及出版社，2018：216.

[5] 薛凤旋 .《清明上河图》：北宋繁华记忆 [M]. 北京：中华书局，2017：3.

[6] 辽宁省博物馆 .《清明上河图》研究文献汇编 [M]. 沈阳：万卷出版公司，2007.

[7] 华北东北博物馆 . 镇馆之宝 [M]. 北京：北京大学出版社 .2013：13，69，127.

[8] 罗青 .《清明上河图》新解 [N]. 南方周末，2018-10-18（25）.

[9] 萧寒 . 我在故宫修文物 [M]. 桂林：广西师范大学出版社，2017，127.

耿起峰绘画的艺术特色

一

也许是受周敦颐《爱莲说》的影响，我一直认为牡丹是富贵之花，看过起峰画的牡丹，知道起峰多次去山东菏泽和河南洛阳去看牡丹和画牡丹，几次长谈牡丹意识，我才真正了解牡丹。

牡丹原为野生的花木，唐朝舒元舆《牡丹赋》说得非常清楚："古人言花者，牡丹未尝与焉。盖遁乎深山，自幽而芳，不为贵重所知，花则何遇焉！"据《通志》记载，牡丹初无名，依芍药得名，故其初曰木芍药。《本草》认为秦汉以前无考。隋时开辟了专门的牡丹园，隋炀帝辟地二百里为西苑，诏天下进牡丹，易州进二十箱牡丹。到了唐朝，首都长安大量栽培牡丹。张又新《牡丹》诗云："牡丹一朵值千金，将谓从来色最新。今日满栏开似雪，一生辜负看花心。"刘禹锡《赏牡丹》诗云："庭前芍药妖无格，池上芙蕖净少情。唯有牡丹真国色，花开时节动京城"。这就说明牡丹经历了从纯朴走向富贵，从无名的野花变为知名度最高之花的过程。牡丹之所以变成富贵之花和它自身的特殊条件有关，唐文宗于内殿赏牡丹，曾问画家程修已："今京邑传唱牡丹诗，谁为首出？"程修已对曰："尝闻公卿间多吟赏中书舍人李正封诗，'国色朝酣酒，天香夜染衣'"，上闻之，嗟赏多时。牡丹色可倾国，香出于天然，更加上"朝酣酒"，"夜染衣"，进一层将其色彩和香气渲染得无以复加，可以说李正封的诗句真正写尽了牡丹的雍容华贵，这也就可以了解，当牡丹从山野走向城市由于人工变异演化成百花之王时，朝野人士如醉如狂的胜景，难怪在唐代市场经济大潮中，白居易感慨万端地写下了《买花》诗："帝城春欲暮，喧喧车马度。共道牡丹时，相随买花去。贵贱无常价，酬值看花数，灼灼百朵红，戋戋五束素。上张幄幕庇，旁织笆篱护。水洒复泥封，移来色如故。家家习为俗，人人迷不悟。有一田舍翁，偶来买花处。低头独长叹，此叹无人谕。一丛深色花，十户中人赋。"然而牡丹作为自然物是无辜的，我们何必因其富贵之名而忽略其出自山野之实呢！

明乎此，我懂得了起峰的牡丹意识：看一辈子牡丹，画一辈子牡丹。起峰每一次去画牡丹，都有新的认识，新的发现和新的理解。

从生态上讲，一般认为牡丹属于毛茛科，近年来一些学者从发生学、解剖学、细胞学的研究中，发现它与毛茛科植物有显著的区别，因此分类上专设芍药科，牡丹为芍药属。作为落叶灌木，其老本为木本，花头特别大，枝头很细，上边出微芽，没有木质化，一个芽一个花骨朵，给人鲜活的感觉。起峰认为，荷花、菊花都开得特别：花头大、色彩丰富，但最动人的还属牡丹，不仅花大、色彩艳、雅，还具有王者之尊。丁香浓冽、干涩、呛人，牡丹花香而不浓，甜香中略有苦意，因而香气宜人。国色天香之说，真正把握了牡丹的审美特性。

牡丹的色彩特别微妙、高洁。黄，牙黄色，不那么浓，绿不那么重，白不那么纯。黄白中透着点黄，那种黄是一种高雅的浅淡。黑牡丹、黑里透紫，特别像帝王之色；白牡丹在月光下灼灼生辉，光彩照人；蓝牡丹古代画得特别蓝，实际上牡丹的绿和蓝特别浅淡，花瓣亮、叶子非常暗，传统画法把色彩对比关系缩小了，起峰刻意追求的是画面大明大暗对比所产生的响亮，不仅如此，还使现实中浅淡的花更淡，深重的花更重、产生更强烈的色彩效果。

牡丹花瓣，有单瓣、复瓣、重台之分，起峰追求的是花瓣的秩序美。

由于品种不同，牡丹枝叶的形态也不同，"贵妃醉酒"、"赵粉"，花头特别大，枝条很细，花盛开时把枝条都压弯了。"万花盛"生态高大苗壮，枝叶挺拔繁茂，一点也不低垂，不管刮风下雨，枝叶特别硬，一律劲挺向上，起峰认为这一点必须到现实中去才能体会。

在花瓣与花蕊的关系上，传统画法千篇一律地点蕊不注意花蕊的个性，起峰把花当作园林建筑，从立体雕塑角度处理，雄壮中透露妩媚。花蕊的颜色极其丰富，不仅形态不同，而且颜色也不同，起峰写生对其形和色进行了深入地研究和比较，雌蕊颜色不是两三种，而是十多种，如绿紫、白、绿、藕荷等，就紫色而言，又有深浅冷暖之分。雄蕊头上花药花粉大部分是黄色、下面的花须有白色的、玫瑰红的。白色中有的呈豆绿，有的呈浅茄色，还有上白下玫瑰红的，必须仔细观察，才能发现它们的美。

叶子颜色，有深绿、翠绿、灰绿、浅绿之分，深浅色相不同。叶形随品种不同而有窄长、阔大之分，缺豁随品种不同也不同。起峰对叶子的处理往往不局限于实际，笔墨简化服从整个画面需要，或与花构成补色关系，或与花构成同类色关系，同时在深浅上与花不同，在鲜灰对比中以充分显示出牡丹花的神韵。

老干的处理传统画法采用皴法，只是概念的视觉印象，起峰用双勾线描，根据不同品种，画出其特色各异的结构美，既严格写实，又注意在具象中透露抽象、在古典中透露现代气息。

牡丹花大如斗，落瓣极多，落地的花瓣排列有序，起峰领悟到"落红不是无情物，化作春泥更护花"的情感特征，创作出了重彩画《落红》，表现出了独具的排列美、秩序美、重叠美。

对牡丹的观察和写生，起峰具有严格的科学求实精神，唯恐观察不细，发现不周，在艺术表现上又不拘于琐细，局部服从整体，起峰刻意求新，突出自己的创作个性和感情上的自由，不为权威或传统成规所限制，仅仅观察和表现牡丹特征的画是标本，仅仅局限于传统和成法的画是临摹，这样的画家是不会有大出息的。线条是中国画之本，起峰在创造自己的牡丹时，用直线造型，牡丹的枝干、花瓣、花蕊，以及鸟虫，无不从中锋的铁线着手，让一条条刚劲有力的铁线在对比与衬托中显得特别光彩夺目，形成由具象到抽象铁线大写意的新天地，这是起峰的一大贡献，起峰善于把自己的情感和生活中的牡丹结合起来，从而享受到创造的自由和欢乐，正如《文心雕龙·物色》篇所说：

山沓水匝，树杂云合；目既往还，心亦吐纳。春日迟迟，秋风飒飒。情往似赠，兴来如答。

我认为这正是把握起峰牡丹意识的关键所在。

二

起峰的画有这么几个特色：

1. 概括处理，即对现实的素材进行概括集中，取舍加工，移花接木

艺术来自现实，但又绝不是现实的翻板。一幅好画是物象精粹的集中，通过个别表现一般，通过有限表现无限。五代画家荆浩在太行山描写松树，朝朝暮暮，长期观察，画松"凡数万木，始得其真"。齐白石画虾，过了九十寿辰，总结说："余画虾数十年，已经数变，初只略似，一变逼真，再变色分深浅，此三变也。"走遍全国名川大川，画家才能从万千气象中取材，精粹而又集中地反映壮丽的祖国山河，"搜尽奇峰打草稿"一语形象地表达了艺术对现实的概括集中。

站在长江边上，拍下络绎不绝的千百艘大大小小的船只，在画家的眼中，真正能入画的也许只有那么几只，"触目纵横千万朵，赏心只有两三枝"说的就是取舍。山可能更高，水可以更深，花可以更红，树可以更多，石涛画黄山，你找

不到他具体画的是哪里。李可染画《峡江帆影图》，画跋题曰："偶忆昔年游三峡情况，信笔以意作此图，非真非幻，胸中丘壑，笔底烟霞，三峡实无境也"，这就是取舍加工。

鲁迅谈创作："没有专用一个人，往往嘴在浙江，脸在北京，衣服在山西，是一个拼凑起来的角色"，"杂取种种人，合成一个"。石涛有一张画，画在一个小册页上，题诗曰："丹井不知处，药灶尚升烟，何年来石虎、卧听鸣弦泉"，丹井、药灶、石虎、鸣弦泉皆黄山地名，原来他把这些地方都集中在这幅画里。绘画时往往要几次搬动画架，从几个不同地点写生，这是移花接木。吴冠中在长江三峡乱石中仰画夔门及风箱峡等处削壁的跌线、怪石的突兀、江岸的波折，又爬上白帝城遥望远去的层峦，俯视滔滔江水，然而极目所见的形象并不能使画家满意，单靠夔门和桃子山两个演员还构不成戏，于是向巫峡、神女峰、青石洞等处借调了角色，才画出了心目中的三峡景象，这也是移花接木。

因而绘画中的概括处理，说明艺术可以是生活的一画镜子，但它"应该是一面集中的镜子，它不仅不减弱原来的颜色和光彩，而且把它们集中起来、凝聚起来，把微光化为光明，把光明化为火光"（雨果《克伦威尔·序言》），描摹自然，人们可能称赞你画得真像，创造自然、人们才会记起你。一个画匠，只能是照搬自然，一个艺术家则必须用他的心灵去感受自然，用中国古代画论的话来说，就是"山川与予神遇而迹化"。凡·高在写给他弟弟提奥的一封信中指出："艺术就是人被加到自然里去，这自然是他解放出来的。"毕加索则说："艺术家应该像个太阳，发出千道光来。"作为具有创造意识的画家，起峰真正懂得这个道理，最近他画的大幅牡丹，有如歌德说的，一个美术家有机会从许多美女中撷取精华，集成一个维纳斯女神的像，起峰也从许多牡丹中撷取其精华，我有幸目睹其近作工笔牡丹，大自然牡丹物象之美经过取舍加工，删去土壤根部，集中表现了牡丹的国色天香，天香不能直接描绘出来，但你透过那鲜艳欲滴的花，似乎可以闻到那甜而略苦的香气。吴冠中认为，从烦琐铺陈趋向综合，从加法到减法，是艺术进程的一般规律。1981年以后，吴冠中的水墨画元素约减到只有两个：线和点；缭绕与泼洒；一往情深的长，罗织着淅淅沥沥的短，而起峰的画近似工笔，有时却又浓墨淋漓，属于大写意。他画牡丹，绝在花朵上，既表现了花朵的明暗、深浅、前后花瓣的关系，又表现了他观察的细致。在形与神问题上，他既注意牡丹的外在形态，又突出了牡丹的神韵，一反千百年的富贵气象，起峰不追求色彩的绚丽和风采的妩媚，不是"一枝秾艳露凝香，云雨巫山枉断肠"，而是"蓬门未识绮罗香"，在雅淡中透出幽美，沉静中露出傲骨，有如浣纱溪畔的西施，布衣荆钗不能掩盖其天然的美质。起峰画的都是他自己生命历程中真正感受过、体验过、冥想过、渴望过、追求过的东西，他的牡丹、鸡、鹳、鹰，都包含了他内在的感情，他对社会、对人生美好的向往，流露出了清新的时代气息与深厚的文化内涵。

2. 画面结构追求大开合，大气势，大动势

绘画作为造型艺术，必须把握处于空间中的形体构造，对象是三维立体的，是空间的，是有结构的，从自然中寻求最为根本的结构并利用这些结构规律进行组合和创造，是为构成（composition），摩尔写道："每每涉水而过，都有成百上千的小石子掠过，我怀着激动的心情选取了那些当时符合我的趣味形式的石子。当我坐下来逐个观察时，不同的事在脑海中浮现了。我开始扩展我的形式经验，使我有时间去构想一个新的造型。"从自然界的形式构成中扩展形式经验来进行造型，这是不少造型艺术作品成功的重要原因，起峰对生活中的花草禽鸟以至葫芦都情有独钟，成天写生，"屋前屋后都是画"，很能说明起峰的形式追求和随处取材的本领。绘画的主要手段是面积，解决画面结构中最基本、最关键，起决定作用的是平面分割，也就是画面所画物象面积的安排与处理，因此绘画不仅要有丰富的形式经验，而且要有整体观念，从局部着手，从整体着眼，整体关系永远比细节重要。起峰的画面致力追求"大"，追求大的开合，大的气势和动势，大的韵律。大并不一定表现在画面大上，而是表现在力度气势感受上。最小的一张画，如果画面经济，也能分割出大的结构。徐悲鸿藏有齐白石的一幅兰花，这幅画大不过方尺，但人们一进展厅就自然而然地被它所吸引，真是光彩夺目，力量扑人眉宇。挂在它旁边的作品虽然大它数倍，也黯然无光，像个影子，这就是由于平面分割而形成了大的气势，故论画者曰："咫尺有万里之势。"

结构和开合（又作开阖）有关。一幅画画得好不好，很重要的是开合问题处理得好不好。"开"即起或生发，"合"即收，结束。《周易·系辞上》说："一阖一辟谓之变，往来不穷谓之通。"阖与辟与即合与开，在绘画创作上就是起笔为开，收笔为合，局部处理为小开小合（古代画论叫分合），整幅大势则需大开大合。一幅画的章法，不管面积大小，都存在开合，都包含一个完整的起和合的关系。万事起头难，"开"并不容易，列夫·托尔斯泰经过四个寒暑从普希金小说中受到启发，才找到《安娜·卡列尼娜》的开头："幸福的家庭都是相似的；不幸的家庭各有各的不幸。"这开头一下子就抓住了关键，使读者对故事本身发生兴趣，因而托尔斯泰十分得意地说："就应当这样来开头。"结尾也难，俗话

说得好："编筐结篓，重在收口。"好的结束应该"意尽而言止"或"言有尽而意无穷"，因此元人乔梦符指出："作乐府亦有法，曰凤头、猪肚、豹尾"，即起要起得漂亮，结尾要响亮有力。

中国画历来注意画面结构的开合关系。宋代《长桥卧波图》起笔先画朱虹长桥，在桥的两端布置了树林房屋，河面上有船只往来，这就打破了长桥的呆板，并把水波渐远渐淡地推到山水迷漫处，形成一种生发不已的画意，这是"开"。下半已定，然后在上半画数峰远山、绵延起伏，以"收"形成了一种画势的完整，这就是"合"。马远的《梅石溪凫图》，起笔在画的上半，把梅树、石崖画好，形成一种向下展开之势，然后在下半画了一群野鸭自由自在地在清清的溪流中嬉水，以收其势，是为合。徐悲鸿画马，在确定立意与大体动态后，立即用大笔纵写飞扬的鬃毛和马尾，再根据鬃尾的形与动势，画马头、全身以至马腿。原因是先画头身则画鬃尾唯恐失误不合比例而不敢大胆挥毫以具雄劲之气，以鬃毛和马尾开，则可审时度势、随机应变，既具豪放之气又可更好的造型，从而取到合的自由。

起峰的画继承了中国传统绘画之精华，比如他的横幅《赵粉与黑牡丹》，起于茎，合于叶，突出了赵粉的白和黑牡丹的紫，平面分割合理，画面特别丰富，特别充实，形成了宏大的气势。

追求大结构时必须大开大合，开得结实，合得响亮，才有余味，有力量。表现在笔墨线条的开合上，起峰注意到李可染说的"留"。"留"就是收得住，古人讲屋漏痕，屋漏痕的意思就是线条要控制到每一点，完全是主动的，完完全全能控制得住。齐白石画的线条就能处处控制住，为了使任何一笔都富有表现力，每一笔都能代表更多的东西，就必须控制住线。齐白石画的荷梗，断处没有疙瘩，就像自行车随时准备刹车，黄宾虹十分赞赏齐白石的"硬断"工夫，说断就断，戛然而止，起峰的笔墨也能如此。

笔墨线条要控制住，整个画面也要控制住，做到开合有致，《过云庐画论》说得好："起落足则不平庸（开），收束紧则不散漫（合）"，起峰的鸡、鹳、鹰以及牡丹都能以大开始、以大合收，从而形成一种大的格局。

开合和"势"有着密切的关系。势即开合之所寓，笪重光在《画筌》里说道："势也者，往来顺逆而已。而往来顺逆之间即开合之所寓也。"董其昌在讨论开合之势时指出："古人运大轴，只三四分大开合，所以成章，虽其中细碎处甚多，要以取势为主。"（《画旨》）。

四平八稳不能形成势，力或张力（tension）才能形成势。水的表面张力是由于水分子之间具有吸引力使水的表面伸张成一层有弹性的膜。牵引运动着的物体有着离心力和向心力。阿恩海姆在《艺术与视知觉》中写道："正是物理力的运动、扩张、收缩或成长等活动，才把自然物的形状创造出来。大海波浪所具有的那种富有运动感的曲线，是由于海水的上涨力受到海水本身的重力的反作用之后才弯曲过来的；我们在一个刚刚退潮的海岸沙滩上所看到的那些波浪形的曲线轮廓，是由海水的运动造成的；在那种向四面八方扩展的凸状云朵和那些起伏的山峦的轮廓线上，我们从中直接知觉到的也是造成这些轮廓线的物理力的运动；在树干、树枝、树叶和花朵的形式中所包含的那些弯曲的、盘旋的或隆起的形状，同样也是保持和复现了一种生长力的运动。"古人讲力透纸背，王羲之的字人们称为"笔力惊绝"，"字势雄强"。齐白石写"寿"字下面的"寸"，吴作人讲能挂一座山。黄宾虹、齐白石作画用笔都很重，黄宾虹用紫毫作画，由于笔重，遇到纸的阻力沙沙作响。引而不发形成一种积势或蓄势，欲左先右，欲右先左，欲上先下，欲下先上则形成一种反常之势。起峰的《双鹰图》、《寒客》、《爱河》、《逐》、《操戈》都表现了"引而不发，跃如也"的势。势的产生一方面和画面部分与部分之间相互作用而形成的力或张力有关，另一方面则表现为画面形象的形态和趋势。中国绘画在画面的构图安排上、形象动态上、线条组织运用上，用墨用色的配置变化上，都非常注意气的承接连贯，势的动向转折。气要盛，势要旺，力求在画面上造成蓬勃的生机和节奏韵律。中国绘画的笔墨线条讲究一波三折，无往不复，一点一画讲究内在的运动感，即 S 形运笔，这样的笔法和画面结构符合宇宙发展变化的规律，符合我们民族的审美心理，具有一种独特的气势和感染力量。

起峰的画还追求动势。所谓动势是在姿态上表现运动的过程或趋向。米莱的《学步》，由于父子之间有段距离，表现出孩子即将走过来和大人就要抱住他，这种张力就形成动势。米隆的雕塑《掷铁饼者》，艺术家表现的是竞技状态最为关键的瞬间，运动员的重心落在左脚上，右手紧握铁饼摆向身后的最高点，整个身体处于一触即发的刹那，而铁饼即将掷出而尚未掷出，扭转的身躯，大幅度张开的两臂，弯曲的双腿形成了优美的节奏和韵律，艺术家创造了一个无与伦比的优美而又庄严的三维造型形象。这种引而不发的大的动势，正如莱辛在他的名著《拉奥孔》所说的："绘画在它同时并列的构图里，只能运用动作中的某一顷刻，所以就要选择最富于孕育性的那一顷刻，使得前前后后都可以从这顷刻中得到最清楚的理解"，因此最能激发人们的想象，最富有魅力的顷刻并不是矛盾已经解决的顷刻，而是矛盾接近解决的那一环节。

懂得抓住最富有包孕性的瞬间形成大的动势的必要性，我们才能懂得起峰画的斗鸡。《岁月》中的两只斗鸡正鼓起羽翼，虎视眈眈，伺机而动，这是"斗"的最为紧张的瞬间，也是富有包孕性的瞬间，它们马上就要投入不顾生死的酷斗中去，我们虽然没有看到淋漓的鲜血或满地的羽毛，然而它预示了一场激烈的角斗和血肉横飞，包孕了一场激烈的角斗，因此在画面结构上，形象动态上，线条组织和用墨用色的配置变化上，不仅表现了"力"而且表现了"斗"的气势与精神，这就在小的画幅上切割出了大结构和大动势。

3. 笔墨色彩上的追求

追求大结构。在笔墨上也要有相应的体现。中国画家所津津乐道的笔墨，其实是中国画特有的点线结构，亦即笔墨形态的排列组合。由于运笔的正侧，拖逆、裹散、提按、疾徐、顿挫、泼墨、破墨、积墨等不同笔锋笔法和运墨法的变化，可以创造出浓淡、干湿、虚实等极为丰富的艺术效果，故笔不能离墨，墨不能离笔，离笔则无墨，离墨则无笔，笔墨相依为用，相离则俱损。传统花鸟工笔画以墨为主，笔墨结合，用侧峰皴法表现牡丹的干；淡花加白粉，画后点花蕊；起峰则删除斜出之枝，用形如铁丝的中峰铁线处理花朵的疏密、花叶的厚薄、枝干的嫩老、花蕊放大后的千媚百态，形成工笔重彩的大写意，使古老的线条焕发出青春。

起峰的笔墨追求"方用笔，重用墨"。所谓方用笔，即线条色块都用方，形成大的回旋，大的气势，大的开合，是故论者认为方比圆更有力量。徐悲鸿在素描教学中对他的学生提出了"宁方勿圆"的指导原则，确是经验之谈。所谓"宁方勿圆"，即在画面分割中造形要明确肯定，宁可见棱见角，绝不模棱两可，走向圆滑，要圆中见方，以方求圆。起峰在自己的创作实践中真正体会到徐悲鸿"宁方勿圆"的正确，为了追求大开合，大气势，大动势，大韵律，运笔上全力以赴地追求"方"，使方者更方，圆者更圆，比如他的近作大幅牡丹，画的是雨后"花重锦官城"的牡丹，花与叶，枝与干都是直线，明显的表现了"方"的特性。画幅上的两组牡丹，一组位于右上方，一组位于左下方，相互呼应，都处于平面切割二分之一的黄金位置上。画的空白形成了虚，和实的牡丹形成对比，作为一种衬托，突出了牡丹的主导地位。留白也富有变化，画幅左下方是最大的长方形空白，右上面的花密密麻麻几乎占满了画面的分割部分。右上方的空白是正方形和下面空白的长方形形成留白上的对比。左下面的那组牡丹花几乎填满了左下角，与右上方的群花形成呼应之势，而面积小于右上方的群花，从而形成大小对比，同时又与右方小的空白形成了虚实对照。枝叶之间形成错落有致、大小形状各异的小方空白，21 朵牡丹花每 4 朵为一组，开合有度，用最经济的笔墨画出了内容极为丰富的画，画面构成生意盎然，既有人工严格的分割与布置，又富有自然之美。构图和笔墨的"方"，表现出了大气磅礴的气势，显得特别饱满丰富。

起峰用笔如此，用墨又何尝不是如此。宋代李成有惜墨如金的说法，这是因为墨在体现构思和内容所起的作用并不比用笔差，宋韩拙认为，"笔以立其形质，墨以分其阴阳"，清代恽南田则认为"有笔有墨谓之画"，而用墨之道，浓浓淡淡、干干湿湿，本无定法。破墨须在模糊中求清醒，清醒中求模糊。积墨须在杂乱中求清楚，清楚中求杂乱。泼墨须在平中求不平，不平中求大平。起峰画鹰用直线造形，重用墨，以强化体积，强化开合，强化气势，他画的鹰额头和颈部用淡墨，眼周围和躯体用浓墨，单纯中有变化，获得突出的效果，不只准确勾勒了鹰的外形，而且传达出了鹰最基本、最有艺术魅力的雄健特征，它傲然兀立于大片空白之中，真如入无人之境，给人以横空出世之感。

在色彩追求上，色和形是不能分开的，有形而无色，有色而无形都是不可思议的。中国画的设色方法一为淡彩，一为重彩。写意画多用淡彩，很少用重彩，而工笔画总是用重彩。谢赫"六法"提出"随类赋彩"，然而所谓随类赋彩并不是准得依据对象固有色来设色，求其类似而已。吴昌硕爱用西洋红画牡丹，齐白石爱用西洋红画菊花，往往都配上黑的叶子、牡丹与菊花原多红色，与西洋红不全相同，而叶子是绿色的而非黑色的，但因红色与黑色相配是一种有力的对比，符合我们民族审美心理，具有古朴的情趣，并不影响牡丹菊花的形神兼备。故吴昌硕云："作画不可太着意色相间"，陈简斋《墨梅》诗："意足不求颜色似，前身相马九方皋"，说的都是同一个道理。

起峰的色彩着意于"浓"，这和起峰认真研究了花鸟对象，能够放手大刀阔斧地追求自己的风格有关。起峰以轮廓为骨干，用色彩来强化花鸟的造形，在色彩构成上局部变化服从整体色调，颜色基本简化为两大部分，叶和干是一大部分，基本倾向蓝绿系统的冷色，另一大部分花则倾向于红，而且是深浅不同的红色。从自然生态来说，符合实际生活，从色彩对比关系来说，红与绿是补色形成对比，因而显得明快响亮。起峰并不执着于一枝一叶的变化，而是追求整体的变化与对比，由于牡丹花处理成基本一致的浅红色，整体颜色趋于一致，于是产生了整体感，整个画面的色调显得结实。为了强调其美的实质，起峰画黑牡丹可以画得比实际更黑；白牡丹分染明暗层次时，尽可能淡，以显示其白；蓝牡丹是更为浅淡的蓝，古人往往画得浓冽，失去其浅淡的美，起峰处理成浅淡中透点蓝，强化了色彩对比，从真实牡丹的色彩中获得的美感得到深化和加强，这与简单地靠"走马看花"得来印象去画，有本质的区别。

起峰对花蕊的子房和雄蕊进行了细致的刻画，尤其是在某些部分加上重点色。大幅牡丹最上端的牡丹花、花蕊的黄与红之间加上一小块非常鲜亮的石青色，这就造成了色彩的丰富感、形成一个比较完美的细部。而左方顶端的牡丹花，黄色的雄蕊、红色的子房、紫色的花蒂，色彩调配极富有自然情趣，因而起峰的浓用色同样表现了一种淡雅的审美追求。创造出浓而不火，雅而不温的色彩情境。

三

认识起峰十多年了，我欣赏起峰孜孜不倦的学习与追求精神。80年代的一个春节，看过电视后，起峰跑来找我询问："古之成大事业，大学问者，必经过三种之境界：'昨夜西风凋碧树，独上高楼，望尽天涯路'，此第一境也；'衣带渐宽终不悔，为伊消得人憔悴'，此第二境也；'众里寻他千百度，蓦然回首，那人却在，灯火阑珊处'此第三境也"的出处。还有一次，起峰打电话找我，要我代他查找宋玉《登徒子好色赋》："天下之佳人莫若楚国，楚国之丽者莫若臣里，臣里之美者莫若臣东家之子。东家之子，增之一分则太长，减之一分则太短，着粉则太白，施朱则太赤"的准确文字，我觉得，这反映了起峰的追求和厚实的文化功底。

起峰的书法熔隶、行、草、楷、篆、魏碑于一炉；他的题款、印章、书法既继承了传统，又化入了现代的平面构成、立体构成、色彩构成观念；他既注重笔墨，又吸收了伦勃朗重背景光影的技巧；他欣赏印象派的色彩处理，又从中国古典诗歌绘画中得到启发、追求高雅的趣味和意境。在《我为峰》中，雄鹰兀立的不是山峰，而是书法构成。他的《逍遥游》表现了老鹳，尽管它要求不高，尽管它生存能力很强，但它仍然面临灭绝的危险。

起峰的画有着很高的文化品位。

起峰的创作原则是："遍览、博采、深思、勤记、精练、出新。"

起峰艺术创作的深层底蕴可以一直追溯到我们民族的宇宙观念。绘画的具象是有限的，起峰画的牡丹只能是个体的个别的那一朵牡丹，起峰画的鸟也只能是个体的个别的鸟。作为一个真正的画家，起峰必须把自己的感情和意志，把自己的人生经历和生活方式，把自己对宇宙万物的顿悟和体验，借助笔墨线条等物质手段体现到现象中去，从而在个别中追求一般，在有限中追求无限，在刹那中追求永恒。宗白华曾经写过这样一段话："山水人物花鸟中，无往而不寓有浑沦宇宙之常理。宋人尺幅花鸟，于寥寥数笔中，写出一无尽之自然、物理具足，生趣盎然。"石涛则以诗的语言指出："在于墨海中立定精神，笔锋下决出生活，尺幅上换去毛骨，混沌里放出光明。"明乎此，也就可以了解起峰绘画中的虚实、疏密、开合、曲直、往复、藏露，无不如清华翼纶《画说》所云："笔墨之道，通乎造化也。"尺幅而有泰山河岳之势，片纸而有秋水长天之思，景物虽少而意常多，故苏轼有句云："谁言一点红，解寄无边春。"起峰绘画形象之"有"体现出的是"无"，是无限广阔的宇宙精神，因而也是对"有"的一种超越。

起峰绘画的深层文化底蕴体现为对宇宙精神的审美追求。它不仅表现在有与无、实与虚，物象与空白的结构处理上，而且还表现在对弦外之音，言外之意，画外之旨的追求上。

《万紫千红》是幅 226×123cm 的巨作，斑驳陆离的老干显示了历经风霜雨雪的沉稳，灰绿色调的新枝萌发出一种生意盎然的气势，从含苞欲放的花骨朵到花朵的紫、红、浅红、黄、白等多重色彩，真正显示出了朱熹"等闲识得春风面，万紫千红总是春"的无边春色，从而表现了春天的诗意和美。

《霸王悲歌和贵妃醉酒》表层画的是一朵黑牡丹，一朵贵妃醉酒，一刚健、一娇柔，实际上它象征着西楚霸王和杨贵妃，一个是金戈铁马的英雄，一个是回头一笑百媚生的美人，两种人格，同一命运。项羽垓下被围自刎而死是悲剧，杨贵妃在马嵬坡"宛转蛾眉马前死"也是悲剧。李清照写项羽"生当为人杰，死亦为鬼雄。至今思项羽，不肯过江东"是何等的刚直。白居易写杨贵妃"花钿委地无人收，翠翘金雀玉搔头，君王掩面救不得，回看血泪相和流"又是何等的缠绵与凄婉。如果我们不进入到历史文化的深处去把握其底蕴，便不能真正欣赏起峰绘画之美，也不可能懂得其构图、色彩、笔墨匠心独运的妙处。

《在河之洲》在黑色的背景上，一轮红日冉冉升起，几块黄色的河流石旁，有着一对蓝嘴红腿的鹬鸟趁着早晨习习的凉风在松散的河滩上散步，旁边还有另外一家走过去了。这幅画用意象化的手法表现了诗经首篇"关关雎鸠，在河之洲。窈窕淑女，君子好逑"的意境，比诗经中青年男子的爱情追求更深一层，起峰描绘了爱情中存在着不确定的因素，尽管它们相依为伴，但它们的爱情选择并没有完结。正如易卜生的《娜拉》写妇女的解放，鲁迅却在易卜生的终点处，提出娜拉走后怎么办的问题，起峰的《在河之洲》有着比《诗经·＜关雎篇＞》更为深刻的文化内涵，正是这一深层文化底蕴形成了起峰绘画的独特魅力。

起峰的执着和追寻，将使起峰的绘画创作升华到一个更高的化境，我们迫切地期待着这一天。

康晓峰绘画的审美追求

晓峰 1985 年毕业于哈尔滨师范大学美术系中国画专业。1990 年 12 月在大庆举办个人画展，1992 年《又一秋》获国际中国画三等奖，收入香港出版的《二十世纪中华画苑掇英大画册》，1997 年《黑土地》参加中国美术作品展后收入香港出版的《中国石油美术作品集》。同年，由于《黑土地》在国内的影响，中央电视台《美术星空》栏目对晓峰进行采访，并于第 47 期播出。2007 年《映日荷花别样红》参加中俄友好交流展。

晓峰从小就喜欢画画，对中国画情有独钟。上大学后他选择了中国画专业。在人物、山水、花鸟三个画种中，晓峰专攻花鸟。

面对传统和现代的矛盾，晓峰也有过困惑和迷茫，不少人拜倒于西方的前卫（avant garde）和超前，对传统进行批判和否定，晓峰不为所动，因为每个人都生活在当下，事实上在整个时间的长河中，当下不过是一瞬间，而这一瞬间又是极其短暂的，我们每个人只不过是这瞬间的一个点。在全球化的今天中国社会，在与国际接轨的过程中，晓峰认为只能在传统中寻找中国绘画发展的根基。为此，晓峰与徐悲鸿夫人廖静文有过一次谈话，廖静文语重心长地告诉晓峰，徐悲鸿先生在世时曾对艺术作品有雅与俗的思考，认为绘画必须解决好雅与俗的问题。什么是雅？雅就是"整"，俗就是"碎"。一个法国诗人说过："高雅就是不哗众取宠的艺术。"面对着市场经济的大潮和喧嚣，面对着大量的媚俗和时尚，晓峰一直坚守"宁静以致远，淡泊以明志"的信念，壬午秋日，在一幅画上，晓峰写下了这样的题词："秋月天然洁，野芳自在馨，写实造型传统笔墨，外周物理内极情思"，具体阐明了自己绘画的审美追求，它有以下四个要点。

1. 绘画作为现实的反映，必须尊重现实。花鸟画以自然为范本，必须将自然置于优先地位。

2. 作为自然物，不管是秋月还是野芳，都具有一种客观的、自在的审美性质。所谓天然洁，自在馨，都是一种自然而然的存在，在实践关系和认识关系的基础上，自然向人生成，形成打动人感情的审美性质。张九龄在《感遇》一诗中说得非常好："兰叶春葳蕤，桂华秋皎洁。欣欣此生意，自尔为佳节。谁知林栖者，闻风自相悦。草木有本心，何求美人折。"

3. 绘画作为造型艺术，必须在二维平面上塑造形体，展开形体，晓峰认为必须在传统笔墨基础上进行造型。

4. 花鸟存在有其自然之理，绘画写实必须全面地反映这一自然之理，在反映自然之理的过程中，进行创造，体现怀斯所说的"画画就是要体现作者的内心"。

笔墨是中国传统绘画造型的独特材质和手段，与西方绘画、伊斯兰的细密画、日本画不同，"画中三昧，舍笔墨无由参悟"。黄宾虹一语道破了笔墨在传统绘画中的作用及其魅力所在。因此，要把握晓峰绘画的审美追求，首先必须把握传统笔墨的独特追求。

所谓笔，即用笔。中国绘画的工具是毛笔，毛笔柔软，富有弹性，能蕴涵大量墨汁，笔端尖而有锋，能随心所欲、挥洒自如地表现各种形状的点线面，其粗细、长短、疏密、方圆、轻重、缓急、强弱、敛放、动静、奇正，皆具有意想不到的表现力。

南齐谢赫《古画品录》提出的绘画六法，在中国绘画史上第一次完整地提出了一个简单明了的绘画美学体系。"六法"中的第二则"骨法用笔是也"。骨，有如人体骨骼，它是支撑人体肌肉和内脏的骨架。魏晋南北朝时期，盛行清谈和人物品藻之风，骨气、风骨这些概念开始流行，作为人物品藻衍生出来的绘画美学术语，突出了用笔得有力度、有筋骨的要求，因此所谓骨法就是用笔的法则，在人物画中主要是线描，山水画中主要是皴法。

中国绘画的用笔有中锋和侧锋两种基本方法。中锋用笔，笔尖始终垂直于画面，笔毛自然聚拢，顺毛而行，笔画圆润饱满，平面的宣纸上呈现一种立体的感觉，线条着力没有虚浮之处，这就能显示画家用笔的功夫。我国早期绘画主要是中锋用笔，顾恺之《女史箴图》，笔法细腻缠绵，既圆润又挺秀，遒劲浑厚，细节描绘体察入微，人物神态鲜明，中规中矩，完全合乎当时社会对女性的规范，此画笔法被誉为"春蚕吐丝"。侧锋用笔，笔尖中锋向侧面使劲，侧毛而行，笔锋不在中间，墨汁渗透不均，浓淡不一，有枯有湿，虚实相应，线条容易产生粗细顿挫的效果，现代写意多用侧锋。除了中锋、侧锋用笔，还有拖锋、逆锋、裹锋、散锋用笔，它们都各具特色。

中国画从壁画开始，再到丝帛纸张的卷轴，以线立像、以线传神、唐代以前的画大都属于此类而未及用墨。用墨还不是当时画画的技法。以吴道子为例，他所绘人物，其势圆转，衣服宽松，裙带飘举，有"吴带当风"之誉。五代荆浩在《笔法记》中却指出吴道子有笔而无墨。当代画家周韶华论及笔墨时指出："为什么画圣也有笔而无墨呢？就是最后的收拾，画中少了黑白灰的'灰'，他的线条画得非常过人，无与伦比，后来没有人能达到吴道子的水平，但是遗憾的是他的画没有用墨的皴擦来做些微的和谐处理，缺乏灰色调子。项容相反，他用墨在当时无与伦比，但墨把他的线条都淹没了，他在收拾的时候，不注意保护他自己的线条，没有线条，画面就支撑不了，没有用笔的张力和强度。"[1]

中国绘画不仅讲究用笔，在其发展过程中，又领悟以笔取形，以墨取色的妙处，笔的运行状态，状物的线条都以墨色呈现于纸上。墨的深浅变化得借助于水，墨借水磨成墨汁，墨汁的浓淡和毛笔吸附多少是紧密相连的。石涛的《画语录》笔墨一章指出："墨之溅笔也以灵，笔之运墨也以神。墨非蒙养不灵，笔非生活不神。"[2]笔和墨在中国绘画中开始成为一个整体。用墨色来描绘人物、山水、花鸟，你不但不会感到单调乏味，不会因为它违背"自然"而产生隔膜，相反，通过水与墨的巧妙配合和运用，通过不同的笔法和泼墨、破墨、积墨的用墨变化，可以创造出清幽高雅、千姿百态的浓淡。干湿、虚实的墨象效应。古人所谓"淡无浓不立，浓无淡不显"，指的就是不同墨象通过对比才能鲜明响亮。笔墨在中国独有的宣纸上形成墨色淋漓和细微变化，是任何别的艺术载体所不能比拟的。清代画家石涛说"墨海里放出光明"，说明在墨色海洋里能够呈现出一个光明澄澈、富有诗意的审美世界。

传统画论有五墨六彩之说，所谓五墨即焦、浓、重、淡、清，这五种色度再加上宣纸的纸色是谓之六彩。唐代张彦远《历代名画记》明确指出，"是欲运墨而五色具"，说的就是用墨之五色替代景物的黑、青、赤、黄、白五色。五代之前的中国画多画在绢上，水墨晕染多用湿笔，用干笔皴擦的很少，技法比较简单，从元代赵孟頫开始，文人画家多在纸上作画，擅长书法的文人画家将书法的用笔用墨方法融入绘画，改变了过去笔墨独立存在的状况，赋彩设色的必要性开始降低，从此，中国绘画从传统的重彩有色进入到文人水墨画的笔、墨、色相辅相成的新的天地。赵孟頫在一首著名的题画诗中写道：

石如飞白木如籀，写竹还应八法通。

若也有人能会此，须知书画本来同。

这首诗的要点就在末句"本来同"三个字上，尽管唐宋之际就有以书法入画的用笔，宋代皇家画院画师的院体画书法的因素基本上是不存在的，而赵孟頫不说画中的书法笔法是模仿枯木竹石的产物，相反地，他说这些绘画笔法是学习了书法笔法的结果：画石的线条像"飞白"笔法，画枯木时用了大篆的用笔方法，画竹用的是行草笔法。这个观点是很深刻的，触及中国绘画的一些美学本质[3]。这意味中国绘画从写实到写意，从具象到抽象，从再现到表现的转变。

晓峰用笔以书法为基础，碑派书法渗透北魏《石门铭》古朴浑厚的金石味，顿以成方，提转以成圆，顿必翻，提转必绞，提转绞转通过擒纵疾涩加以控制，中侧锋复合在一起，这就避免了用笔的线条僵死、简单平拖。晓峰用笔的点线婉转曲折，曲处富有张力，凝重浑厚的线条辅以燥润相间的墨色，形成一种厚重苍茫之感。在墨法的探索上，侧重泼墨与破墨的运用，墨色与画纸的结合，使二次叠画时水墨控制恰到好处。泼墨与破墨的节奏韵律与造型完美的结合，不仅表现在花卉、翠竹等题材上，还突出体现在大写意的猫上。猫是晓峰经常表现的审美对象。晓峰对猫的解剖结构，生活习性，运动规律，体态语言，毛色变化，表情动作，故事传说，无不了然于心，猫的独特造型与不同凡响笔墨追求的结合，使晓峰在大庆美术界获得猫王的称号，晓峰画猫的代表作，如《猫虎镇宅》《恬静》《闲适》《嬉戏》《懒洋洋》《是猫是虎》，都成为艺术市场抢手画作。

就画面的结构论，晓峰根据老子《道德经》中"道生一，一生二，二生三，三生万物"的"三"为构图基础。以画兰为例，第一笔长而取势，第二笔短而顺势，第三笔逆而破势，以这三笔作为画面的基本单位，通过加减变化，遂得千笔万笔。第一笔为主笔，第二笔为辅笔，第三笔为破笔，继之以起承转合，回、引、伸、堵、泻的处理，即可在画面上构成一个完满自足的审美世界。这是一个制造矛盾从而化解矛盾的创作过程，复杂中呈现单纯，变化中有着统一，因而笔墨的处理得心应手，挥洒自如。

创作作为创造，画一竿竹，其实不只是告诉你这是一竿竹，经过意匠经营，画竹还必须求诸"象外"，所谓"立象以尽意"是也。元代倪云林就直截了当地说，他画竹是为了表现"胸中逸气"，中国绘画与西方绘画最大的区别就是中国绘画追求写意，写意是中国绘画的本质所在。

中国美学史上有比兴说和比德说。比兴说源于对诗经的阐释，六朝刘勰《文心雕龙》对比兴做了明确的阐释："比者，附也；兴者，起也。附理者切类以指事，起情者依微以拟义。"文学艺术所吟哦、所描绘的自然物都是"借物喻人"，所借者物（自然），所抒者情（人之情感）；所绘者花，所附者人。《诗经》："南有乔木，不可休思。汉有游女，不可求思。汉之广矣，不可泳思。江之广矣，不可方思。"朱熹解释此诗说：以乔木起兴，江汉为比，言文王之王化，自近及远。诗篇用长江汉水之长之广比附文王的教化深远广大。这就是比兴说的真谛。和比兴说殊途同归的还有比德说："君子比德于玉焉。"《礼记》记玉有十一德。《管子》记玉有九德，《荀子》记玉有七德。汉代许慎《说文解字》简化为五德。玉作为石之美者，不仅外观是美的，而且将玉人格化，玉具有仁义智勇洁五种德行，这样，玉就具有外美内德的二重性格，"君子无故，玉不离身"，源远流长的中国玉文化遂与西方的宝石文化区别开来。

懂得比兴说和比德说，我们才能懂得中国传统文化的天人合一精神，才能懂得传统文化将松竹梅称为岁寒三友，梅兰竹菊写于一幅称为四君子，加上松树或水仙称为五清的缘由。岁寒三友、四君子、五清其实都是君子高尚品格和美好情操的象征。"岁寒然后知松柏之后凋也"，孔子在松柏形象中发现了自己理想的人格，实际上松柏比附了人在严酷环境中的节操。

晓峰画兰，画梅，画莲花，画竹以至于画猫，画黑土地亦应作如是观。这不仅体现了"雅"的审美追求，而且体现了晓峰绘画深厚的文化底蕴。

以兰为例。兰是多年生草本植物，生于幽谷，叶绿如麦门冬，四时常青，光润可爱。其香悠远，清风过处，在室满室，在谷满谷。宋代王贵学云："竹有节而无花，梅有花而无叶，松有叶而无香，而兰花独并有之"，故中国园林三宝为国树银杏，国色牡丹，国香兰花。兰不仅具有美好的自然形态，而且积淀了深厚的文化内涵。屈原作为中国文学史上第一位爱国诗人，就具有浓厚的兰花情结（complex）单《离骚》就"言兰者十"；"扈江离与辟芷兮，纫秋兰以为佩"，用香花与香草的采摘与佩带来比附诗人自己的高洁与美好。"户服艾以盈要兮，谓幽兰不可佩"，则写小人黑白颠倒，美丑倒置，以臭艾为佩物而置真正美好的幽兰于不顾。《孔子家语·在厄》记叙了孔子困于陈蔡之间，七日不得食，孔子告诉弟子子路："芝兰生于深谷，不以无人而不芳；君子修道立德，不为困穷而改节。"孔子把儒家修道立德，穷而弥坚的气节融入兰花的审美中去。宋末元初的爱国画家郑思肖（1239～1316）经历沧桑之变，亡国之痛，始终不忘故国，所坐必向南，故字所南。他画的兰花多为无根兰，露根兰，无土兰。人问其故，他答曰："土为人夺去，岂有不知耶？"他的墨兰，几片兰叶，简逸中具粗细顿挫变化，挺拔而富有韧性。短茎小蕊的花，借助舒展的姿态，浓重的笔墨，不仅表现了兰的清新淡雅，高洁坚韧的品格，而且表现了坚贞不屈的民族精神。他在墨兰题诗曰："兰开不并百花丛，独立疏离趣未穷。宁可枝头抱香死，何曾吹落北风中。"无数文化经验的累积，积淀出了兰文化深厚的内涵。

竹潇洒轻灵，风韵绝佳，早在《诗经·卫风·淇奥》中就描写了竹的自然形态之美，"瞻彼淇奥，绿竹青青"。白居易《养竹记》则具体记叙了竹的高风亮节："竹似贤，何哉？竹本固，固以树德，君子见其本，则思善建不拔者。直，直以立身，君子见其性，则思中立不倚者。竹心空，空以体道，君子见则思应用虚空者。竹节贞，贞以立志，君子见其节，则思砥砺名行，夷险一致者，夫如是，故君子人多树立以为庭实焉。"全面地以固、直、心空（虚心），节守四端论证了竹作为君子的文化品格。王子猷所谓"何可一日无此君"，苏轼则曰："宁可食无肉，不可居无竹。"郑板桥的《墨竹图》构思奇特，一纸的竹竿竹节，与竹叶相映成趣，浓淡相宜，干湿兼具。造型"冗繁削尽留清瘦"。竹叶变形为桃叶、柳叶以强调其青翠。神完气足，独具一格。其题画诗曰："咬定青山不放松，立根原在破岩中。千磨万击还坚韧，任尔东西南北风。"竹的卓尔不群的坚韧精神跃然纸上。

梅的傲霜雪战严寒，莲的出淤泥而不染，濯清涟而不妖的文化内涵亦应作如是观。

晓峰绘画追求"雅"，首先表现为题材选择的雅，梅兰竹菊不仅具有深厚的文化内涵，而且是雅文化的代表，由此可见晓峰的人格追求。

事物的自然形态表现为植物学上的特征，用传统笔墨写实造型时，必须遵循"外周物理"的基本要求，兰花有兰花的自然形态，菊花有菊花的自然形态，如此等等，绘画时必须对这些事物进行细致的观察，从物之象深入到物之理。

晓峰绘画追求雅还表现为写意的雅和艺术创作概括的雅。作为客观世界的主观图画，画中的形状色彩孕育于自然的形状色彩，然画中的形状色彩又非自然的形状色彩，正如潘天寿所说的："笔墨取于物，发于心，为物之象，心之迹。"所谓笔墨取于物是说创作的出发点来自客观事物，从客观事物的物象升华为艺术形态的形象，必须根据艺术家的心灵，服从艺术家思想感情的审美要求。凡·高认为："真正的画家是受心灵指导的，他们的心灵和头脑并非画笔的奴隶，恰恰相反，画笔必须听从画家心灵的指导。"潘天寿和凡·高道出了写意的真谛。"外周物理，内极情思"是一个完整的统一体，晓峰的画体现的正是这样一个审美追求。

《风和春有姿》画的是兰花，悬崖陡壁的背景，几簇兰花顽强地从石头缝中绽发出若干青翠欲滴的叶片，墨色有深有浅，有干有湿，构成了一幅"春之精神写不出，以草树写之"的图画，从而描绘出了一个风和日丽，万物欣欣向荣，春意盎然的春天。作为空间艺术，不能直接描绘风，因为风是无形的，但我们从兰叶的摇曳的动态中，又分明感受到了风；作为视觉艺术，绘画不能直接描绘花香，但我们从花的怒放中，又分明感受到了那些小小花朵散发出了沁人心脾的幽香，中国艺术的极境如空谷幽兰，悬崖上的这几丛兰花，可能引不起人们的关注，在这个阒寂的世界里，它们自行开放又自行凋落。中国美学认为这样的美是无言之美，淡泊深远，空灵中有着永恒，静穆中有着崇高。这才是兰花的品格。值得注意的是画面右边一大片空白，只有一行题字。论者曰："无画处皆成妙境。"中国画讲究"计白当黑"，没有白也就没有黑，没有空白，也就显不出画面，更显不出墨色的丰富变化。这意到笔不到的空白给欣赏者留下了想象的空间。所谓"画留三分空，生气随之发"，"不著一字，尽得风流"，正是空白魅力的真实写照。

《清高风烈》、《绿竹助秋声》画的都是风竹，晓峰通过竹的独特造型，画出了秋风的动态，从竹枝摆动，竹叶相互碰击中，我们似乎可以听到秋天肃杀之声。竹叶以深墨为面，淡墨为背，虚实相映，从用笔用墨的干湿处理中，墨韵清新之气喷薄欲出，看来晓峰是包含感情来表现的。西方称中国为"竹之国"，竹成为潇洒高逸人格的象征，晓峰笔下的竹寓意深远，极富诗意。

《映日荷花别样红》既是写实又是写意，红花虽好，还得绿叶相扶，一枝红荷含苞待放。一枝红荷正在怒放，荷花处于构图的中心位置，用淡墨的荷叶为底，用浓墨画就的荷叶为面。大小相间，疏密有致。值得注意的是画面体现了阿恩海姆在《艺术与视知觉》中提出的简化原则。简化有两层含义，一是与复杂相对的简单，一是在貌似简单中呈现丰富，即"删繁就简三秋树，领异标新二月花"，或"触目纵横千万朵，赏心只有两三枝"。用最小的面积，惊人地集中了最大量的思想。简单中包含丰富，个别中包含一般，有限中包含无限，从而生动地体现出"雅就是整，俗就是碎"的审美追求。

牡丹是唐代的国花，梅花是宋代的国花。"艺梅赏梅盛于宋，是得其时；宋人讲究品格操守，是得其义，而梅之资质品性适应人情，是得其物。天时地利，人情物理，风雨际会，形神淡泊，梅花衍生出人格的图腾。梅花定格于这一历史时空。成了道德品格和民族精神的永恒象征[4]。六朝咏梅，是梅花意象发掘的开始，林和靖梅妻鹤子提高了梅花意象的诗化程度和情趣浓度，苏轼提高了梅的格调，陆游以其民族忧患意识和人世沧桑进一步深化了梅的格调，在范成大大力倡导下推动了梅花的普及，所以梅花的内涵也是文化层层累积的结果[5]。晓峰的《秋菊能傲霜》。在凄清萧瑟的秋色中，奇石峥嵘，老干纵横，新枝吐蕊，朵朵红梅在漫天的飞雪中，冷中有暖，暖中有冷，更显出梅的冰肌玉骨，纯洁无瑕，生动地体现了"梅花欢喜漫天雪"的情趣品格。

晓峰早期画人物，1997年以后从人物画转为专攻花鸟画。晓峰人物画的代表作是《黑土地》。"黑土地"一语双关，既指东北这块土地，大庆油田这块黑油油的原油产地，又隐指生活战斗在大庆油田这块土地浑身油污的油田工人，从而突出了主旋律。

《黑土地》一画的背景是抽象的，具有象征性。在塑造人物形象上，晓峰一反传统的画法，创造性选择一组采油女工作为主人公，从美学上增添了作品的魅力。晓峰追求的不是写实而是写意，着眼点不是人物形象的外部形态，不是形象的精确性，而是通过群体构成画面，省略了一切细部，采用油污这一淳朴的造型语言，从形似进入神似的艺术境界。

构图上，《黑土地》也颇具特色，由于画面描绘的是群体的人物形象，这就必须考虑人物的位置和关系，何者为主、何者为次；何者在前，何者居后；何处该密，何处宜疏，正如绘画大师吴冠中指出的："构图中最基本、最关键，起决定作用的因素是平面分割，也就是整个画面的面积的安排和处理"。晓峰这幅画的构图重视空间的占领，严格控制面积，整个画面分割成三组，左边一组2人，约占1/3画面；中间一组3人，是为画面主体，约占2/5画面。3人中又有主中之主；右边一组1人，约占1/5画面，主次结合，使之有高有低，有起有伏，疏密相间，错落有致。人物形象造型各异，有向有背，有正有侧，形成一个多侧面多层次，内容极为丰富，富有节奏感的独特艺术世界。

《黑土地》底色是灰的，密密麻麻的黑色原油点与原油团弥漫于画面全局，这就是作品的意蕴所在。背景上黑色的原油点与原油团与采油工人白色的工作服形成鲜明的黑白对比，工作服上的油污与工作服的白色又是一重黑白对比，画面上部黑色原油点淡、画面下面黑色原油形成团块，浓与淡，虚与实的色差对比形成一种韵律美。采油女工内衣胸口露出的红色块与红色块，绿色块与绿色块相互呼应，红与绿互为补色，使处于主体位置的人物形象格外醒目，色彩丰富而不单调，平静中蕴涵激情，显示了"石油工人一声吼，地球也要抖三抖"的精神风貌。

晓峰坚守传统，因为传统中有很多美好的东西，有着我们民族的文化精神；但晓峰又不囿于传统，"笔墨当随时代"，时代既包含无数个人的因素，还包含我们这个时代的精神。海德格尔说：人诗意地栖居在大地上，建设一个和谐社会，需要诗意，晓峰的画作就提供了诗意，愿晓峰继续他的审美探求，画出更多更好的作品来。

参考文献

[1] 周韶华 . 走进中国美学思想的深处 [N]. 中国文化报，2007-12-2(6).

[2] 石涛 . 画语录 [M]// 中国美学史资料选编：下册 . 北京：中华书局，1981：330.

[3] 徐书城 . 艺术美学新义 [C]. 重庆：重庆出版社，1989：163.

[4] 程杰 . 宋代咏梅文学研究 [M] 合肥：安徽文艺出版社，2002：70.

[5] 王莹 . 唐宋"国花"意象与中国文化精神 [J]. 文学评论，2008（6）.

中西诗性文化精神之差异

　　文化学是当前学术研究的一个热点，如茶文化、酒文化、豆腐文化、吴越文化、齐鲁文化，不胜枚举。大家以为文化距离我们很远，实际上，每个人从头到脚，从里到外，从思想到物质，衣食住行，无不体现文化精神。我们生活的世界，就是一个文化的世界。很多事物由于文化含金量高，于是成为名牌。美国好莱坞的电影、法国的时装、北京全聚德烤鸭、杭州张小泉剪刀，都是如此。国酒茅台，水好，曲好，窖好，酿造技术也好，多年的历史形成了文化品位。黄鹤楼、岳阳楼、滕王阁为什么有名，原因是：崔颢写的黄鹤楼诗，连诗仙李白都为之叹服，"眼前有景题不得，崔颢题诗在上头。"范仲淹的《岳阳楼记》、王勃的《滕王阁序》增添了岳阳楼和滕王阁的文化底蕴，没有这些诗文名篇，它们也就是一般的楼阁。井冈山、延安、西柏坡为什么有名，因为它们和革命联系在一起，称为红色文化，借用刘禹锡的《陋室铭》，山不在高，有文化则名；水不在深，有文化则灵。

　　中国的改革开放是一个现代化、全球化的过程。中国要立足于世界之林，就必须懂得世界、懂得西方，知己知彼，才能文化交流互鉴。没有先进文化的发展，没有全民族文化素质的提高，文化作为软实力，是一个大国、一个强国的标志，因此要激发出全民族文化创造的活力。正是在这个意义上，恩格斯在《反杜林论》中指出："文化上的每一个进步，都是迈向自由的一步。"

　　文化的定义有二三百个，社会学家费孝通的解释最为简单明了，四个字"人为，为人"。凡不是自然而然的，而是人为的就叫文化；凡是与人相关的，为人服务的设施也叫文化。文化有广义狭义之分，广义的文化包括物质文化和精神文化，狭义的文化则专指精神文化。

　　为了开阔视野，笔者选择中西文化精神差异这个话题，比较的是西方文化和我们骨子里、血液中千百年来积淀而成的传统文化。这是具有丰富内容的话题，由于篇幅关系，本文只谈四个方面的问题。

一、中西空间观念不同

为了具体形象地进行中西文化精神比较，笔者以两首诗作为切入点，一首是柳宗元的《江雪》，一首是法国普列维尔的《公园里》。

1. 柳宗元的《江雪》，诗曰：

　　千山鸟飞绝，万径人踪灭。

　　孤舟蓑笠翁，独钓寒江雪。

汉唐是中国封建社会的高峰。唐开元天宝年间，政治清明，国力强大，人民生活安定。"渔阳鼙鼓动地来，惊破霓裳羽衣曲"，安史之乱很快就使唐王朝从高峰掉入低谷。李商隐的"夕阳无限好，只是近黄昏"，正是这个时代的写照。永贞元年（805），柳宗元参与了以王叔文、王伾为首的永贞革新运动，采取了一系列改革措施，但就在这一年的8月，遭到了保守势力的反击，仅仅四五个月，永贞革新失败，改革派作为罪人被贬到边远的地方，这就是"二王八司马事件"。从政治风云人物变为罪人，柳宗元的痛苦大家可以想见，但政治的失意带来的却是文学上的丰收。陆游有诗为证："天恐文人未尽才，常教零落在蒿莱；不为千载离骚计，屈子何由泽畔来。" 柳宗元在柳州写下了"海畔尖山似剑芒，秋来处处割愁肠"诗句，在永州写下了永州八记，《江雪》大致是在永州写的，全诗弥漫着一种难以形容的冷色调。4句20个字押的是"绝""灭""雪"，这些险峻的仄声字，从音韵上给人一种不寻常的感受。

诗一二句从宏观上写了背景。毛泽东《沁园春·雪》开头是："千里冰封，万里雪飘。望长城内外，唯余莽莽，大河上下，顿失滔滔。"《江雪》与《沁园春·雪》有异曲同工之妙。"千山"，无数的山；"万径"，原野上无数的路。一个"千"，一个"万"，极尽其渲染夸张之能事，我们只能用想象来补充，来感受这大尺度的千山万径。在这片辽阔的土地上，天空有鸟飞，地面上有很多人在劳动、在行走，所谓"天高任鸟飞，海阔凭鱼跃"，"海是龙世界，天是鹤家乡"，而《江雪》中，充满生机的繁荣景象不见了，不仅千峰上没鸟，万径上没人，连人的足迹都没有了。三四句是诗的主体部分，千山万径过后，用特写镜头具体而微地推出了一条小船，孤零零的一只小船，再推出孤舟上有一个小小的我，头戴斗笠，身披蓑衣。和"孤"字相呼应，诗人还突出了一个"独"字，"孤"

和"独"生动地表现主人公被社会所遗弃，他也遗弃了社会，有如梁羽生所塑造的金世遗这个人物。请注意这个"钓"字，从千山万径—孤舟—蓑笠翁—钓钩，形成了一个巨大的反差，写大是为了写小，写鸟飞人踪正是为了写"绝""灭"，写动是为了写静，写有正是为了写无，写千山万径正是为了写孤舟和独钓，巨大的反差形成了英美新批评派文论所说的"张力"（Tension）。

诗中主人公在做什么？"独钓寒江雪"，寒江雪是画龙点睛之笔，不仅扣题江雪，而且把前后两部分有机地连接在一起，真正做到了古人所说的言有尽而意无穷。雪落在千山万径上（所以鸟飞绝，所以人踪灭），雪落在孤舟蓑笠之上，雪落在江面上，独钓寒江雪，说明江上都是雪，雪之大、之密、之厚可想而知，漫天皆雪，整个世界都是白茫茫一片。"寒江"，一个寒字点出气温之低，这不仅是外在的寒，也点出了主人公内心之寒。渔翁不是在钓鱼，而是在钓雪，渔翁形象不仅是孤独的，而且傲霜斗雪，一身孤傲之气跃然纸上。表现出屈原那种"举世皆浊我独清，世人皆醉我独醒"的文化精神，所以这首诗表现了以下意义：

（1）诗人在永贞革新失败后的巨大孤独感；

（2）诗人仍然坚持自己的理想，傲霜雪斗严寒的抗争精神；

（3）诗人对人生的大彻大悟，有如贾宝玉出家，整个世界是一个白茫茫的空无世界。或如辛弃疾《丑奴儿》写的："少年不识愁滋味，爱上层楼，爱上层楼，为赋新词强说愁。而今识得愁滋味，欲说还休，欲说还休，却道天凉好个秋。"

（4）雪具有象征的意义，和人世间的黑暗、污浊相对照，诗人创造了一个洁白而富有诗意的审美世界，从而忘却人间的纷扰和苦难，得到一种解脱。19世纪浪漫主义诗人主张：最甜美的诗歌就是那些诉说最忧伤思想的，最美丽的诗歌就是那些最绝望的，有些不朽的篇章是纯粹的眼泪。

2. 法国诗人普列维尔的《公园里》体现了西方的文化精神，中西文化精神不同，首先表现为空间观念的不同。

公园里

一千年一万年

也难以

诉说尽

这瞬间的永恒

你吻了我

　　我吻了你

　　在冬日朦胧的清晨

　　清晨在蒙苏利公园

　　公园在巴黎

　　巴黎是地上一座城

　　地球是天上一颗星

　　《公园里》表现了两人相拥而吻在一起的瞬间，在时间上是一个点，在空间上也是一个点。

　　中国的空间是封闭的，《江雪》从千山万径—孤舟—蓑笠翁—钓钩，从大到小；西方的空间则是开放的，《公园里》从吻在一起这一点开始，交待了吻的具体时间是"冬日朦胧的清晨"，一个冒着寒气冬天的清晨，具体地点在蒙苏利公园（扣题，都市中的自然），从吻到蒙苏利公园到巴黎，到地球到天上，一去而不复返。从时间上这爱情一千年一万年也诉说不尽；从空间上从小到大，一直弥漫于广阔的宇宙空间太空之中，象征爱情的无边无垠。

　　什么叫宇宙？战国时期《尸子》记载，"四方上下曰宇，往古来今曰宙"，宇宙是整个世界的总称。中国的宇宙观来自农业社会，从农业的空间获得"宇"的意识，从日出而作，日入而息的农业活动获得"宙"的时间意识。

　　中国人写信的空间顺序是：中华人民共和国－省－市－所在地址－个人，突出的是国家，由大到小；西方人写信的空间顺序是：个人－所在地址－市－国家，由小到大。

　　小农经济导致了中国的乡土观念和以血缘关系为纽带的亲情观念，"树高千丈，叶落归根"，"胡马依北风，越鸟巢南枝"，"狐死必首丘"，李白"举头望明月，低头思故乡"，杜甫"露从今夜白，月是故乡明"。孟子说"天下之本在国，国之本在家"，国是家的放大，这是中国人感情的焦点，所以西方很多国家都有唐人街。"老乡见老乡，两眼泪汪汪"，富贵不归故乡则如锦衣夜行，出息了，必须回到故乡显示一番。《瞭望·东方周刊》有一篇白先勇访谈，他生在桂林，6岁就离开了，长在台湾，在台湾住了11年，以后定居美国，住了40多年，在美国有房子，但家不在那里，后来回到大陆推广昆曲，感觉自己真的回家了。

二、中西时间观念不同

中国对时间的把握是整体性的把握，西方是分析性的把握。中国时间顺序：年－月－日－时－分－秒；西方时间顺序：秒－分－时－日－月－年。西方用公元纪年，时间表现为一条直线，不可逆，赫拉克利特认为，一切皆流，无物常住；人不能两次踏进同一条河流；还说：太阳每天都是新的。

以农立国的中国传统文化，自给自足的小农经济养成封闭的文化心理结构和循环往复的时间观念：日出而作，日入而息；凿井而饮，耕田而食。生活视野相对狭窄且世代相袭，很少流动。年复一年，代复一代，老守田园，面朝黄土背朝天，无须也无从了解外部世界。周易，取变化之义，但这一变化是循环往复的变化。

中国农民对四季变化非常敏锐，正月立春雨水，四月清明谷雨，六月小暑大暑，八月中秋秋分，十一月大雪冬至，十二月小寒大寒，一年四季，十二个节，十二个气，气象物候的变化，日月风云的变幻对农作物有巨大的影响。微观方面抓得非常细。昼夜交替，一天是一个循环；春种秋收，夏锄冬藏，一年是一个循环；仰望星空，日往则月来，月往则日来，俯视大地，花开花落，草枯草荣，又是一个循环；甲乙丙丁十二天干，子丑寅卯十二地支，六十年一个花甲子，一个循环。历史的发展，三皇五帝，夏商周秦，代代有兴有衰；天下大势，分久必合，合久必分，还是一个循环。最典型的是太极图，阴阳鱼首尾相衔接，仍然是一个循环。小农经济把农业对自然的认识转化为对时间对历史循环论的把握。作为一个集体无意识，作为一种原型，已经铭刻在我们大脑深处，融化在我们每个人的血液中，这是应该注意的。

三、中西爱情观念不同

爱情这个词，中国原来没有，20世纪受西方影响才出现这个词。中国传统文化认为性、爱情、婚姻是一回事。传统语汇中长辈对小辈的爱曰"慈"，君王对百姓的爱曰"仁"，晚辈对长辈的爱曰"敬"，却没有一个词表男女之间的爱情。理想的夫妻关系曰"相敬如宾""举案齐眉"，"私奔"被用于不能自由结合的男女，"私通"表述婚姻之外的关系。中国人重视婚姻而轻视恋爱，真正的恋爱仅见于桑间濮上；西方人重视恋爱，爱情至上。中国文化讲究男女之大防，男女授受不亲，有这样一个命题，"嫂溺而援之以手，可乎？""老公公叫儿媳妇，不能直呼其名。"比如说，"凳子，你去买块豆腐"，"石头，你去买瓶酱油"。中国传统的婚姻是父母之命，媒妁之言，如李准的《李双双》主人公是先结婚后恋爱。

朱光潜在《中西诗在情趣上的比较》指出，西方人重视恋爱，有恋爱至上之说；中国人重视婚姻而轻视恋爱。[1]西方文化的恋爱则是自由的，热烈的，大胆的，郭沫若翻译《少年维特的烦恼》有首序诗：

> 青年男子哪个不善钟情
> 妙龄女子哪个不善怀春
> 这是我们人性中的至圣至神

为什么男女两性之间具有如此大的吸引力？古希腊神话作过这样一个解释，远古时人是圆球状，有四只手，四条腿，前后相反的两副面孔，一个头颅，四只耳朵。人的胆大妄为使得奥林匹斯山上的众神忐忑不安，宙斯决定将人分成两半。之后，每一半都急切地扑向另一半，他们纠缠在一起，拥抱在一起，强烈地希望融合在一起，这就是尘世的爱情。

雪莱《为诗一辩》中写道："诗是最幸福最优秀的灵魂处于最美好、最幸福的时刻 那一瞬间的记录……它使世界上一切最好最美的事物得以不朽。"法国普列维尔的《公园里》记录的是两颗最优秀灵魂处于最美好最幸福时刻那一瞬间的记录。

一千年进而到一万年，极写时间之长、之至、之深（实写爱情）。永恒不是一天两天、一年两年，不是一千年，不是一万年，而是时间上无穷无尽，瞬间与永恒构成一个巨大的矛盾。一方面吻是在一瞬间发生的；另一方面对于男女主人公来说，又是永远不能忘却的，所以是永恒的。再深一层说，吻的纯真、热烈真实存在过，具有永恒性，尽管是一瞬间，但它毕竟是永恒的一部分，它存在过，因而属于永恒；对男女主人公而言，这一瞬间就是永恒，作为情不自禁的初恋，永世难忘。其次爱情作为永恒的主题，具有极大的普泛性，只要有人类就有爱情存在。感情作为深层心理是难以言说的，与中国诗歌以意象作为元素用情景交融的方式不同。西方诗歌别具一格，一千年一万年极言时间之长，就是这样漫长的时间，也难以诉说尽"你吻了我，我吻了你"这一瞬间的永恒。请注意这个"瞬间的永恒"，瞬间和永恒似乎矛盾，但就是这巨大的反差形成了一种难于以语言表达出来的张力。一千年一万年也说不尽这热烈的吻，这才叫爱情，这才叫水平，这才叫诗。马克思说"爱情是太阳底下最美丽的花朵",朱光潜认为,西方社会的立足点是个人,爱情在个人生活中最关痛痒,西方文化是在恋爱中实现人生。《公园里》把西方的爱情推到了无以复加的境界,这一瞬间体现了两情相悦的内容,主体是你和我的两人世界(江雪是孤独的一个人世界),正如霭理士《性心理学》说的"它的满足牵扯到另一个人"。文学艺术必须通过个别表现一般,通过特殊表现普遍,通过有限表现无限,所以这首诗表现了西方的爱情观,表现了西方的文化精神。

四、中西思维方式不同

思维是人类特有的一种精神活动,它是在表象概念的基础上进行分析、判断、综合、推理的认识活动。恩格斯《自然辩证法》把思维着的精神看作地球上最美的花朵。

为了证明中西思维方式不同,先举个例子:

赵树理有篇小说《小二黑结婚》,小芹的妈叫三仙姑,三仙姑装神弄鬼,老来俏,作家和读者都认为她不正型。在北大读书的美国学生却认为她值得同情:她还不算老,爱生活,爱活动,爱交男朋友,不愿当一个活着跟死去相差无几的"烈女",没有什么不好。她装神弄鬼无非是别无出路的变态反应;区干部对她的责难是不公平的,奚落她脸上搽粉太厚,像下了霜的驴粪蛋,这是对她个人爱好的野蛮限制,多管闲事。

1. 中国的思维方式为收敛式思维,西方为发散性思维

《江雪》从千山万径到孤舟,到蓑笠翁,到钓钩,体现的是收敛性思维;《公园》从吻到蒙苏利公园,到巴黎,到地球,到天上,是发散性思维。

中国人的姓名,代表全家族的姓氏在前,个人的名字在后;西方文化大都是个人名字、父名、家庭姓氏。前面讲的空间观念,时间观念也都体现了这一特点。

1405年7月11日,郑和开始七下西洋,船队先后远涉太平洋、印度洋,最远到达红海和非洲东海岸,船队最大的宝船长135米,排水量将近2万吨,当时西方最大的船排水量才1500吨。哥伦布1492年横渡大西洋,旗舰圣·玛利亚号排水量不过233吨,李约瑟认为所有欧洲国家船队加起来也无法跟明代海军相比。郑和七下西洋是和平之旅,表现为收敛式思维方式,西方发散式思维方式表现为扩张、侵略、杀戮、建立殖民地,印第安人几遭灭族、塔斯马尼亚人已经灭绝了。

1757年,乾隆发布锁国令,由于收敛性思维作怪,中国既看不到也不愿意

了解世界历史发展潮流以及工业化进展。有人分析近代中国错失了 4 次现代化良机：1792 年英国通商使臣接二连三碰壁，中国错失了第一次工业革命；19 世纪 60 年代洋务运动失败，中国再次失去追赶世界潮流的机会；20 世纪初辛亥革命半途而废，孙中山现代化蓝图成为空想；1937 年日本帝国主义侵华，摧毁了近代中国最后一次现代化努力。

1840 年、1857 年两次鸦片战争，第一次，我国的陆海军被 4000 多人的英国远征军打败，他们的军舰从广州一直打到长江口，打到南京城下，打到天津；第二次，英法联军火烧圆明园。1840 年鸦片战争并没有打破中国天朝大国的美梦；而 1854 年美国军舰兵临日本，日本明治维新。1894 年甲午中日战争，日本得到的战利品，价值 1 亿两白银，战争赔款 2 亿 3 千万两白银，相当于当时中国 3 年的财政收入，相当于日本 7 年的财政收入，这就加速了日本经济发展，鼓舞了日本侵略的野心。从 1840 年到 1945 年，中国几乎没有打过胜仗。1853 年，马克思在《中国革命和欧洲革命》中指出："与外界完全隔绝是保存旧中国的首要条件。"[3] 马克思在《鸦片贸易史》写道："一个人口几乎占人类三分之一的大帝国，不顾时势，安于现状，人为地隔绝于世并因此竭力以天朝尽善尽美的幻想自欺。"[3]

2. 中国思维方式表现模糊笼统，西方思维方式追求明确清晰

《道德经》一开头"道可道，非常道，名可名，非常名"。什么是道，什么是名，没有分析论证，是一个大而化之的概念。西方文化的源头有两个，一为古希腊文化，一为希伯来文化。西方思维源于对事物本质，对事物普遍性的追求，比如现实中的桌子是各种各样的，木头的、铁的、大理石的，方的、圆的，柏拉图认为有三张桌子，作为桌子的本质 idea（理式）的桌子，生活中的桌子，画的桌子。现实中的桌子是桌子 idea 的模仿，画家的桌子则是对现实桌子的模仿，因而是模仿的模仿。

西方文化认为事物的本质可以用明白清晰的语言来表达，这便是定义。柏拉图、亚里士多德都认为定义就是对事物本质性的认识，这种本质性的追求又具体化为定义、公理、公式。我们知道，不管是哲学术语还是科学术语，含义必须是单一的，没有歧义的，比如分子、原子、量子的定义就都是明确的，清晰的。西方文化的严谨和欧几里得几何学有密切关系，欧氏几何由五条（九条）公理、七条定理和一些公式演绎推导成为一个完整的体系（比如两点之间以直线为最短）。几何学是抽象的，几何学上的三角形就不是现实中的三角形，几何学上的三角形是普遍有效的，现实中任何一个三角形都必须服从三角形定理。欧几里得几何作

为西方科学的范本，深深地影响了西方的文化精神，古代希腊柏拉图学院大门口有个牌子，上面写着：不懂几何学者，不得入内。[4]

3. 中国式思维长于综合，西方思维长于分析

有人说，中西方的区别就在于我们将一本书浓缩成一句话，西方是将一句话演绎成一本书。中国哲学的目标在于回答怎么样（知其然）；西方哲学目标则致力于回答是什么（知其所以然）。

中国文化用阴阳五行进行综合，太极两仪生四象，四象生八卦，八卦再演化为六十四卦，"一阴一阳谓之道""阴阳者天地之大理也。四时者，阴阳之大经也"。中医治病望闻问切，从阴阳、表里、寒热、虚实八个方面综合诊治。

西方文化根本精神是爱智慧，崇尚思辨，亚里士多德创立了逻辑[5]，亚里士多德的逻辑真是真，假是假，没有半点含糊。欧几里得几何公理、定理、求证、推理，按照严格的逻辑办事，实验科学更是丁是丁，卯是卯。西方思维和思想体系是在逻辑的基础上建立的，在这个意义上，亚里士多德创造了整个西方。西方文化之所以崇尚逻辑，原因是他们认为自然界是有秩序的，而秩序就是今天所说的规律，同一现象几十次乃至无数次的重复，他们用一种明确的方法去进行思维，用一种打破砂锅问到底的方式去探求真理。那一个个星球，按照几何轨迹旋转，地球中心说认为日月星辰都围绕地球旋转；哥白尼《天体运行论》提出了日心说，日月星辰都是围绕太阳旋转，伽利略则用望远镜观察星辰，西方科学的发展一是靠可以理解的逻辑，另一点是依靠可以控制的实验，中国则是炼丹。

古希腊的逻辑融入西方人思维之中成为科学研究的方法。中国《墨子》虽有逻辑思想，却没有进入思维领域，仅仅是一纸空谈。由于没有逻辑，只知其然而不知其所以然，就像弯曲的龙，风里来，云里去，具有跳跃性和散漫性。

面对世界这个整体，处于分析性思维，把自然界分解为各个部分，从而划分出许许多多不同的学科。要成为一门学科，必须具备三个条件：（1）有一批基本概念；（2）这些概念的定义是明确的、逻辑是一贯的；（3）按照逻辑形成一个完整的体系。[4] 更为重要的是这个理论必须是普遍有效的，因此西方的 logos 不仅具有普遍性，而且又是以严密的逻辑形式表现出来的。

近代牛顿力学也是按欧氏几何精神建立起来的，牛顿把整个世界规律化了。英国诗人亚历山大·蒲伯给牛顿写的墓志铭：

Nature and nature's law,	自然和自然的法则，
Lay hid in night,	在黑暗中隐藏，

God said:	上帝说:
Let Newton be ,	让牛顿去吧,
And all was light.	于是一切都已照亮。

爱因斯坦否定牛顿,量子力学修正了经典力学,非欧几何证明了欧几里得几何并不是普遍有效的,西方科学就是这样发展的。

中国古代并没有形成科学或科学体系,更没有分门别类的科学,有的只是技术,中国四大发明:造纸、印刷术、火药和指南针,可以说它们改变了世界面貌。马克思说:"火药、指南针、印刷术,这是预告资产阶级社会到来的三大发明,火药把骑士阶层炸得粉碎,指南针打开了世界市场并建立了殖民地,而印刷术则变成新教的工具,总的说来变成科学复兴的手段,变成精神发展创造必要的最强大的杠杆。"

21世纪是我们文化的转折点,中国文化将在世界文化之林有着自己独特的地位。

在世界文化中,只有西方文化一开始就产生了民主制度,并几起几落,重心不断转移。起初是古希腊的海洋文化和商业文化,接着是罗马、威尼斯、英国、法国,现在是美国,不断地一个否定一个,不断前进,成为人类前进的火车头。而中国文化,几千年来成功地面对各种各样的内部和外部挑战,不间断延续下来,中华民族有很强的凝聚力和活力。研究中国文化,我们吸收西方文化中的先进因素,增强自信心,积极吸收和借鉴世界各民族的优秀文化成果,为把我们国家建设成为一个伟大的社会主义文化强国而奋斗。

参考文献

[1] 朱光潜. 诗论 [M]. 北京:北京出版社,2005:87.

[2] 易中天. 闲话中国人 [M]. 上海:上海文艺出版社,2002:2.

[3] 马克思,恩格斯. 马克思恩格斯选集:第二卷 [M]. 北京:人民出版社,2006:3,26.

[4] 张法. 美学导论 [M]. 北京:中国人民大学出版社,2001:5,14.

[5] 曹文轩. 第二世界 [M]. 北京:作家出版社,2003:277.

意象派和意象派的诗歌理论

　　意象派（imagism）是 20 世纪初英美诗坛上出现的诗歌流派，属于这一流派的诗人并不太多，活动时间也不长（1912 年 ~ 1920 年），他们并没有创作出什么鸿篇巨制；可是英国评论家理查·格雷认为意象派运动是英美现代文学中最重要的运动之一，《美国文学和美国语言》的作者艾略特，《美国文学史》的作者斯彼勒等人都把意象派的出现看成英美现代诗歌的开端，把意象派作为欧美新旧诗歌分野的标志，因此，进一步研究并了解意象派的诗歌创作理论及其实践是有必要的。

一

　　意象派的产生，实际上是对浪漫主义的一种反动。19 世纪的浪漫主义传统，到了 20 世纪已经难以为继。在英国，从雪莱开始，经过丁尼生，斯温本和阿诺尔德，一直到弗朗西斯·汤普逊，浪漫主义已经走上衰落。维多利亚朝的诗歌，不仅堆砌辞藻，讲究音律，句子冗长，形式纤巧，而且矫揉造作，毫无新意。在美国，惠特曼于 1892 年逝世，晚年他对资本主义世界感到失望，一反过去的激昂慷慨而陷入于沉默之中；斯蒂文·克兰，艾米莉·迪更生以至罗宾逊，这些优秀的诗人当时并没有引起人注意；斯特曼、斯托达德等人则步丁尼生的后尘，一味逃避现实，沉溺于虚幻缥缈的浪漫主义世界中而不能自拔。难怪意象派理论奠基人休姆（T. E. HVulme）愤慨地写道："我讨厌这种感伤情调。好像一首诗要是不呻吟，不哭泣，就不算诗似的。"[1]意象派诗人理查德·奥尔丁顿（Richara Aldington）说："19 世纪的诗歌—自雪莱开始，经过丁尼生、史文朋……华而不实，文笔拙劣，几乎到了令人难以置信的地步。在那些年代里，很少有今天的青年诗人所喜爱的那种明晰简约之作，那种刚健朴实之作。"[2]理查德·奥尔丁顿的意见尽管相当偏颇，对当时诗歌弊病的贬斥确是鞭辟入里的。阿尔弗列德·奥斯丁没有写过出色的作品，居然成为桂冠诗人，诗坛之衰落由此可以想见，诗歌的变革已经是势所必然的了。看到了浪漫主义诗歌之衰颓，连以乡居为乐，不太过问世事的哈代也对丁尼生发出了"那作诗的人，也成了尘土"的感叹！[3] 意象派的产生可以追溯到 1908 年英国诗人兼批评家休姆组织的"诗人之社"，1909 年初，休姆与弗林特相识，组成了一个新的诗人团体，庞德由于崇拜叶芝也到了英国，出版了诗集《人》，成了《诗歌杂志》驻欧洲的编辑，开始有了一定的名声，一些美国诗人围绕在庞德周围从事创作。庞德加入这一诗人团体后，于是形成了一个新诗派中心，发起了意象派运动（Imagist Movement），这些诗人都对维多利亚朝诗风不满，在法国象征派、中国古诗、日本俳句的影响下，由弗林特执笔，经庞德，希尔达·杜丽特（Hilda Doolitle）等人同意，1913 年 3 月在美国出版的《诗》月刊上，他们提出了诗歌创新的三条纲领，这就是：

1. 无论是主观的或客观的"事物"都用直接的手法来处理；

2. 绝不使用无助于表现的字句；

3. 在节奏上运用具有音乐性的词句，而不受节拍的束缚。

后来阿米·洛维尔和瑞恰德·阿丁顿又把这三条扩充成为六条。

意象派的诗歌理论初看似乎仅仅与形式有关，但只要深入研究，形式的革新不能不涉及内容问题，不能不涉及诗歌反映现实生活的问题，意象派诗歌对英美诗歌摆脱衰颓的诗风，打破传统格律的束缚，为现代派诗歌开辟了道路。

二

意象派的革新主要表现在以下几个方面。

意象派诗歌理论奠基人休姆提出"确切主义的语言就是诗"，为了反对维多利亚朝和乔治朝浮夸的文体和虚饰的辞藻堆砌、他们主张使用明白如话的日常口语。

休姆写过一首《秋》，就是这一主张的体现：

> 秋夜里有了一丝凉意
> 我漫步到户外，
> 看见一轮微红的月倚在篱边
> 像一个红面膛的农夫。
> 我没有停下答话，只点了点头：
> 周围是惆怅的星星
> 面色苍白、有如城里的孩童。

我们先不去讨论诗中的意象，单就语言的朴素无华，摒弃华丽的辞藻和含混不清的泛泛议论，准确地运用口语来说，就很有特色，这首诗确切地传述出了秋夜的凄清和点头不语的黯然情怀，比起浮夸的浪漫主义诗风来，显然是个长足的进步。

意象派反对笼统地描写事物，在诗歌中他们总是准确地抓住具体细节，直接地处理主观的或客观的世物。

休姆写日落，不用金色的字样；桑登堡写雾，不是写白茫茫一片，而是写：

> 雾来了
> 以小猫的脚步
>
> 它蹲着环视
> 港口和城市
> 无声地拱起腰
> 一会儿，又向前移。

小猫的运动是轻捷无声的。诗中生动的细节传达了雾的形和神，活灵活现地描写出了雾的移动，给读者留下了极其深刻的印象。

在绝不使用无助于表现的字句方面，他们的追求有时到了执拗的地步。《天鹅之歌》是弗林特成为意象派诗人之前写的，全诗长达69行，借助于天鹅在炎热的夏天游往阴凉的桥洞下，有如一朵白玫瑰，一团白火焰的意象，表现了诗人对待生活的厌倦态度。这首诗选入意象派诗选时，按照运用具有音乐性的词句和直接的手法进行处理的原则被庞德毫不留情地砍掉了57行，像"没有桨我怎能漂浮靠岸/这一片荒凉草地——死"这样的句子砍掉了。全诗最后仅剩下12行。

> 在荷阴之下；
> 在洒满荆豆花、丁香花
> 金黄、蓝紫、褐红色的河水里，
> 鱼儿颤抖。
>
> 漂浮穿过冷绿的落叶，

银色的漪波，
天鹅古铜色的颈和嘴
弯向黑色的深水。
它缓缓地游向拱桥下。

天鹅游向桥洞的暗处，
游向我的悲哀深处的暗洞。
它带来一朵白玫瑰，一团白火焰。

　　经过压缩之后，诗人的审美感受中，桥洞的暗处这一意象生发出了我的悲哀深处的暗洞这样一个派生意象，两者的复合暗示出了诗人在炎夏中午对生活的厌倦，诗句有了更丰富的内涵。

　　意象派对诗歌的贡献还表现在节奏上。传统的诗歌是以音步，即音节的轻重读相间以成节奏作为基础，古典主义的诗律是英雄排偶体，莎士比亚、弥尔顿以至浪漫主义诗歌则是无韵素体诗，前者行句合一，后者则从一行一句、一行半句发张为一句多行，但它仍然以音节的抑扬为基础。意象派诗人反对以节拍写诗，他们根据情感的需要以诗节甚至全诗作为韵律的基础，这就扩大了格律的范围，丰富了诗歌的表现力，使诗歌从陈规陋习中解放了出来。希耳达·杜丽特写了一首《山神》：

搅拌起来吧，大海
搅拌起你尖顶的松林，
溅起你的高大的松树，
让它们溅在我们的岩石上，
用你的绿色冲击我们，
用你的松林之海淹没我们。

　　全诗韵律和意象结合成为一个意义单位。松林和海浪相互交会渗透，松林就是海浪，可以溅在岩石上；海浪成了松林，搅拌起来的是松林，用绿色冲击着人们，用松林淹没着人们，松林也好，海浪也好，都是表现主题山神的，意象的重叠效果充分显示了意象派在格律方面的成就。

创造出独特的意象，是意象派诗歌最突出的成就。意象派至今对现代英美诗歌还存在深刻的影响，很重要的一个原因是意象派诗歌的意义是建立在形象思维基础之上，因此我们有必要重点研究意象派的意象理论。

三

西方意象派理论和创作的核心是 image，即意象，image 具有映像、影像、图像、物象、心象、意象等意义。1915 年，庞德在《小评论》一文是这样阐述意象的："意象可分为两类。它可以在头脑里产生，这样它就是'主观的'。这可能是由于外因对头脑的影响所致：如果这样，这些外因进入头脑，被融合，传达，最后则以一个迥然不同的意象的形式出现。第二，意象可以是'客观的'。感情攫取了某个外部场景或动作，并把它带进头脑里，这个漩涡把其他的东西全部清除掉，只留下那些基本的、主要的或鲜明的特质，最后以类似外界的原型的形象而出现。"庞德这段话不太好懂，条分缕析，它包含了以下两个方面的内容。1. 在头脑里产生的意象是由外因对头脑的影响所致，这是一种内在的意象。从心理学的观点来看，这种意象可能只是一种表象。朱光潜在《西方美学史》里写道："人凭感官接触到外界事物，感觉神经就兴奋起来，把该事物的印象传到头脑里，就产生一种最基本的感性认识，叫作'观念'、'意象'或'表象'。这种观念或印象储存在头脑里就成为记忆，在适当的时机可以复现。"意象派诗人威廉·威廉姆斯写过一首《红色手推车》：

> 如此多地依赖
> 一架红色手推车
> 结上晶莹的雨滴
> 旁边一群白色的雏鸡

手推车、雨滴、雏鸡都是生活中常见的事物。红色手推车、晶莹的雨滴，白色的雏鸡对头脑发生影响，引起诗人的审美情趣，诗人的头脑把这些具有鲜明视觉特征的物象组合在一起。由于句子结构的特殊安排，三个意象奇妙的组合，这幅生机盎然的图画给人一种意想不到的独特的享受。说意象是主观的，主要在于"象"是经过头脑改造过的事物的表象，这一表象和主体，和主体的"意"是密切联结的。这首诗的意象以一种迥然不同的形式出现，关键在于意象具有主观性。

2. 说意象可以是客观的，是说意象不是无本之木，无源之水，感情所攫取的东西必须是外部场景或动作，创作的结果必须"以类似外界的原型的形式"出现，希耳达·杜丽特写的《不平静的街道》：

> 雨夜，
> 它（街道）像蛇鳞一样
> 闪着单调、阴暗的光；
> 上面挂着的弧光灯——
> 黑树干上枯死的蓝白色百合。

　　街道上该有多少东西可以入诗，但希耳达·杜丽特把其他的东西全部清除掉，只留下能给人鲜明印象，具有审美效应的外部的街灯。街道之不平静在于灯光。街道上有着无数的街灯，这些街灯亮了，宛如长蛇身上的鳞片，发出单调而又阴暗的光。描绘了全景之后，诗人随即以特写镜头对准具体的灯柱，对准灯柱上的弧光灯，灯柱生发出了黑树干的意象，弧光灯生发出了枯死的蓝百合的意象，这些意象都来自外部场景而且以类似外界的原型的形式出现，从这个意义上讲，意象又是客观的。王国维在《人间词话》里有段话说得很好，他说："词人之忠实，不独对人事宜然。即对一草一木，亦须有忠实之意"，忠实于外部场景或动作是意象客观性的根源，只有忠实于客观性，诗人才能够真正做到"以奴仆命风月，与花鸟共忧乐"。

　　仅仅从心理学的角度研究意象的主观性与客观性是不够的，韦勒克、沃伦在他们合著的《文学理论》中指出："意象是一个既属于心理学，又属于文学研究的题目"，在心理学中，意象一词只是表示有关过去的感受上、知觉上的经验在心中的重现或回忆。艾青在《诗论》中提出"意象是从感觉到感觉的一些蜕化"，"意象是纯感官的，意象是具体化的感觉"，艾青所说的意象只能是表层的、感性的、类似心理学上感知表象那样的意象，而决非西方意象派诗歌理论中那种作为审美范畴的意象。《文学理论》的作者说意象是一个既属于心理学，又属于文学研究的题目，心理学上的意象和文学研究的意象究竟有何不同，韦勒克、沃伦没有说，但他们引用了 1917 年庞德对意象所作的界定。庞德说，意象不是一种图像式的重现，而是"一种在瞬间形成的思想和感情的复合体"，[4] 这就是说，在意象派诗歌理论中意象是感性的，却又不是感性的，作为瞬间所形成的审美经验，既包含了思想，又包含了饱和着感情的感性。诗人把知觉到的直观和表象加以选择、提炼和概括，这就有理性在起作用，在理性的指导下，意象保留了感性知识的具体性，鲜明性和生动性，因此意象作为审美范畴，是感性与理性的统一。伟大诗人歌德在叙述自己创作经验时指出："我每形成什么概念，即刻转化为一个意象。"康德认为："审美意象是一种想象力所形成的形象显现。它从属于某一概念，但由于想象力的自由运用，它又丰富多样，很难找出它所表现的是某一确定的概念。"[5]在审美活动中，感性的东西由于和想象力的自由运用有着密切关系，"如果把想象力的一个表象安放在一个概念里，从属于这概念的表达，但它单独自身就生起了那样的思想，这些思想是永不能被全面地把握在一个特定的概念里的——因而把这个概念自身审美地扩张到无限的境地；在这场合，想象力是创造性的，并且把知性诸观念（理性）的机能带进了运动，以至于在一个表象里的思想（这本是属于一个对象的概念里的），大大地多过于在这表象里所能把握和明白理解的"[6]。康德在这里揭示出了审美意象的特殊性质，意象不仅是作者思想感情的复合体，而且也是感性与理性的复合体，在有限的、感性的具体的意象中展示的是无限的、理性的、抽象的意蕴。

从文学创作的角度看，作为感性与理性，现象与本质统一的意象，作为一种意识形态，它必须外化，审美意识物态化的过程就是意象借助于语言这一媒介进行表现的过程，庞德说："意象主义的本质，在于不把意象当作装饰。意象本身就是语言。"[7]这就说明意象能够借助语言直接表现想象所唤起的意义，激发读者也在这种直觉或想象中唤起这些意义并且加以组合，庞德写的《地铁车站》是意象派的代表作，全诗仅仅两句：

> 这些面庞从人群中幽灵般地涌现
> 湿漉漉的黑树干上花瓣朵朵

关于这首诗，在《高狄埃—布热泽斯卡：回忆录》中，庞德给我们留下了一段很有意思的记载，地点巴黎，"在协和大街附近，我从地铁车厢出来，突然瞥见一张美丽的面庞，接着又看见另一位美貌的女人。于是一整天我都在搜索词句来表现这一经验的意味。然而我却找不到任何在我看来适当的字眼，能与那突然的赏心悦目的感觉相称。当天晚上，我沿着雷纳德回家的路上还在努力思索；突然我发现了表达方式……不是用词语，而是用斑驳的色彩……在那种情形下，色彩是最基本的颜料，我想那是我最初意识到的适当的等同手段"。画家适当的等同手段是色彩线条，音乐家适当的等同手段是音响旋律，诗人，不论是表现主观经验或客观经验，真实的经验或者想象的经验，都得以文字作为媒介，通过具体。感性、形象的语言来勾画意象，直接诉之于读者的感官记忆，唤起读者潜在的审美经验，使读者通过自己的眼睛和心灵，从不同的事物中发现相似相同之处，借助于联想，产生新的审美体验。庞德写地铁车站，整整写了一年，当天晚上，他写出了 30 行，但又毁了它；半年之后，他把它写成 15 行的一首诗；一年之后，他才写出了上述日本俳句式的短诗。庞德是一位深受东方诗画影响的诗人，他在这首短诗里创造出来的意象不只是审美意识的物态化，而且鲜明地再现了诗人走出地铁车厢那一瞬间的美感经验：下雨的天气阴沉沉的，地铁车站灯光昏暗，黑压压的人群拥上拥下，在这阴暗的背景上突然出现了一线光明，出现了美，一个，接着又是一个美丽的面庞，瞬间的审美感受有如幻影，有如幽灵，淹没在阴暗的背景里。这一审美感受和沉积于诗人心灵深处的雨中的黑树干，树干上有着残存的朵朵花瓣的审美经验相连接，犹如电光火花，迅速地从一极跳到了另一极，从而形成这首含意深远的意象诗。

意象诗里的意象并不是单一的而是复杂的，一个意象可以派生出一个新的意象，也可以把一个意象叠加在另一个意象之上，两个意象互相渗透融合成为一个复合的意象，用庞德自己的话来说，就是"一个叠加的形式把一个概念叠加在另一个概念之上"。《地铁车站》把美丽的花瓣叠加在幽灵般的面庞之上，《不平静的街道》的枯死的蓝白色百合叠加在潮湿阴暗的弧光灯之上，乔治·布洛克说："把一个柠檬放在一个桔子旁边它们便不再是一个柠檬和桔子了。而变成了水果。"[8] 用布洛克的话来说明诗的意象叠加原理是最恰当不过的了，柠檬和桔子之所以能够叠加，是因为它们有着相似点，柠檬、桔子叠加的复合形式产生了水果这一概念。意象叠加的基点就是它们之间的相似，《地铁车站》里面庞与花瓣的叠加有如水乳交融，已经难解难分了。"意象在任何情况下都不只是一个思想，它是一团，或者一堆交融的思想，具有活力。"[9] 在人群中幽灵般地涌现的面庞的意象与湿漉漉的黑树干上的花瓣这一意象，由于重叠交融产生了一个新的意象，在这个新意象的复合体里，有着相当的空白让你去感受、去领悟。你可以理解为，繁忙的大都市生活中对于自然美突然而短暂的体会；你可以理解为美丽的面庞与枝头残存的花瓣相比从而显示美丽容貌的凄清；你还可以理解为，美丽的面庞像黑树干上的花瓣一样，会很快地凋落，会被人无情地加以践踏，从而显示出诗人对都市生活中美的短暂易逝的惆怅。

西方意象派的理论和实践，无疑受到中国古诗很深的影响，据说庞德第一次看到从日文转译的中国诗时，他就像哥伦布发现新大陆那样的欢喜，他自己就翻译了二十多首李白、王维、陶渊明以及古诗十九首中的部分诗篇。艾略特十分赞许庞德"为我们的时代发明了中国的诗歌"。[10]中国古代诗论主张言有尽而意无穷，意象派诗歌同样不赞成把意象所包含的思想感情直接点了出来，也不主张对诗加以解释。仁者见仁、智者见智，生活中的美需要独具慧眼的诗人去捕捉，去发现，去加以表现，而心有灵犀一点通的读者自然也会结合自己的人生经验和审美体验去品味、从而分向诗人独特的发现所带来的喜悦。

四

有的同志认为，意象派的原则旨在革新诗的形式，几乎没有触及诗的内容，这一论断我认为不够实事求是。诚然，意象派所反映的生活不够宽广，他们不那么重视被描写的事物，却过于重视诗歌自身，即诗歌的艺术手法，因而具有形式主义和唯美主义的倾向；他们对意象的理解也过于狭隘，给自己制造了各种各样的框框，束缚了自己的手脚，没能产生出影响较大的作品。但他们的创作理论并没有"没有触及诗的内容"，[11]作为一种诗歌流派，它不能不回答创作与现实生活的关系问题；作为一种革新，它不能不与浪漫主义诗歌回避现实生活，从传奇、神话和历史中寻找题材划清界线。意象派诗歌中的题材绝大多数来自工业化的资本主义现实生活，而且要求广泛而直接地进行反映，弗林特写过一首《乞丐》：

> 贫民窟里，
>
> 站着一个老人，
>
> 用笛子吹奏着他的悲哀；
>
> 他驼背，瘦削，
>
> 一把脏胡子，
>
> 一双瞎眼。
>
> 裹着破衣烂衫的
>
> 蜷缩、卑贱的身躯
>
> 不停地颤抖——

风击打他

饥饿噬咬着他，

他孤独地拿着笛子

吹奏着。

………

这首诗通过一个乞丐的悲惨命运，提出了发人深思的重大社会问题。

庞德认为："诗歌需要如实地描写我所看到的生活，[12]阿米·洛威尔则主张"文学应扎根于现实生活"从而成为"反映生活的急先锋"，[13]意象派扩大了诗歌的表现范围，现实世界有真善美也有假恶丑，意象派诗歌既表现了生活中美的事物，也描写了生活中丑的事物，和传统诗歌脱离现实生活的情况比较。意象派诗歌在内容上也是有所创新的。女诗人郑敏认为，意象派虽然只存在几年，但却像一块跳板，使得诗从以农业为主要生产手段，工业仍在萌芽状态的18、19世纪的历史时代跃入科学高度发达的现代化时代。它的哲学观点和美学观点与现代西方文化有着紧密的关系，意象派的意象经过现代的改造后能起到表达浓缩的现代思想感情作用，这些论断确实符合意象派的实际。[14]

意象派的诗歌理论和创作实践不仅至今还对当代的西方文学有着很大的影响，而且也影响了中国五四运动所开创的新文学运动，1917年，胡适在《新青年》上提出了《文学改良刍议》，针对旧文学的形式主义、拟古主义的毛病，提出改良文学应从"八事"入手，即须言之有物，不模仿古人，须讲求文法，不作无病之呻吟，务去滥调套语，不用典，不讲对仗，不避俗字俗语，这些意见几乎全来自意象派的宣言。

研究意象派的诗歌理论和创作实践，不仅有助于我们把握当代西方的文艺思潮，作为一种借鉴，对于建设我们自己的文学理论，繁荣新时期的文学创作，无疑也是会有所裨益的。

参考文献

[1]T·E·休姆《思索》。

[2] 转引自《国外文学》83年第2期第107页。

[3] 转引自G·S·弗雷泽《现代作家和他的世界》（企鹅版，1964）。

[4]艾兹拉·庞德《回顾》，参见《诗探索》1981年第4期译文。

[5]《西方文论选》上册第 564 页。

[6] 康德《判断力批判》上册第 161 页。

[7] 转引自《诗探索》1982 年第 2 期第 169 页。

[8] 转引自阿恩海姆《艺术与视知觉》第 636 页。

[9] 庞德《关于意象主义》。

[10] 转引自《诗探索》总第 12 期第 173 页。

[11]《美的研究与欣赏》丛刊第二辑第 169 页。

[12][13] 转引自《国外文学》1983 年第 2 期第 110 页。

[14] 参见郑敏《英美诗歌戏剧研究》。

中国古典诗歌与美国意象派诗人的审美追求

一

意象派既是 20 世纪初英美诗坛上兴起的一场诗歌运动，又是一股文艺思潮。根据彼德·琼斯的考证，与意象派运动关系密切的有七个诗人，其中有四个美国人，即埃兹拉·庞德、希尔达·杜丽特、约翰·各尔特·弗来契、艾米·洛威尔，三个英国人，即理查德·阿尔丁顿、F·S·弗林特、D·H·劳伦斯。而在这四个美国人中，庞德和艾米·洛威尔是核心的关键性人物。表面上看，美国人的优势纯出于偶然，只要我们深入考察，偶然中却又包含了某种必然。这一必然，在于这些年轻的美国诗人在诗歌美学上的追求比起他们的英国同行来，有着更大的急迫感和更多的开拓性。他们不仅极力要求摆脱英国诗人以至传统欧洲文艺思想的影响，而且要求发现自我，要求追寻自己民族独特的轨迹。罗兰·巴尔特谈到"零度风格"的主要特点是"从语言的前定状态中解脱出来"，美国意象派诗人何尝不是如此。和英国或其他西方国家相比，英国和欧洲其他国家背负着传统沉重负担，用荣格的话来说，就是"西方人无法摆脱历史……历史写在他的血中"。[1]美国文化传统的惰性相对较小，能够比较容易地从传统的阻力中挣脱出来，这就是美国诗人在意象派运动中成为主要力量和核心的深层原因。正是在这个意义上，庞德在芝加哥出版的杂志《诗刊》上预言了美国文艺复兴的到来，在给杂志主编哈利特·门罗的信中，他写道："和美国的文艺复兴相比，意大利的文艺复兴简直像在炊壶里兴风浪。"具有如此自觉的改革意识，要求从传统的束缚中挣脱出来，自然就必须寻找一个支点，一个美国意象派诗人从事创作的支点，不管庞德、艾米·洛威尔本人是否充分意识到这一点，他们热衷于东方，热衷于中国古诗，以至于以后成为普遍性的热点，其根由基于此。

庞德是面向现代，面向东方，向中国取经的先驱者之一。他对中国文化的兴趣是众所周知的。T·S·艾略特称赞庞德"为我们的时代发明了中国诗歌"就是个证明。庞德最初是从日本诗歌特别是俳句寻找借鉴的，接着通过日本发现了中国古诗。1914 年至 1915 年，他研读了美国东方学家厄尼斯特·费内洛沙（Ernest Fenollsa）翻译的中国诗遗稿。据说，他头一次看到从日本转译的中国诗，就像哥伦布发现新大陆一样欢喜。他说："读中国诗即可以明白什么是意象诗。"他还说："中国是根本性的，日本不是。日本是一个特殊的兴趣，就像普罗旺斯，或除但丁外的 12、13 世纪意大利。"他认为中国之于新诗运动，就像希腊之于文艺复兴。庞德早期诗集《献祭》中有六首以中国为题材的小诗，其中《刘彻》是他读了别人所译的《落叶哀蝉曲》之后改写的，显示了他非凡的翻译才能。王嘉《拾遗记》中伪托汉武帝刘彻思念李夫人的原作如下：

> 罗袂兮无声，玉墀兮尘生。虚房冷而寂寞，落叶依于重扃。望彼美之女兮，安得感余心之未宁。

下面是庞德英译的汉译：

> 丝绸的瑟瑟停了／尘埃飘落在院子里／足音再不可闻，落叶／匆匆地堆成了堆，一动不动／落叶下是她，心的欢乐者。
>
> 一片在门槛上的湿叶子。

在这里，庞德突破了翻译的界限，自作主张，同时也是创造性地增加了一个颇有意味的结尾；不仅把李夫人写成长眠于落叶之下，而且以电影蒙太奇的手法，以一片贴在门槛上的湿叶的意象叠加在"心的欢乐者"意象之上，从而传达出了一种无可言喻的哀婉与生死不渝的衷情。

1915 年，他出版了名为《中国诗抄》的译诗集，共收集 19 首，是庞德《诗章》之前最重要的作品，以至有人说，有一个人读过庞德的诗，就有十多人浏览过庞德的中国诗。

对中国古诗有着同样浓厚兴趣的是艾米·洛威尔，投入意象派运动之后，她的诗明显地受到了东方，特别是中国诗的影响。1914 年出版的《剑刃与罂粟花种》中，许多短诗出现了中国古诗和意象主义常见的具体场景，甚至还有寺院这类画意生动的十四行诗。她的译诗《松花笺》和诗集《浮世绘》中的仿中国诗，至今犹有可读性。另几位美国意象派诗人如约翰·高尔德·弗来彻、麦克斯威尔·彼登海默，他们的诗远远赶不上他们表现中国画的意境或仿中国诗的成就。

有的学者在自己的研究中指出，美国的新诗运动从日本诗转向中国诗，可以 1915 年为界线。在这之前，很少见到中国诗的译、仿、评，而 1915 年之后，则形成东方精神的入侵，这是可信的。蒙罗把意象诗定义为"中国魔术的追求"。N·S默温则说，到如今，不考虑中国诗的影响，美国诗无法想象。这种影响已成为美国诗传统的一部分，这些证明了美国新诗运动和中国古诗之间存在着血缘关系。

二

美国现代诗人罗伯特·弗洛斯特曾把诗定义为"在翻译中失掉的东西"。通过翻译引进中国古诗，自然会存在种种误差，存在着一个中国古诗"美国化"的问题。庞德和艾米·洛威尔都不懂中文，他们是通过第二手以至第三手材料了解中国古诗的。1918 年 7 月，艾米·洛威尔在给埃斯考夫人的一封信中指出："我之所以建议你提出有关部首的点滴发现，只是为了在庞德的译文上面打开一个缺口，他那套玩意儿全是从费内洛沙教授那儿来的。首先，他们不是中国人，而且天知道这些译文从中文原文到费内洛沙教授的日文原文已经经过多少人的手。其次，埃兹拉在译文上煞费苦心，一直改到它们全不像是中国诗的翻译为止，尽管这些译诗本身是很好的诗。"[2] 艾米·洛威尔的话说明了一点：美国意象派诗人所接受的中国古诗是经过选择处理的。庞德对中国诗的处理，前面已经谈过，庞德对中国诗的选择，我们只要把他的《中国诗抄》和保存在耶鲁大学的费内洛沙的笔记原件进行对照，就可以发现，费内洛沙的遗稿收录中国古诗 150 首，其中包括《离骚》《九歌》《风赋》《琵琶行》《胡笳十八拍》等，这些庞德都没有选；李白的《古风》，庞德只选了《代马不思越》《胡关饶风沙》，而《秦王扫六合》等都没有入选，这说明庞德是根据自己建立现代诗歌的需要而决定取舍的。

另一位把中国诗歌热情介绍给美国公众的艾米·洛威尔则与汉语讲得很流利的埃斯考夫人合作，为了超过庞德，她让埃斯考夫人直接从中文搞出一份译文，完全逐字逐句翻译，不仅给出这些方块字符号的对应词，而且还给出它们的部首，甚至把汉字历史、神话的、地理的、技术的暗含意义通通译了出来，艾米·洛威尔则根据这份译文，搞出一份尽可能接近原文的东西，再让埃斯考夫人校对原文。A·C·格雷厄姆在《晚唐诗选》序言中指出："汉诗的译者最必需的便是简洁的才能，有人以为要把一切都传达出来就必须增加一些词，结果使得某些用字最精练的中国作家被译成英文之后，反而显得特别啰唆。"[3] 这种种误差尽管我们不准备予以讨论，但我们应该充分考虑误差这一事实，并在这些误差的研究上探讨美国意象派诗人的审美追求，以及中国古诗的哪些方面曾经影响过美国的意象派诗人。

三

中国古典诗歌对美国意象派诗人审美追求的影响，主要表现在以下四个方面。

1. 直接呈现的审美追求

中国古典诗歌美学提出了"云霞雕色，有逾画工之妙；草木贲华，无待锦匠之奇；夫岂外饰，盖自然耳。"[4] "观古今胜语，多非补假，皆由直寻"[5] 的美学命题。所谓"自然"或"直寻"，实际上就是李白讲的"清水出芙蓉，天然去雕饰"，梅圣俞讲的"状难写之景如在目前"，王国讲的"不隔"。芙蓉出于清水，朴素无华，直接呈现出它的美质，这是一种很高的审美追求。姜白石的"二十四桥仍在，波心荡，冷月无声"，王国维在《人间词话》里认为格韵虽然高绝，但终似雾里看花，不管是二十四桥，还是波心、冷月，意象都不够清晰、不够鲜明，没有直接呈现出来，这就叫作"隔"；而"池塘生春草"、"空梁落燕泥"以至欧阳修《少年游》咏春草上半阕"阑干十二独凭春，晴碧远连云。千里万里，二月三月，行色苦愁人"，出于自然，毫无修饰，感情真率，意象清晰、鲜明，语语都在目前，便是不隔。"不隔"或"直寻"具体表现为：其言情也必沁人心脾，其写景也必豁人耳目，其辞脱口而出，无矫揉妆饰之态，只有这样，意象才能得到直接的呈现。严维的"柳塘春水漫，花坞夕阳迟"，通过柳塘与春水、花坞与夕阳二组意象，状难写之天容时态，融和骀荡，如在目前，一任其出于自然。做到了"不隔"，也就是实现了直接呈现的审美追求。

意象派十分重视直接呈现的审美追求，由弗林特执笔提出的意象主义的三条规则，第一条就是"无论是主观的或客观的事物，都用直接的手法来处理"。《意象主义诗人（1916）序》中写道："意象主义指的是呈现的方法，而不是指呈现的主题。它的意思是说要清晰地呈现作者想表现的一切。"针对整个 19 世纪诗歌的缺陷，庞德曾把它们归结为两点：一是感伤，二是做作。庞德说中国诗完全没有近几个世纪西方诗所特有的那些文学技巧花样，指的就是中国诗不做作。庞德认为："意象主义的本质在于不把意象当作装饰，意象本身便是语言。"[6] 因此，意象派以意象为核心，大力推行"反象征主义诗学"的原则。庞德认为象征派诗歌像音乐一样，强化自身成为清晰的语言；而意象派的诗歌，则像雕塑绘画一样，强使自身成为词汇。对象征派诗歌来说，现实是一团泥，可以在诗人手中随心所欲地塑造；而对意象派诗歌，现实则像一块石头，它抗拒雕刻家手中的刀刃。直接呈现的原则要求充分信赖语言本身，它认为语言本身就是具有呈现事物和事物意蕴的能力，正是在这个意义上，庞德极力推崇莎士比亚的诗句，"赤褐色帷幔裹着的拂晓"，庞德说，莎士比亚"表现了画家没有表现的东西，在他这行诗里，没有任何东西可谓之描绘；他是在表现"。[7] 对于美国意象派诗人直接呈现的审美追求，麦克利许在他的名作《诗艺》中充分予以肯定，他写道："代替全部历史哀伤的 / 是空旷的门口，是一叶红枫 / 代替爱情的 / 是野草俯首，是日月临海——诗不应当隐有所指 / 诗应当直接就是。"斯言深得意象派诗歌三昧。

意象派经典之作《地铁车站》是用直接手法处理的一个范例：

> 这些面庞从人群中幽灵般地涌现
> 湿漉漉的黑树干上花瓣朵朵

走出地铁车厢，在黑压压的人流中，几个美丽的面影在眼前一闪而过，这突然的赏心悦目的感受，诗人找到的最适当的等同手段是斑驳的色彩；在第一行诗中，背景的底色是黑的，"幽灵"是飘忽不定的表征，强光照耀下的美丽面庞在黑色的背景中显得十分突出；第二行诗，诗人直接显示了另一个类似的意象，阴沉沉的天底下，雨中的树干是黑的、湿漉漉的，在这样一个背景里，突出了被雨水冲洗过的娇嫩的花瓣。花瓣的意象不仅是面庞这一意象的补充，而且是面庞意象的升华，形成一个同构的参照系。通过明亮与阴暗、优美与丑陋、清新与潮闷的对比，一个崭新的、诗意的、美好的世界直接呈现在我们面前。

庞德不是一个画家。但他用富有色彩的意象呈现了那瞬间独特的审美体验，犹如我国伟大诗人杜甫，用"晓看红湿处，花重锦官城"呈现了春夜喜雨的美好意境一样，是具有创造性的。

必须指出，直接呈现是手段而非目的。庞德认为，感情所攫取的东西必须是外部场景或动作，创作的结果必须以类似外界的原型形式出现。意象不是一种图像式的重现，而是一种在瞬间形成的思想和感情的复合体，这样，意象既是感性的，又不完全是感性的，作为瞬间的审美经验，它既包含了饱含感情的感性，又包含了思想。诗人把知觉到的直观和表象加以选择、提炼和概括，这就是理性的作用，在理性的指导下，意象保留了感性的具体性、形象性和生动性，因此，意象作为审美范畴，是主观与客观、感性与理性统一的复合体。在《意象主义者的几"不"》中，庞德指出："正是这样一个复合物的呈现同时给予一种突然解放的感觉：那种从时间局限和空间局限中摆脱出来的自由感觉，那种当我们在阅读伟大的艺术作品时经常经历到的突然成长的感觉。""清水出芙蓉,天然去雕饰"给予人一种从有限时间和空间中摆脱出来的自由感和解放感。元好问"池塘春草谢家春,万古千秋五字新",说的是"池塘生春草"给予人的自由感和解放感。庞德《地铁车站》直接呈现的面庞与花瓣的叠加意象,无疑给予人一种从具体时间、空间局限中摆脱出来的赏心悦目的感觉,这种感觉在美学上就叫美感。

中国古典诗歌毫不做作,清晰地呈现诗人想要表现独特发现的审美追求及其效应,事实上为美国意象派诗人提供了一个范本。

2. 中性的审美追求

所谓中性,指的就是整个作品不作无谓的感叹,不作出自己的判断。也就是艾略特说的"艺术的情绪是非个人化的"。情绪的非个人化,自然是客观的,也就是中性的。

对维多利亚时代诗人的说教语调,意象派普遍地深恶痛绝。休姆愤慨地写道:"我讨厌这种感伤情调。好像一首诗要是不呻吟、不哭泣,就不算诗似的。"[8]福特·玛陶克斯·休弗在1913年写道:"鸟声婉转,月光明媚——诗人为了安全起见而作的笔墨游戏,批评家试图找到一些东西来加以赞美——这些都被人认为是诗歌这副扑克中不会出毛病的牌。仿佛藉此来伤感一番是太平无事的、伤感也因而理所当然地被人认为是诗的正业。"[9]中性的审美追求正是对感伤和说教的一种清算。

中国古典诗歌美学提出了"含不尽之意于言外"是一个中性美学原则的命题。《六一诗话》记载梅圣俞这样一段话作为例证:"作者得于心,览者会以意,殆难指陈以言也。虽然,亦可略道其仿佛。……又若温庭筠'鸡声茅店月,人迹板桥霜';贾岛'怪禽啼旷野,落日恐行人',则道路辛苦,羁愁旅思,岂不见于言外乎?"1911年庞德还没有接触到中国诗,就已经提出了诗人要找出事物明澈的一面,呈露它,不要加以解说;接触到中国诗后,他明确指出,我们要译中国诗,正因为某些中国诗人把诗质呈出便很满足,他们不说教、不加陈述。

出于中性的审美追求,威廉斯的《无产者画像》是这样描写的:

　　　一个高大、不系头巾的姑娘
　　　　缚着围裙

　　　头发向后梳

她站立在街头
一只穿袜子的脚踩在
人行道上

她手拿一只鞋
朝里边仔细看
拉起了鞋里的衬纸
要找着那枚小钉

就是那东西把她刺疼

给无产者画像，这是一个多大的题目，该有多少话可说，但诗人严格严遵守中性美学原则的要求，不作任何感叹；不加任何雕饰和评论，真正是不动声色地让意象本身呈现着一切。

庞德十分赞赏李白的《玉阶怨》，认为它充分体现了诗歌的意味，诗曰："玉阶生白露，夜久侵罗袜。却下水晶帘，玲珑望秋月。"没有一个字写怨，可为什么夜深了她还独自伫立在那玉阶之上，让白露浸湿了罗袜？为什么进屋之后却下水晶帘，却下水晶帘之后还玲珑地望着秋月。月无言，人也无言，若人不伴月，则又有何物可以伴人，哀怨之情渗透于字里行间，我想，正是这一绝妙的中性的审美效应，才使庞德为之倾倒吧。

3.叠加的审美追求

意象派诗歌理论奠基者，英国诗人休姆（T·E·Hulme）提出，譬如某诗人为某些意象所打动，这些意象分行并置时，两个视觉意象构成一个视觉的弦。它们结合而暗示一个崭新面貌的意象。为了和象征主义划清界限，庞德指出："象征主义是从事联想的。这是说一种影射，好像寓言一样。他们把象征的符号降低成一个字，一种呆板的形态。……象征主义者的象征符号有一个固定的价值，好像算术中的1、2、7。而意象派的意象是代数中的a、b、x，其含意是变化的。"[10]比如十字架意味受苦受难，十字架就是象征的符号。再如弗罗斯特《雪夜林中小停》最后一节："森林迷人、阴暗、深沉/但我得赴约赶路程/还得走长长的路程，在安睡之前/还得走长长的路程，在安睡之前。"从文字看是对赶路的写实，在自然的象征语言中，"安睡"就是"死亡"。"安睡"作为"死亡"的象征，它的价值是个常数。意象派的意象则相当于代数中的变数，相当于电影中的蒙太奇，"两个蒙太奇镜头的对列不是二数之和，而更像二数之积"（爱森斯坦）。正如一个柠檬放在一个桔子旁边，它们便不再是一个柠檬和一个桔子，而是变成水果了。所以意象的并置，或者用庞德的话来说，一个叠加的形式把一个概念叠加在另一个概念之上，其价值是整体的重建，而决非二数之和。

希尔达·杜丽特写了一首《不平静的街道》："雨夜/它（街道）像蛇鳞一样/闪着单调、冷暗的光/上面挂着的弧光灯/黑树干上枯死的蓝白色百合。"为了描写不平静的街道，在众多的客观事物中，诗人攫取了外部场景中最具有特色的街灯作为审美对象，街道的不平静在于灯光，在这样一个漆黑的夜晚、街道上这无数的街灯在雨丝中宛如长蛇身上闪闪发亮的鳞片，它们闪耀着阴暗而又单调的光。在描绘了全景之后，诗人用特写镜头对准了具体的灯柱，对准了灯柱上的弧光灯，灯柱的意象生发出了类似外界原型的黑树干的意象，弧光灯的意象生发出了枯死的蓝白色百合的意象，弧光灯的意象与枯死的蓝白色百合的意象以崭新的叠加的面貌出现，暗示了都市生活的阴暗、凄冷与缺乏生机。

意象叠加的这种代数性质具有语意不限指性，或者说是暗示的多重性。庞德写的《地铁车站》在幽灵般的面庞与黑树干上花瓣朵朵叠加的复合体里，有着相当的空白，让你去感受、去领悟。你可以理解为繁忙的大都市生活中对自然美的一种突然而又短暂的体会；你也可以理解为美丽的面庞与枝头残存的花瓣相比显示了美丽容貌的凄清；你还可以理解为美丽的面庞像黑树干上的花瓣一样，会很快地凋落，会被人无情地践踏，从而显示了诗人对都市生活中美的事物短暂易逝的怅惘。尽管意象派诗歌不赞成把意象所包含的意蕴点了出来，意象派诗人不主张对意象派加以解释，但仁者见仁，智者见智，心有灵犀的读者自然会结合自己的人生体验和审美经验去加以品味，从而分享诗人独特发现所带来的喜悦。

中国古典诗歌中存在大量意象叠加的范例。像"浮云游子意，落日故人情"，在这样的诗句中，每一诗行中都包含了两个并置的意象。"浮云游子意"既不是浮云像游子之意——这是比喻，也不是以浮云象征游子之意——这是象征，也不是如我们一些研究者所说的浮云就是游子，行踪不定的游子生活以及由此而产生的情绪状态和漂浮不定的浮云之间有相似之处。两个意象的叠加产生了一种张力，一种意想不到的审美效应，这种效应是代数性质的效应，而非相加所能产生的常数效应，中国古诗决不从语法上把两个意象之间相似性指了出来，同时也没有必要指出来。如果插入"是"、"就像"之类的词语，写成诸如浮云像游子之类的诗句，那就彻底破坏了叠加的效果。"落日故人情"也应作如是观，夕阳徐徐落山的意象和依依惜别故人之情的意象同样是一种交融，叠加的关系，这一思想感情的复合体具有一种特殊的张力以及与此相应的审美效应。中国古典诗歌意象这种叠加的方式给美国意象派诗人带来的启发是巨大的，从他们的汉诗译文以及他们的一系列诗作中，我们可以清楚地看到这种影响。

4.简约的审美追求

为了反对冗词赘语，反对浪漫主义末流浮夸的文体和虚饰的辞藻堆砌，意象派诗歌创新三原则之二就是"绝对不使用任何无益于呈现的词"，庞德的《意象主义者的几"不"》，第二部分集中论述了语言的简约问题。

庞德对简约的审美追求有时几乎到了执拗的地步。一个年轻的美国诗作者带着他的诗到英国去找庞德，庞德认真审读其中一首诗后告诉作者："你要用上97个词，我发现它用了56个词就够了。"弗林特的《天鹅之歌》原诗达69行，1914年选进意象派第一部诗集时，根据简约原则，庞德毫不留情地砍掉57行。庞德自己的《地铁车站》最初写了30行，半年之后剩下15行，一年之后定稿仅二行。

The apparition of these faces in the crowd:

Petals on a wet，black bough.

动词"are like"的省略，形成空间中断和语法中断，中心意象"幽灵"和"花瓣"一无依傍而获得了突出。

对简约的审美追求，使意象派诗人在中国古诗中发现了诸如"葡萄美酒夜光杯"，"翠翘金雀玉搔头"，"鸡声茅店月，人迹板桥霜"，"杨柳岸晓风残月"一类的诗句，没有联结词，没有介词及各种语法标记，几乎只剩下光秃的表现具体事物的词，它们按照格律诗的特定节奏、音步结合在一起，形成画面，而把一定的情绪隐藏于意象之间，形成潜在的情绪线。有的研究者把这种句法叫作："脱节句法"，"脱节句法"所形成的简约效果引起美国意象派诗人极大的兴趣。

尽管意象派存在的时间只有短短几年，尽管意象派诗歌理论和具体诗人的诗歌创作实际不尽吻合，但他们的诗歌，特别是美国意象派诗人的诗歌反映了20世纪西方社会进入高度工业化的垄断资本统治阶段的现实，反映了意象派诗人特别是美国意象派诗人建立现代诗歌形式的审美追求，在他们独特审美追求的轨迹中寻绎出中国古典诗歌碰撞的痕迹不也是十分自然的吗？！

参考文献

[1]《文艺理论研究》1983 年第 4 期第 24 页。

[2] 转引自《比较文学译文集》第 191 页。

[3]A、C、格雷厄姆《晚唐诗选》第 19 页。

[4] 刘勰《文心雕龙·原道》。

[5] 钟嵘《诗品序》。

[6][9] 彼得·琼斯《意象派诗选》第 33 页、第 5 页。

[7] 庞德《意象主义者的几"不"》。

[8]T·E·休姆《思索》。

[10] 转引自郑敏《英美诗歌戏剧研究》第 3 页。

附录

"意象"与"魅力"

一、意象

《现代汉语词典》一直将"意象"解释为"意境",尽管"意境"和"意象"有关联,但并不是同一概念。

作为意中之象的"意象",是意与象的高度融合,即诗人的主观情思和客观物象的统一,作为内在心理活动,主观情思必须通过引发情思或体现情思的物象或事象呈现出来。在具体诗歌作品中,意象则须以语词为载体体现出意中之象,意为统帅,象为载体。

在《中国叙事学》中,杨义将这一诗学的闪光点引入了叙事作品,用以增加叙事进程中的诗化的审美浓度,意象起着贯通,伏脉和结穴的功能。

《蒋兴哥重会珍珠衫》,珍珠衫就是贯穿小说的中心意象,它具有奇异的、鲜明的特色。珍珠衫这一意象比一般形象多了诗和哲理的味道。

《醒世恒言·十五贯戏言成巧祸》,它选择数量和名词结合的意象"十五贯钱",作为叙事过程中的一个焦点,发挥情节纽带的作用,由刘贵戏言产生的真假双重意义引出赃物的真假误认,再引出夫妻真假的变异,巧祸情节之巧的特点被发挥得异常充分,令人啼笑皆非。

鲁迅小说中以辫子作为基本意象,使辫子成了近古和近代中国政治祭坛的特殊牺牲和特殊意象。郁达夫小说中的迟桂花,《金瓶梅》中的雪狮子猫,《红楼梦》中的蝴蝶都是心中之意与外间之象而形成的叙事文学中的"意象"。

诗歌作品中的"意象"可以唐代诗人元稹的《行宫》作为例证,诗曰:

寥落古行宫，宫花寂寞红。

白头宫女在，闲坐话玄宗。

首句的意象是"行宫"，"寥落"和"古"是"行宫"意象的两大特征，"行宫"与两个修饰语的组合成为首句"意象"的画面，点出事件发生的地点。

次句的意象是"宫花"，红色是最为热烈的色彩。"红花"作为春天万物欣欣向荣的表征，一反当年热火的境况，只能寂寞地开放着，这不仅点明了季节，而且"寂寞红"给人的感受是一幅凄凉透骨，悲哀萧条的意象画面。

三、四句是叙事性意象组成的画面，"宫女"是诗中的核心意象，"白头"的宫女与当年她们的花容月貌潜在进行对照，不仅给人以岁月沧桑之感。而且她们与世隔绝，禁锢在这萧条冷落的古行宫里，在无所事事的漫长岁月中只能回忆当年开元天宝年间的热烈欢腾的盛世，唐玄宗是她们反复叙说的话题（叙事的内容）。

她们凄凉的处境悲剧性的命运正是诗人从这些画面所要体现的深意。

著名诗人郑敏认为："诗如果是用预制板建成的建筑物，意象就是一块块的预制板。"她还说："意象自身完整，它像一个集成电路的元件，麻雀虽小，五脏俱全，既有思想内容，又有感性特征。它对诗的作用好像一个集成电路元件对电子仪器的作用。"

意象是意境的基础和条件、意境则是意象的开拓和升华，意象是具体感性的，因而是有限的；"境生于象外"，由于追求弦外之音，味外之旨、韵外之致。意境在广阔的审美时空中形成了一种言有尽而意无穷的境界，《行宫》通过"寥落古行宫，宫花寂寞红。白头宫女在，闲坐话玄宗。"表现的不仅是古行宫里的白头宫女，而且表现了唐王朝由盛转衰的慨叹，岁月沧桑的领悟，从而蕴含了意境所特有的人生感，历史感和宇宙感。

综上分析，《现代汉语词典》对意象的解释显然是不正确的。

二、魅力

《现代汉语词典》和《新华字典》的解释是"很能吸引人的力量"。

《辞海》的解释是"吸引人的力量"。

应该说这一解释并不确切，关键是脱离了"魅"字的本义《左传·文公十八年》"投诸四夷，以御魑魅。"杜预对"魑魅"的注为："山林异气所生，为人害者。"《左传·宣公三年》："魑魅罔两，莫能逢之。"杜预注为："魑，山神，兽形；

魅,怪物。"传说中魅之所以"为人害者",原因是这些鬼魅精怪都能以幻形迷惑人。晋干宝《搜神记》是一部志怪小说,干宝认为:"中土多圣人,和气所交也;绝域多怪物,异气所产也……千岁之雉,入海为蜃;百年之雀,入海为蛤;千岁龟鼋,能与人语;千岁之狐,起为美女;千岁之蛇,断而复续;百年之鼠,而能相卜:数之至也。春分之日,鹰变为鸠;秋分之日,鸠变为鹰,时之化也。"继唐宋传奇,蒲松龄根据民间传说写的《聊斋志异》塑造出一系列为鬼为祟的精怪。与此同时,还塑造了一系列温柔善良具有迷人力量的狐女、鬼妻、牡丹、菊花等精灵,正如他在《聊斋自志》中所写的:"松落落秋萤之火,魑魅争光;逐逐野马之尘,罔两见笑……集腋为裘,妄续《幽冥》之录;浮白载笔,仅成孤愤之书",在他笔下,鬼魅开始分化为精怪和精灵,具有不同的效应。

马克思在《＜政治经济学批判＞导言》中指出:希腊神话通过人民的幻想用一种不自觉的艺术方式把自然力加以形象化,随着社会的发展,科学的昌明,在罗伯兹公司面前,武尔坎在哪里;在避雷针面前,丘比特又在哪里? 在动产信用公司面前,海尔梅斯又在哪里? 中国传说中的"魅"也应该作如是观,随着农耕社会的过去,"魅"的消亡,使人着迷的魅的效应却存续在"魅力"一词中,职是之故,孔子闻韶,三月不知肉味,曰:"不图为乐之至于斯也。"列宁喜爱贝多芬的《热情奏鸣曲》,说:"我不知道还有比《热情奏鸣曲》更好的东西,我愿意每天都听一听。这是绝妙的人间所没有的音乐",这体现了音乐迷人的力量。高尔基少年时代在圣灵降临节这一天,坐在杂物室屋顶上阅读福楼拜的《一颗纯朴的心》,完全被这篇小说迷住了,好像聋了和瞎了一样,甚至像野人似的,机械地把书页对着光亮反复细看,仿佛想从字里行间找到猜度魔力的方法,这体现了文学迷人的力量。邓肯的舞蹈冲破古典派和传统的禁锢,使人入迷,无数观众为之神魂颠倒,欣喜若狂而不能自已,这体现了舞蹈迷人的力量。马克思在读到希腊神话和史诗时,满怀深情地写道:"为什么历史上的人类童年时代在它发展得最为完美的地方,不该作为永不复返的阶段而显示出永久的魅力呢?"

很明显,魅力最为准确的定义应为"迷人的力量"。

黄药眠与美学大讨论的潮起潮落

——访上世纪五十年代美学讨论参与者张荣生先生

李圣传　黄大地

首都师范大学文学院　北京师范大学文艺学研究中心

一、黄药眠与《文艺报》及其对朱光潜的美学批判

李圣传(以下简称"李"):张老师,您好,非常感谢您能接受我们的访谈。1956年至1957年,在我国文学与哲学领域爆发了一场关于"美的本质"问题的大讨论。作为新中国美学的开篇,这场讨论距今60年,已日益淡出人们的视界,尤其是美学讨论中的主角黄药眠先生,更被学界遮蔽与遗忘。您作为当时北京师范大学中文系大四的学生,恰好见证并参与了这场美学论争,因此,我们想就黄药眠与美学讨论相关问题向您请教。首先,与李泽厚、高尔泰等在校生或刚毕业的大学生一样,你们当时阅读的美学书籍主要有哪些?了解美学讨论的渠道又有哪些?

张荣生(以下简称"张"):中学时代读过朱光潜的《谈美》,王朝闻的《新艺术创作论》,天蓝翻译的亚里士多德的《诗学》,由于对艺术和美学没有根底,所以不甚了了。《谈美》引用牛希济的"记得绿罗裙,处处怜芳草"给我留下特别深的印象,时间过去70多年,至今仍铭刻在脑海中。

1953年下半年,我考入北京师范大学中国语言文学系,对文艺理论情有独钟。《文艺报》《光明日报》《人民日报》《中国青年报》《文艺学习》《新建设》《人民文学》《文史哲》《学术月刊》《哲学研究》经常翻阅。《学习译丛》刊载苏联的一些文艺学、美学论文,布罗夫《美学应该是美学》、万斯洛夫《客观上存在着美吗?》、列·斯托洛维奇《论现实的审美特性》等,使我们对美学问题有所了解。雅·艾里斯别格《现实主义和所谓反现实主义》译成中文后,曾引起很

大反响。在阅览室里，我读到：《文艺报》一卷三期署名为丁进的读者来信以及蔡仪的《谈距离说和移情说》；《文艺报》一卷八期朱光潜的《关于美感问题》、黄药眠的《答朱光潜并论治学态度》以及蔡仪的《略论朱光潜的美学思想》；《文艺报》一卷十二期黄药眠的《论美与艺术》；《文艺报》1953年发表的吕荧《美学问题——兼评蔡仪教授的新美学》，等等。这些文章都引起了我的关注。

当时，文学概论讲的是苏式理论，《马恩列斯论文艺》、查良铮翻译的季莫菲耶夫的《文学原理》、季的学生毕达可夫在北大的讲稿《文艺学引论》，是我们经常阅读的书籍。在图书馆，我借阅过焦敏之翻译的苏联铎尼克的《马克思主义美学观》，以及苏联文艺学方法论的著作，而阿垅《诗论》、秦兆阳《论公式化概念化》、吕澂《美学概论》、范寿康《美学概论》以及潘梓年的美学论著读后反倒印象不深。我自己购买有《车尔尼雪夫斯基论文学》上卷，《别林斯基选集》第一、二卷，《杜勃罗留波夫选集》，周扬翻译的车尔尼雪夫斯基《生活与美学》，缪灵珠翻译的车尔尼雪夫斯基《美学论文选》，法国列斐伏尔《美学概论》，万斯洛夫《论现实在音乐中的反映》、列陀希文《艺术概论》，学习译丛编辑部编译的《苏联文学艺术论文集》《美学与文艺问题论集》，北大文学研究所的文学研究集刊 (1–5)。上海新文艺出版社出版的一系列小薄本的文艺理论译丛，如《高尔基的美学观》《列宁和社会主义美学问题》《马克思列宁主义美学原则》，二三毛钱一本很便宜，也比较好懂，我买了不少。何思敬译的《经济学—哲学手稿》的出版，引起了我的重视。

李希凡、蓝翎批评俞平伯的《红楼梦研究》引起了我们的热切关注，我不仅参加了团中央为李希凡、蓝翎举办的报告会，我们北师大文学小组还邀请了李希凡和蓝翎举行座谈，讨论情景至今历历在目。此外，苏联50年代中期曾开展了一场美学讨论，大致分为两派：一派以涅陀希文为代表，主张美学研究人对现实的审美关系，特别是研究艺术；另一派以普齐斯为代表，主张美学研究美和美的规律，即研究自然和艺术中审美性质的科学。苏联高等教育部社会科学司编写了《马克思列宁主义美学基础教学大纲》(1956年初稿) 和《马克思列宁主义美学基础教学大纲》(1957年)，首次呈现了苏联美学课的概况。它不像是美学教学大纲，倒像是艺术哲学教学大纲，大纲的作者根据的是铎尼克和涅陀希文认为美学就是艺术理论，读后并不满足。斯大林《马克思主义与语言学问题》是当时的经典，俞敏先生讲语言学概论经常征引斯大林的观点，我读过几本苏联马克思主义语言学与文艺问题的论著。苏联《共产党人》关于典型问题的专论在当时也引起文坛的广泛关注。

真正关注美学是在 1956 年。黄药眠先生告诉我们，蔡仪在清华大学为建筑系开设了美学课程，全国科学发展十二年规划只蔡仪有一个美学研究的专题，由此引起了我对美究为何物的兴趣。黄先生在学校科学讨论会上所作的报告《论食利者的美学》以及 1957 年黄先生主持的"美学论坛"更扩大了我的视野。黄药眠批评朱光潜《论食利者的美学》引发出 1956 年 12 月 1 日《人民日报》刊载的蔡仪批评黄药眠的《评〈论食利者的美学〉》，1956 年 12 月 25 日《人民日报》刊载的朱光潜批评蔡仪的《美学怎样既是唯物的，又是辩证的》，以及 1957 年 1 月 9 日《人民日报》刊载的李泽厚既批评朱光潜又批评蔡仪的《美的客观性和社会性》。面对言人人殊的美学观点，毕业前我艰难地写出了《论美、美感及其他》，发表在中文系《谷风》创刊号上，这成为我美学研究的起点。至于李泽厚、高尔泰和叶秀山等人，我相信他们了解美学的渠道和我差不多。

李：继朱光潜《我的文艺思想的反动性》这一"自我批判"文章发表后，《文艺报》随即发表了黄药眠事先准备好的《论食利者的美学——评朱光潜美学思想》一文，并以这篇批判文章为起点正式掀开了 20 世纪 50 年代的美学讨论。您能否谈谈黄药眠《论食利者的美学》这一"点火"文章的历史背景、写作缘起及其发表过程？

张：1955 年 1 月，中共中央发出《关于在干部和知识分子中组织宣传唯物主义思想批判资产阶级唯心主义思想讲演工作的通知》，《人民日报》发表题为《展开对资产阶级唯心主义思想的批判》的社论，把反对唯心主义作为一场尖锐复杂的阶级斗争来抓。《文艺报》牵头组织了对朱光潜"资产阶级唯心主义"文艺思想与美学思想的批判。根据蔡仪夫人乔象钟的记载，1956 年 1 月 12 日，蔡仪参加了《文艺报》主持召开的"朱光潜美学思想座谈会"。会议开了一整天，由林默涵主持，会议商定由黄药眠和蔡仪分头撰写批评朱光潜的文章。1956 年 6 月《文艺报》第 12 号率先发表了朱光潜《我的文艺思想的反动性》一文，编者还加发了按语："为了展开学术思想的自由讨论，我们将在本刊继续发表关于美学的文章，其中包括批评朱光潜的美学观点及其他讨论美学问题的文章。我们认为，只有充分的、自由的、认真的互相探讨和批判，真正科学的、根据马克思列宁主义原则的美学才能逐步地建设起来。"

黄药眠《论食利者的美学》写成于 1956 年 4 月 15 日，作为首席批评家这一重点文章率先刊登在《文艺报》1956 年第 14–15 期。文章发表前，还在北京师范大学科学讨论会上宣读过，并且给朱光潜看过。朱光潜通过《文艺报》编辑康濯表示基本接受黄药眠的批评，并指出黄先生对"移情""忘我""灵感"等问题的看法与自己过去的看法没有多大区别，黄先生用"形象的联想"代替了"形象的直觉"，对"美在心或在物""美与美感的关系""形象思维与抽象思维的关系"也没有说得很清楚。朱光潜还认为黄药眠对自己提的意见和问题根本没有理睬，把在北京师范大学科学讨论会提交的论文几乎原封不动地发表出来了。然而，值得注意的是，《文艺报》编者删掉了原文中关于"自然人化"的那一段："文学之描写自然现象和描写社会生活，这中间是有很大的不同的。文学描写自然形象的时候，常常是人的本质的对象化，即把自然加以人化，其所描写的是物的形象，而所表现的却是人的境界，人的感觉和理想。但当它描写社会的人和人的生活的时候，它却不能不如实地去写出生活的本质，努力去表现生活中所包涵的美。这是第一点。"黄先生率先运用马克思《经济学—哲学手稿》关于"人的本质对象化"和"自然人化"的观点分析文学创作，指出文学描写自然现象和描写社会生活的差异，并且指出文学描写社会生活应该用现实主义创作方法去创造文学的美。如此精彩的文字却被有意无意地加以删除，这反映了《文艺报》编者当时在"人"的问题上的历史敏感。

黄药眠文章之后，接着《文艺报》第17号发表了曹景元《美感与美》、敏泽在《哲学研究》第4期发表了《朱光潜反动美学思想的源与流》、李泽厚在《哲学研究》第5期发表了《论美感、美和艺术——兼论朱光潜的唯心主义美学思想》，逐步拉开了对朱光潜美学思想的批判。但值得注意的是，作为重点文章，黄药眠《论食利者的美学》一反认识论美学的程式，独树一帜地用价值论的审美对象论和主体性的审美评价论作为立论依据，这就必然遭到认识论美学家的非议，特别是反映论美学观蔡仪的抨击。

李：事实上，早在1946年，黄药眠便发表了《论美之诞生——评朱光潜的文艺心理学》，对朱光潜美学体系及其唯心论倾向进行了批评。您认为，从《论美之诞生》(1946)到《论食利者的美学》(1956)，黄药眠对朱光潜美学艺术思想的批判，其观点与态度有何变化？

张：《论美之诞生》发表于1946年4月10日《文艺生活》(光复版)上，作者附语是这样写的："这篇文章是三年前写的，那时朱光潜还是一个比较单纯的学术工作者，但最近，朱先生的唯心论的反动特质是日益明显了。他曾在周论上大发议论，认为被压迫者们的斗争是'怯懦'是'凶残'。我想这都是由于朱光潜生活得太优裕，和大众的生活隔离得太远，对千百万人民的疾苦死亡，太过于无动于衷，太过'观照'的缘故。我们的艺术观是和朱先生相反的，我们认为艺术并不是把人带到'观照的世界'里去的东西，而是把人带到更深的生活里去的东西。"

黄药眠的美学批评是从清理朱光潜《文艺心理学》开始的。黄先生认为，这本书可以作为大学生的参考用书，因为它扼要地介绍了近代许多哲学家们的学说，但作为一本专著来看，它不仅缺乏自己的理论体系，那种有闲者的美学观点对许多初学文艺的人是有害的。针对《文艺心理学》的五个要点，黄先生从生活和阶级意识角度进行了集中清理和批评：朱光潜认为美感经验就是形象的直觉，黄先生认为美感经验虽不是直接由功利观念所产生，可是它为现实生活所培养，为现实生活所限制，而现实生活是无法和功利观念割裂开的，美感经验还夹杂有理智成分，建筑于科学知识之上，因而朱光潜观点会把我们牵引到有害的结论上去；朱光潜用海上遇雾的例子说明美感经验是建立在艺术和生活的距离上，黄药眠认为劳动人民的美感经验是和实际生活紧密相连的，艺术和生活之间虽然有一个界限，艺术的功用正是把生活向前拉近一些，使人感到亲切、感到同情，得到鼓舞；朱光潜根据立普斯的观点提出了移情说，黄先生认为一切自然界的风景，艺术的色彩、光线、线条和运动，都是死的，只有人类才能赋予它们以生命，然而人类的意识具有社会意义和阶级意义，移情说可以解决一部分美学问题，但并不是所有的美感都必须经过移情作用；朱光潜以为从游戏中可以找到艺术起源的答案，黄先生则认为艺术和游戏都附丽于生活，艺术不仅是从生活中提炼出来，而且又反过来促进生活、提高生活，和游戏只求一时的心理和生理上惬意者不同，因此艺术决不是"从实际生活紧迫中发生的自由活动"；对悲剧的美感，朱光潜介绍了从柏拉图开始一系列美学家关于悲剧的观点，最后拿出心理距离说加以解释，黄先生则认为在悲剧里面最容易表现人类最崇高的精神，悲剧的悲剧感或悲剧的美产生于人类充满战斗力的向上的意志。

与克罗齐提出的朱光潜倡导的唯心主义美学不同，黄药眠《论美之诞生》宣告了一种与生活紧密相连的唯物主义之美，这种美是广大劳动者争取自由解放的斗争之美，是"为有牺牲多壮志、敢教日月换新天"之崇高美，是与有闲阶级不同的崭新之美，因此《论美之诞生》预示了一个新的时代的诞生。此外，《论美之诞生》主要是学术批判，而且破中有立；《论食利者的美学》则是当时批判资产阶级唯心主义斗争的产物，具有浓厚的政治色彩，论文既批判了《文艺心理学》

的主要论点，还联系中国革命几个重要阶段朱光潜的表现，从社会历史根源进行了全面清理。值得注意的是：《论食利者的美学》对《文艺心理学》的批判，针对的是朱光潜所说的文艺心理，因而不是从哲学层面而是从创作心理层面进行的，这一特色一直被论者所忽视。

李：《文艺报》针对朱光潜资产阶级唯心论美学，从组织"美学批判"到正式发动"美学讨论"，存在一个历史错位。那就是从 1955 年 4 月思想改造背景下响应中央"展开对资产阶级唯心主义思想的批判"转换到 1956 年 5 月"百花齐放、百家争鸣"情境中的"向科学进军"浪潮。这种政治语境的变换，对当时美学讨论的展开及其走向产生了怎样的影响？

张：1956 年，随着全国范围的社会主义改造即将完成，加上苏共二十大对斯大林的批判引起毛泽东和中央一些领导同志的深入思考，加之意识形态领域的阶级斗争有所缓和，为了调动资产阶级知识分子的积极性，改善同他们的关系，促使他们更好地为社会主义事业服务，中宣部部长陆定一在 1 月份知识分子问题会议上说："学术问题、艺术问题、技术问题，应该放手发动党内外知识分子发表自己的意见，发挥个人的才能。采取自己的风格，应当容许不同学派的存在和新的学派的对立。"也就是在这年春天，毛泽东听取了许多部委的汇报，4 月 25 日，在中央政治局扩大会议上做了《论十大关系》的报告。4 月 27 日在讨论报告时，陆定一发言中提到学术界也要发扬民主的问题，指出文艺在苏联是干涉最多的部门，无数的清规戒律，如日丹诺夫有几条、马林科夫有几条，这个几条，那个几条，很多很多，因而要把政治思想问题与学术性质、艺术性质、技术性质的问题分开来。毛泽东深感这个意见很好，并在总结发言时一锤定音："百花齐放、百家争鸣，我看应当成为我们的方针。艺术问题上百花齐放、学术问题上百家争鸣。"5 月 2 日，最高国务会议讨论《十大关系》，毛泽东在总结中正式宣布了刚刚酝酿出来的方针。5 月 26 日，陆定一代表中共中央，在怀仁堂向一千多位文艺界和科学界人士做了《百花齐放，百家争鸣》的报告，6 月 13 日《人民日报》还以通栏标题发布了这一消息。

随着"双百方针"和"向科学进军"这一政治语境的转换，1957 年《文艺报》第一期刊载的朱光潜《从切身的经验谈百家争鸣》一文中写道："在'百家争鸣'号召出来之前，有五、六年的时间我没有写一篇学术性的文章，没有读一部像样的美学书籍，或是就美学里某个问题认真地作一番思考。其所以如此，并非由于我不愿，而是由于我不敢。"朱光潜承认自己过去的美学思想是主观唯心主义，但"在美学上要说服我的人就得自己懂得美学，就得拿我所能听得懂的道理说服我"，单是拿"马克思列宁主义美学认为……"的口气吓唬是不能解决问题的，"实际马克思列宁主义美学也只是研究美学的人们奋斗的目标，是有待建立的科学，在马克思列宁主义美学这面招牌下，每个人葫芦里卖的药并不一样"。简言之，"百家争鸣"号召出来后，朱光潜松了一大口气，庆幸自己的唯心主义包袱从此可以用最合理最有效的方式放下。

由此，《文艺报》对朱光潜美学思想的批判和讨论，整个气氛和从前大不相同：首先是朱光潜有机会和批评自己的人见面，在友好的气氛下交换意见，他们可对朱光潜的检讨提出意见，朱光潜对他们的批评也敢提意见，解除了过去如临大敌、严阵以待的紧张形势，能够虚心静气地说理，这也就是朱光潜敢于批评蔡仪并提出"美是客观与主观统一"的原因；反观蔡仪，他却一直深感自己受到压制，贺麟、黄药眠批判朱光潜的文章都发表了，可自己批评朱光潜的文章却被屡屡遭到退稿，他沉重地说："《文艺报》硬是要压制我的文章，要去的稿子不登，约的稿子不登，约了不取，取了也不登。"读到《论食利者的美学》，他认为黄药眠的美学观点跟朱光潜近似，于是写出了批黄药眠的文章寄给《人民日报》，用蔡仪自己的话说，是向唯心主义阵营投了一块石头。

黄大地(以下简称"黄")：实际上，蔡仪的文章在《文艺报》碰壁后转投《人民日报》，开始也遭拒绝，但后来又说可以发表，也是要有条件的，即并不能作为结论，接下来还要发其他人的文章(可参阅蔡仪日记)。从这里我们可以看出，《人民日报》对蔡仪的文章也并不十分满意，可能也是认为他的文章过于机械，解决不了许多现实生活中的问题，但它有一个好处，他能指出黄药眠美学观的"唯心主义"问题，而到后来，当《人民日报》收到像朱光潜、李泽厚这样一些比较能让他们满意的稿子的时，他们就认为时机成熟了，于是才有了《人民日报》连续发表重磅美学文章的奇观，这既标志着美学讨论的主战场已从《文艺报》转移到了《人民日报》，又表明了中共高层对美学讨论的极端重视，它已不再是一般的学术讨论，而是已上升到了社会意识形态的高度。

张：对，当时上层领导对《文艺报》组织的美学讨论是不甚满意的，再加上为了开展"百家争鸣"，于是美学讨论的主战场便从《文艺报》转移到了《人民日报》，并发表了蔡仪《黄药眠从什么观点批判朱光潜的美学》(刊发时题目改为《评〈论食利者的美学〉》)，蔡仪文章发表后，朱光潜和李泽厚的文章也陆续在《人民日报》上发表。在蔡仪夫妇看来，认为这是"围攻式的大论战"。

李： 黄药眠《论食利者的美学》与蔡仪《评〈论食利者的美学〉》(《人民日报》1956 年 12 月 1 日) 两文观点的分歧与对峙，对当时美学讨论的整体态势产生了怎样的效应？

张：《论食利者的美学》遭到蔡仪的批评，黄药眠由"批判者"戏剧性转变为"被批评者"，而紧随其后的"民盟六教授"事件又使黄药眠在政治上被打入另册，从而绝迹于美学讨论 (他在北京师范大学"美学论坛"的讲演也就未能形诸文字，让公众知悉。1999 年第 3 期《文艺理论研究》刊载的《美是审美评价：不得不说的话》是陈雪虎根据孙子威的记录稿加以整理发表的)。蔡仪对黄药眠的批评，直接引出朱光潜对蔡仪的批评，以及李泽厚对朱光潜和蔡仪的进一步批评，这就完全打乱了《文艺报》组织者精心策划的原初计划，使得对朱光潜"资产阶级唯心主义美学思想"的政治性批判整肃瞬间逆转成一场学术意义的全国性美学大讨论。

李： "美学大讨论"的发动与展开，实际上还与当时《文艺报》"美学小组"的作用分不开。据我对报刊史料的翻检以及敏泽先生的回忆，"美学小组"正是在当时美学讨论基础上希望展开长期探讨而由黄药眠、朱光潜及敏泽倡议建立起来的。在 1957 年 5 月 12 日《文艺报》发表的《什么是美学的本质？》一文中，方青便撰写了《文艺报》美学小组的一次"座谈会纪要"，会上黄药眠就"论食利者的美学"所遭受的唯心主义指责辩解称："我是想从创作心理学的角度研究美感和艺术创作的特点。但批评文章却很少从这样的角度去考虑，只是用一般哲学原理代替对一切具体现象的分析。"对此，您怎么看？

张： 作为发布文艺界方针政策的阵地，《文艺报》是中国作家协会的机关报，由作协书记处领导、中宣部主管，刊物具有相当的权威。美作为世界性难题，在美学讨论基础上很多学人感到需要长期探讨以促进美学事业的发展。经黄药眠、朱光潜、敏泽倡议建立了《文艺报》美学小组，小组一致推荐《文艺报》编委、中国文联常委兼副秘书长黄药眠为组长，《文艺报》古典文学理论小组组长敏泽为秘书具体负责组织和联络。小组成员有黄药眠、蔡仪、朱光潜、贺麟、宗白华、刘开渠、王朝闻、王逊、李长之等十多人，陈涌、张光年一直没有参加活动。美学小组成立后，先后开过三次讨论会。第一次会议对美学小组的活动方式、内容交换意见，还围绕歌舞、雕塑、绘画、诗歌的民族形式、接受民族遗产问题进行讨论。美学小组第二次讨论会一直开了 6 个小时，讨论最热烈的问题就是美的客观与主观问题。朱光潜谈到蔡仪否认美的社会性，而李泽厚则把社会性认作客观的，朱光潜自己认为社会性是主观的、具有社会意识形态性，朱光潜还认为把列宁的反映论机械地套用到美学上来是不妥当的。宗白华对朱光潜把美局限在艺术领域是否让艺术吞并了美、美感吞并了美提出自己的看法。黄药眠则从《论食利者的美学》谈起，他说我有没有讲清楚的地方，说我是唯心主义者缺乏事实根据，我是从创作心理学的角度研究美感和艺术创作的特点，但批评文章只是用一般哲学原理代替具体现象的分析，还指出朱光潜把现实看作"美的条件"也不合理，因为"原料"中也有美。在美的主观和客观问题上，朱光潜、黄药眠、蔡仪、宗白华、贺麟的看法，互有差异，蔡仪则始终坚持美的自然性，舌战群儒，更增加讨论的生动性。

客观看来，朱光潜《文艺心理学》谈的是文艺心理，黄药眠《论食利者的美学》也是从创作心理的层面批评朱光潜的，在谈到"梅花的形象"（梅花的形象和梅花是应该严格区分开来的，梅花是物质存在、梅花的形象是文学作品中的存在），梅花之所以成为诗的形象，黄药眠谈了三点：(1) 诗人们把梅花这个形象和自己的生活实践、过去的经验联系起来，才能看出它的形象的意义；(2) 梅花之所以能引起我们的美感和我们的生活情调，心境有密切关系；(3) 一个人之所以会感到这一个形象那一个形象美和这个人的思想倾向有密切关系。黄药眠承认客观的具有美的因素，"它的颜色和香味在我们感觉上曾留下有许多愉快的情绪色彩"，而蔡仪的美学是见物不见人的美学。蔡仪自称服膺鲁迅，但鲁迅说的"不是人为美而存在，乃是美为人而存在"，分明认为美与人是联系在一起的，没有脱离人而独立存在的美，从思维与存在的同一性来解决美的问题显然是行不通的。蔡仪不止一次地说过，他在美学上提出的一系列论点，严格地讲还只是一种假说，需要继续进行认真的研究。应该说，在审美活动中，审美之所以发生和审美对象是分不开的，蔡仪的观点有它的价值，但否认审美和主体人的关系，仅仅用一般哲学原理代替审美对象的分析，则是错误的。

黄: 我补充一点，1955年胡风事件后，《文艺报》改组，免去了冯雪峰等人的《文艺报》编委的职务。当时周扬找过家父谈话，要他出任《文艺报》编委，并要他准备鲁迅逝世二十周年的主题报告。那时《文艺报》应该是周扬的阵地，他对家父比较信任，因为都是二三十年代上海文艺界出身。而蔡仪抗战时期则主要活动于国统区，高层对蔡仪"蒋管区"文艺活动经历是比较敏感的。为此，1951年中宣部召开的文艺座谈会上，时任文艺处处长的严文井就要求蔡仪对《新美学》做出检查，1953年《文艺报》在没有任何表示的情况下又发表了吕荧对《新美学》的批评文章（可参阅李圣传《美学大讨论始末与六条"编者按"》，《新华文摘》

2016年第9期)。说实在的，以周扬为代表的中央高层对蔡仪的唯物论文艺学美学思想是有看法的，这可能也就是上面提到的《文艺报》压着不发蔡仪文章的根本原因。因为他们认为蔡仪的那一套是机械唯物论，并不能算作真正的唯物论美学，蔡仪客观唯物论的典型论文艺学美学思想也根本无法解释各种复杂的审美现象，因而无法令人信服。

李：还有一个颇为蹊跷的问题是，原本由《文艺报》领导发动的对朱光潜"资产阶级唯心主义"的美学批评为什么会引发《人民日报》的叠加性关注，以《人民日报》为阵地再次组织策划展开的美学讨论究竟有何深意？

张：这个问题很好，学界基本忽视了这一点。根据当时报刊所发文章来看，《文艺报》当时的态度是有问题的，在对待文艺界资产阶级唯心论思想的批判上长期怠工。为此，《人民日报》还曾多次发表文章批评《文艺报》。在正式发动对朱光潜的美学批判前，《文艺报》还专门进行过编委重组，撤销了冯雪峰的主编职务。

黄：事实上，《文艺报》的争鸣讨论在当时引起了不少不满，有人认为它还是"小资产阶级把持的论坛，不是真正马克思唯物主义的阵地"。还值得注意的一点是，刚才也提到了方青《什么是美的本质？》记述了"美学小组"的一次活动，这篇重要综述文章开篇也提到："自从蔡仪同志在《人民日报》上发表了《评〈论食利者的美学〉》一文以后，美学讨论就由对朱光潜同志过去的唯心主义美学的批判转入到建设性的探讨阶段了。"这也可以隐约看到《人民日报》就是要在确立唯物主义的前提下展开美学领域内的"百家争鸣"。

张：对，所以我认为，强调和坚守"马克思列宁主义唯物论"这一根本框架，或许可能就是美学讨论在《文艺报》之外，由《人民日报》再次介入、组织和发动的一个重要原因。

二、黄药眠与"美学论坛"及其对美学讨论的深化

李：为了更好地开展美学界的争鸣，为书面争鸣做好准备，同时也在"百家争鸣"中为了更好地培养学生的独立思考能力，黄药眠于1957年3月至6月还在北京师范大学中文系组织举办了"美学论坛"。您能否谈谈当时的美学状况？

黄：对此我先谈一下自己的看法，蔡仪先生在《人民日报》发表了批评家父的文章之后，《人民日报》又陆续发表了朱光潜批评蔡仪的文章，以及李泽厚批评蔡仪、朱光潜的文章，但他们在批评蔡仪的同时又都同意蔡仪批评家父的观

点。这样似乎就"坐实"了黄药眠的美学观也属唯心主义的结论，而这也就等于剥夺了他的发言权，就像家父在以上《文艺报》美学小组会上抱怨的那样。这时家父的心境也变得有点像蔡仪先前那样了，有一种有苦说不出，有冤无处申的感觉。但好在他当时是北师大中文系主任，有一定的学术权力，而且他受北大翦伯赞举办"百家争鸣：历史论坛"的启发，所以决定在北师大搞一个"百家争鸣：美学论坛"，一方面为了促进学术争鸣进步，另一方面也为了比较全面地申述自己的美学观点。

张：是这样的，我恰好也全程参与了这次美学论坛，而且还做了记录，虽然经过半个多世纪，我的回忆应该具有可信性。1956年至1957年5月，在"百家争鸣"和"向科学进军"的号召下，思想界和学术界一反沉闷而变得异常活跃。我们这些大学生充满求知的渴望，美学对于我们是陌生的一门学科，具有独特的吸引力。为了继续《人民日报》上展开的论争，黄药眠利用自己的威望，别开生面地邀请蔡仪、朱光潜、李泽厚加上黄先生自己，在北师大中文系举办了"美学论坛"，学术气氛极其热烈。

1957年3月21日、3月28日、4月11日、4月18日均为周四，地点在物理楼一楼阶梯教室。蔡仪讲课严谨，具有一种思辨的力量，他引宋玉《登徒子好色赋》"东家之子，增之一分则太长，减之一分则太短，着粉则太白，施朱则太赤"，以此为例证说明"她的美就在于她是典型的"，给我留下很深的印象。

5月7日、5月14日，均为周一，地点改为西饭厅，座无虚席，我坐在前边。朱光潜学识渊博，论及的西方美学家如数家珍。他在黑板上用图表阐述物本身是"物甲"，物的形象是"物乙"，自然形态的物甲是"美的条件"，物的形象作为艺术形态才成为美感对象，由此条理清楚地论述了"美是客观与主观的统一"。

5月17日周四，李泽厚美学讲座的地点仍在西饭厅，仍然座无虚席、气氛甚为热烈。我1956年读到他在《哲学研究》上发表的《论美感、美和艺术》为他论述的严谨所折服，以为他是一个学养深厚的老者，见到后才发现他风度翩翩，年龄比我们大不了多少。他讲课富有激情，有一个细节给我特别深的印象。李泽厚的眼镜腿是用胶布缠的，不时用手去扶正眼镜。李泽厚在论坛上对高尔泰、蔡仪、朱光潜，乃至宗白华、洪毅然、周谷城、敏泽、鲍昌、许杰的观点一一做了评述。在"自然美"一瞥中，用了大量唐诗宋词作为例证，从自然物成为美感对象的时代因素进行分析，十分精彩。在场的很多听众均认为李泽厚的观点挺有说服力。

5月27日、6月3日均为周一。作为东道主，黄药眠讲座的地点仍在西饭厅。

黄先生 1929 年至 1933 年曾在苏联青年共产国际东方部工作，对苏联美学研究及其进展十分熟谙。第一讲便是介绍苏联美学研究的状况。为了回应蔡仪对《论食利者的美学》的批评，黄先生第二讲集中从哲学层面论述了"美是审美评价"的观点。黄先生报告深入浅出，不是抽象的阐述，而是切合审美活动实际的阐发，尽管我当时不能全部理解，却总觉得应该扩大视野把握黄药眠先生美学思想的独特之处。

关于"美学论坛"的详细情况，我 1957 届的级友王明居在《美育》、《光明日报》上撰有《美学讲坛争鸣记》，还撰有《缅怀先师黄药眠教授》，可以参阅。

李： 1957 年"美学论坛"现场，在接受《光明日报》记者采访时，黄药眠表示："欢迎对美学有研究和有兴趣的各种学派的学者前来讲演，并且希望对他的美学观点提出批评。"您能否扼要谈谈"美学讲坛"上"各种学派"学者所持的基本观点和美学主张？

张： 当前学界部分学者提到黄药眠邀请了吕荧在"美学论坛"上做过讲演，这是不确的；2016 年《随笔》第 3 期怀念李长之先生的文章《薪火相传》一文也说黄药眠"邀请了朱光潜、蔡仪、李泽厚诸先生，以及高尔泰。最后到场的只有朱、李两位"，也是不确的。由此可见，虚假记忆常常干扰历史的真实情况。

蔡仪认为美是客观的，物的形象是不依赖于鉴赏者的人而存在的、物的形象的美也是不依赖于鉴赏的人而存在的。美的事物之所以美，在于事物本身，与主体人无关。蔡仪哲学的立足点是存在决定意识，因而美的存在决定美感。

朱光潜认为自然中无所谓美，美是艺术的特性，凡是美都要经过心灵的创造，"自然物"称之为"物甲"，经过美感反映后的"物的形象"称之为"物乙"。物甲是自然的存在，纯粹是客观的，它具有某些条件可以产生美的形象（物乙）。物乙之所以产生，不单靠物甲的自然条件，还须加上人的主观条件的影响，所以美是主观与客观的统一。朱光潜认为，美学理论的基础除了列宁反映论外，还应加上马克思主义关于意识形态的指示，列宁的反映论只适用于第一阶段，即物的客观存在和它对于意识的决定作用。根据艺术是意识形态和艺术是生产这两个马克思主义关于文艺的基本原则，他强调了意识形态和创造性的劳动在第二阶段的作用，形成美感活动是艺术之所以为艺术的特征。

李泽厚美学论坛讲演的题目是《关于当前美学问题的争论》，副标题是"试再论美的客观性和社会性"。李泽厚认为：美一方面不能脱离人类社会，另一方面它是独立于人类主观意识之外的客观物质的存在，具有具体形象性和客观社会性这样两个基本特征；美在先，美感在后，美感是美的反映，因而美是包含现实生活发展的本质、规律和理想而用感官可以直接感知的具体形象。

李：在"美学论坛"现场，听众对这"三派美学"的现场反响如何？作为论坛主持人，黄药眠对"前来讲演"的"各派学者"的美学观点作何评价？

张：蔡仪美学讲座思辨性太强，而那种脱离时间和空间与人无关的美实在过于玄妙，似乎没有引起什么反响；朱光潜引用了列宁和马克思关于意识形态和艺术生产的理论似乎很有道理，但他认为自然中无所谓美，凡美都要经过心灵的创造，美只局限于艺术领域，把美的社会性归结为"知识形式"，因而他的主客观统一论实际上仍然是主观的，不能令人接受，但朱先生学识渊博、令人佩服。对李泽厚的反响，可以童庆炳的同班同学楼达人在《文汇报》2010年12月30日《怀念美学大讨论》一文为代表，他写道："我们这些初涉美学的爱好者，大多还是喜欢李泽厚，因为他初出茅庐，跟我们年龄相仿，不像黄药眠、朱光潜、宗白华和蔡仪等令人高山仰止，高不可攀；他当时发表的《美的客观性和社会性》等论文，就像车尔尼雪夫斯基《美与生活》那样通俗易懂，有吸引力。"不过楼达人文章中也有很多虚假记忆，但这些感受倒是很实在的。

作为"美学论坛"的主持人以及"美学大讨论"的主将，黄药眠在论坛上也对"三家美学"进行了点评，观点摘录如下。

（一）关于蔡仪

蔡仪的美学是前车氏的美学，比车氏还陈旧。

1. 客观的个别事物明显地表现着它的种类的属性条件。这个别的事物便是美的，蔡仪的种类是唯心论的所谓概念，他的美学同唯心主义美学有关系。

2. 他认为花的美就是花的自然属性，这是脱离社会实践去谈美，实际上人与花发生的是情感关系，当然花也有物质的某些属性。

他认为典型的东西就是美的东西，典型便是美，其结果：(1) 每个种类只有一个典型，一个阶级只有一个典型；(2) 每个人都是一般性与个性的结合，因而可以推论出每个人都是典型，它脱离了具体的生活；(3) 蔡仪脱离了人的社会实践，把艺术只看成现实的描写，忽视了作者的态度。

（二）关于朱光潜

朱先生有进步，表现为：(1) 他认为美要认识客观世界，承认客观存在，美对于社会要有贡献，具有主观能动性，承认艺术是社会意识形态；(2) 他想去掉唯心主义帽子，值得同情。我们批评他要具体分析，不必要扣大帽子。

对他的意见：1.朱先生的美学是建立在美感上，把美学局限在艺术的范围是不妥的，因为艺术之外还有诸多审美现象；2.把艺术欣赏也划归于艺术创作，把物甲变成了物乙，说艺术是社会意识形态，其实创作还包含有创作个性，包含作者个人的感觉、情感；3.朱先生认为美的社会性就是主观性，不能令人同意。

（三）关于李泽厚

1.美感具有社会伦理功利性质，不全面，原始人的美感与实用有直接或间接的联系，现代社会的美感则是对功利的超越。

2.忽视了艺术，似乎整个美就是社会存在、就是生活，事实上，美主要存在于艺术领域之中。

3.他认为美感是美直接产生的，实际上，审美的发生需要审美主体的审美能力和修养等许多条件。

李：作为"美学论坛"的东道主，继蔡仪、朱光潜、李泽厚之后，黄药眠做了两场美学报告，不仅正面回应了"各派学者"的美学主张，还进一步提出了自己的美学观点。您能否简要谈谈？

张：作为一级教授、北京师范大学中文系系主任，黄先生在年轻教师、文艺学研究班以及我们这些大学生中均享有非常高的威望。早在中学时代，我就知道黄药眠先生，他早年投身革命，抗日战争时期和解放战争时期以左翼作家、社会活动家的形象活跃在新闻战线和文艺战线上，是颇为知名的大师。5月27日、6月3日均为周一，轮到黄药眠报告，现场座无虚席，还有人站着，大家充满了热切的期待。假如说《论食利者的美学》是从文艺创作的层面批判《文艺心理学》，"美学论坛"的两场讲演则正面回应了蔡仪不公正的批评，黄先生以精湛的学识从"美是审美评价"的价值论层面阐明了自己的美学思想。

黄先生非常注意大家的反应，深刻的哲理通过通俗易懂的方式使听众易于领会、倍感亲切。我当时尽管不能完全理解讲座的哲学内涵，却感到黄先生与蔡仪、朱光潜、李泽厚的不同。第一讲主要介绍苏联美学研究的情况；第二讲集中从美是审美评价的价值美学角度探讨了"美学是什么"、"美与美感"、"形式美"、"自然的人化"、"审美能力"、"审美个性"以及"艺术美"诸多方面的问题。

李：作为"美学论坛"的听众，你们当时对蔡仪、朱光潜、李泽厚与黄药眠四位"报告人"的美学观总体上作何反应？对哪位报告人的观点最为信服？

张：李泽厚具有哲学头脑，综合了蔡仪的客观性、黄药眠的美是人类社会生活现象、朱光潜的美感直觉性，充满激情，洋洋洒洒，具有很强的说服力。黄药眠的讲座从审美活动的实际出发，独树一帜，引人深思，具有启发性，我们倍感亲切。

李：今天看来，您认为黄药眠先生组织的"美学论坛"对当时的"美学大讨论"产生了怎样的影响？

张：北京师范大学中文系组织的"美学论坛"是《人民日报》美学讨论的继续和深化，除蔡仪的讲稿未见公开发表外，朱光潜（《论美是客观与主观的统一》，《哲学研究》1957年第4期）、李泽厚（《关于当前美学问题的争论——试再论美的客观性和社会性》，《学术月刊》1957年10月号）的讲座稿，经过整理公开发表后产生了巨大的社会影响，以后的美学讨论也主要围绕蔡仪、朱光潜、李泽厚三派观点进行。遗憾的是，黄药眠不仅讲座稿未能及时整理发表出来，还日渐淡出美学领域，其主持的"美学论坛"和演讲也一直不被学术界知晓。

总体来看，由黄药眠组织的这次"美学论坛"，作为美学大讨论的继续和深化，不但标志着美学讨论由批判走向争鸣，还体现了当时中国美学研究的最高水平，引起全国范围的广泛关注并形成热潮，其影响是深远的。

三、黄药眠与"审美评价说"及其时代美学的特色

李：1957年6月3日，黄药眠在"美学论坛"上做了题为"不得不说的话"的最后一场演讲，其思想和贡献从此在美学史上近乎空白。作为当年美学讨论的参与者，您认为当前学界关于黄药眠先生以及"美学大讨论"这桩美学史案的原形，发生了哪些历史变形？

张：作为美学研究的先行者，早在20世纪40年代，黄药眠便写下了著名的《论约瑟夫的外套》、《论美之诞生》；50年代初针对朱光潜"旧美学"思想又写下了《答朱光潜兼论治学态度》和《论美与艺术》；1956年在批判资产阶级唯心论的斗争中，作为《文艺报》首席批评家写出了《论食利者的美学》；《文艺报》成立"美学小组"，黄先生不仅被推举为组长，而且是成立美学小组最积极的推动者；在"百家争鸣"和"向科学进军"的浪潮中，他又在北京师范大学举办"美学论坛"邀请蔡仪、朱光潜、李泽厚开设讲座。粉碎"四人帮"后，黄药眠还写出论亚里士多德的美学和评普列汉洛夫美学思想的论文，1987年写出了《简论美和美感》。因此，黄药眠对中国美学所做的贡献被埋没、被遗忘，是非常不应该的。

其次，这场美学大讨论是由主管学术与文艺的周扬领导的，尽管周扬不认同

蔡仪的美学观点，但蔡仪认为这场美学大讨论是"围攻式的大论战"，恐怕不合乎事实，事实上，朱光潜批评蔡仪的文章是他主动写的，并没有人组织他写。

李：作为黄药眠先生的学生之一，您于北师大毕业后也长期从事美学与艺术学研究，能否请您谈谈黄药眠在"美学大讨论"中最具代表性的观点是什么？其区别于"各派美学"的时代理论特色又体现在哪些方面？

张：黄先生区别于诸家美学的独特性在于他超越了认识论美学的藩篱，并成为价值论美学的首倡者，他理所应当地成为美学论争中富有独创精神的另一"家"。

其一，蔡仪认为"美在事物本身"，他根据列宁所说的"物存在于我们之外，我们的知觉和表象是物的映像"，并想当然地推演为"唯心主义既然否认意识之外的客观存在，就必然否认意识之外的客观事物的美，必然否认美是客观的"。黄先生驳斥了这一说法，认为"从认识论来说，从哲学来说，客观现实是先于人的存在，但不能因为哲学上有此命题而认为美也先于人而存在，那就是将哲学上的认识论命题(物先于人)硬套在美学上，是不适当的"，"离开人去谈物的属性，将美归结为类的典型，那是错误的"。可见，黄先生将主体放在核心地位，用标示审美关系主体性的"审美"来表现自己的美学思想，指出审美和审美者的生活实践、过去的经验、心境及其思想倾向有关，因而是价值论美学主体性的首倡者。

其二，美是一个抽象，是无数个别美的事物的综合，正因为如此，柏拉图才断言"美是难的"；黑格尔认为从形式上把普遍和特殊并列起来是不合理和行不通的，"在日常生活里，怎么会有人只是要水果，而不是要樱桃、梨、葡萄，因为它们只是樱桃、梨、葡萄而不是水果。"恩格斯指出，"实物、物质无非是各种实物的总和，而这个概念就是从这一总和中抽象出来的"，"我们当然能吃樱桃和李子，但是不能吃水果，因为还没有人吃过抽象的水果"，同理，在实际审美活动中，我们所能感受到的并不是抽象的美，在方法论上，受时代历史的局限，蔡仪、李泽厚等人均步入了歧途，而黄先生从活生生的具体感性的审美实际出发，反而找到了解决美与美感这一历史难题的方向。

其三，美学的核心问题是从柏拉图探究"美本身"开始，蔡仪、朱光潜、李泽厚所探寻的仍然是"主客观模式"这一"美的本质"问题，席勒说得好，"美只寓居于现象的领域"，黄先生将美的本质问题置换到人类社会生活审美现象领域，从本质域转换成现象域，将美的本质追问转换为"审美评价活动"，这是对美学思维方式及其问题域限的突破。

其四，黄先生认为"审美现象首先应从生活实践中去找寻根源"，正是在劳

207

动实践中，"对象产生人的主观力量的同时，对象又产生了人的需要"，而"美存在于能满足我们物质生活与精神需要的对象之中"；"感性的直观是应该看成为实践的人的感性活动的"。在黄药眠基于"生活实践论"基础上对美学问题的分析中，我们可以见出"实践美学"的理论萌芽。

其五，价值作为关系范畴，是主体的个人与对象之间的特殊关系，即意义关系。黄先生谈到线条时指出"线条在人们的社会实践中才有意义"，而"对象对于我们发生各种不同的效果，愉快的、不愉快的效果，因此，人们同时对于对象又发生情感的反映"。应该说，黄药眠从价值论路径对美学问题的自觉思考，不仅是价值论美学的首倡者，还真正道出了美的真谛。

其六，黄先生倡导的"审美评价说"是价值论美学的一个重要内容。价值论研究是与主体对对象的评价活动联系在一起的，所谓评价即主体对对象是否具有满足主体需要的性质而做出的肯定或否定的评判。价值评价必须把主体的利益与需要作为内在尺度运用于评价对象，审美评价则须把审美需要和审美效应作为内在尺度运用到审美对象上去。因此，"美是审美评价"作为价值判断必然超越"主客观二分"这一认识论美学的模式窠臼，从而成为价值论美学的核心命题。

由于时代的原因，价值论在当时未能形成气候，黄药眠凭借自己丰富的文艺创作经验与对马克思主义美学的深入理解，自觉而又模糊地予以运用。因此，黄药眠在美学讨论中仍然存在两套话语体系：一是主体与对象意义关系的价值论美学话语；一是美与美感的认识论美学话语。这两套话语混杂在一起，只有细读才能辨析出价值美学的内容。这一方面表明理论牢笼中认识论美学的根深蒂固，另一面也传达出黄先生突破认识论体系并自觉或不自觉地转向价值论美学的历史功绩。

李：黄药眠的价值论美学转向，可否视为早期"生活实践论"美学的进一步纵深发展？

张：黄先生价值论美学的构想的确是在前期生活实践论美学基础上开辟出来的。实践的观点是价值论首要的和基本的观点，是讨论一切价值问题的前提和基础。任何实践活动都是主体人追寻价值、创造价值、实现价值的活动。

早在1945年，黄先生在《论约瑟夫的外套》中就运用辩证唯物论历史唯物论的观点指出："要反对教条主义，首先得加强实践，只有在实践的过程中才能使主观更切合客观的实际和更有生命力。"《论美之诞生》谈到海边农夫时指出："他们的美感经验是建筑在实用的基础上，是和生活紧密地联系在一起的。"1950年《论美与艺术》一文中也指出："从生活实践去看出美来的感觉，是从许多世纪以来历史发展的层积所陶养成功的。"1956年《论食利者的美学》一反"客观的""典型的"认识论美学的观点，认为"我们对于某一个事物之审美的评价，是建筑在我们对于这个事物之真实的认识和意义的了解上"，由生活实践角度从主体和审美对象的意义关系层面构建新的美学。

1957年"美学讲坛"所做的《美是审美评价：不得不说的话》这一讲演中，黄先生更进一步构想出"审美现象首先应从生活与实践中去找寻美的根源"，自然本身无所谓美或不美，一个人若是感到某一事物的存在，这仅是生理事实，并不构成审美对象。只有随着劳动实践，自然向人的生成，主体人通过实践关系和认识关系去把握真和善，通过审美关系去把握美，我们发生的情感反应即审美反应才是审美对象价值所在。黄药眠认为，人类有几千年的文化积累，物质实践创造物质文化、精神实践创造精神文化、审美活动实践创造审美文化，这些文化不仅教育了我们怎样去感觉，而且也改造了感觉本身，成为人化的感觉。由此，梅花成为我们的审美对象具有审美价值，不仅和它的色彩、形态、香气有关，而且和梅花与我们民族的审美文化有关。可以说，黄药眠对价值美学的构想，仍是深深扎根在生活实践的基础之上，是其生活实践论美学的进一步纵深发展和调整。

李： 黄药眠的美学思想在20世纪80年代是否有所发展？您如何评价黄先生在20世纪中国美学谱系中的历史地位和贡献？

张： 20世纪80年代黄先生已是八十高龄，要回归美学研究已是力不从心，但又不能忘情。为此，他先后写出了数篇美学文章，1983年还在民盟中央举办的多学科讲座上做了《我又来谈美学》的讲演，1987年在病中为《黄药眠美学论集》写下了《简论美和美感》的序言，此文是黄先生对自己美学思想的一个总结。和蔡仪见物不见人的美学截然相反，黄先生始终坚持对美的理解不能离开人类这个主体，不能离开人类的生活实践。黄先生反复指出，"某个事物的美，一方面要从客观的角度看它是否包含美的因素；另一方面还要看它在人的实践中所具有的审美意义"。从审美意义去把握审美对象，正是价值论美学的核心。

作为诗人、学者、社会活动家，黄药眠对美学的理解并非抽象的哲学思辨，而是善于从审美活动的实际出发进行美学研究。美学大讨论中，蔡仪、朱光潜、李泽厚诸人皆深陷"美的本质"这一"主客观模式"域限内，均是认识论美学的探讨，唯独黄药眠基于生活实践角度从审美评价活动这一价值论视野分析解决美学问题，体现了黄先生的学术特色。作为价值论美学的首倡者，黄先生始终强调审美关系的主体性，突显主体人在审美活动中的地位，尤其是对"美是审美评价"

这一命题的集中思考，更意味着黄药眠摆脱了"唯物—唯心"的政治规范及历史域限，显示出黄先生极大的理论勇气。

总之，黄药眠美学思想是具有开拓性、创造性的，尤其是美学问题上的价值美学转向，充分彰显了黄先生学术思想的历史特色及其敢于突破藩篱的理论勇气，在 20 世纪中国美学版图中，黄药眠应该占有不容忽视的特殊地位。与此同时，不容回避的是，作为一名有着丰富经历的革命型文艺理论家和美学家，黄先生也未能完全摆脱当时通行的话语体系，其独树一帜的价值论美学思想也依然凭附在某些认识论的美学话语和意识形态的框架内，体现了理论的历史局限。

李：好的，谢谢张老师，非常感谢您接受我的访谈，愿您身体健康、生命常青！

张：谢谢你提出诸多有关黄药眠先生美学思想的论题，迫使我进一步深入思考和解读。

跋

　　我和美学结缘，源自20世纪50年代的美学大讨论，当时国家科学发展十二年规划仅蔡仪申报了美学研究课题，引发了我对美究为何物的极大兴趣，1956年6月，听了黄药眠先生在北师大科学讨论会上所做的《论食利者的美学》的学术报告，1957年上半年，在黄药眠先生主持的美学论坛聆听了当时美学最高水平的蔡仪、朱光潜、李泽厚、黄药眠精彩的讲座，艰难地写出了《论美、美感及其他》发表在《谷风》创刊号上。1981年调入大庆师专，以刘叔成等人撰写的《美学纲要》（内部本）《美学基本原理》作为教材开始了美学教学生涯。1987年，参与了天津教育出版社出版的《美学导论》的编写，是主要撰稿定稿者之一。

　　朱光潜提出的"不通一艺莫谈艺，实践实感是真知"深得我心，为此阅读大量各门艺术的书刊，为美术系开出了"艺术概论"，以后又开出了"艺术美学"。教学深化了学术研究，学术研究又开拓了教学的视野。

　　美是一种抽象，黑格尔指出，"我们实有把普遍与特殊的真正规定加以区别的必要。如果只从形式方面去看普遍，把它和特殊并列起来，那么普遍自身也就会降为某种特殊的东西，这种并列的办法，即使应用在日常生活的事物中，也显然不适宜和行不通"。黑格尔和恩格斯都以水果为例指出："我们当然能吃具体的樱桃和李子，但是不能吃水果，因为还没有人吃过抽象的水果。"故此，认识论美学对美的本质的追寻，从柏拉图开始，两千多年来一直陷于困境，正如黑格尔指出的："乍看起来，美好像是一个很简单的观念。但是不久我们就会发现：美可以有许多方面，这个人抓住的是这一方面，那个人抓住的是那一方面；纵然都是从一个观点去看，究竟哪一方是本质的，也还是一个引起争论的问题。"美的个别并不是美的一般，美的本质，认识论美学至今并没有找到美的本质的共识。

　　几十年来，对马克思《1844年经济学哲学手稿》和《政治经济学批判（1861~1863年手稿）的深入研究，笔者发现了一直不为人知的马克思价值论美学思想的存在，其要点如下：

作为关系范畴，马克思的价值论美学"把主体和对象两方面的片面性取消掉"，从审美主体与审美对象交会所生成的意义、价值的审美效应去追寻审美的真谛。

价值论美学由审美主体、审美对象及意义、价值的审美效应三要素组成。

价值论美学的立场是主体性的立场，意义、价值的审美效应必须以主体的需要和内在尺度作为出发点。

对象如何对他来说成为他的对象，不仅取决于对象的性质，而且取决于与对象相适应的本质力量的性质。

所谓本质力量即马克思《1844年经济学哲学手稿》指出的"自由的有意识的活动恰恰就是人的类特性"，自由的有意识的活动的力量即人的本质力量。"与之相适应的"含义即"任何一个对象对我的意义都以我的感觉所及的程度为限"，在这个意义上马克思指出，只有音乐才激起人的音乐感，对于没有音乐感的耳朵来说，最美的音乐也毫无意义，不是对象。

审美主体的性质必须与审美对象的性质相适应。

马克思指出整个所谓世界历史不外是人通过人的劳动而诞生的过程，是自然界对人来说的生成。审美关系中意义、价值的审美效应也是生成的，作为审美对象的音乐家的歌唱，引起审美主体（我）的听觉反应，满足了审美主体（我）的审美需要，从而生成了主体（我）的"享受"，价值论美学追寻的享受是具体感性的，认识论美学追寻的美（美的本质）则是抽象的。

在《1844年经济学哲学手稿》中，马克思指出，对私有财产的扬弃，是人的一切感觉和特性的彻底解放，当物按人的方式同人发生关系时，主体（我）才能在实践上按人的方式同物发生关系，因此主体的需要和享受失去了自己的利己主义性质（即超越具体物质需要的性质），而作为对象的自然界则失去了自己纯粹的有用性，正是在这个意义上，马克思指出，如果音乐很好，听者也懂音乐，那么消费音乐就比消费香槟酒高尚，消费香槟酒是有限的物质消费，消费音乐则是精神上感情上的消费即审美消费。

物质的肯定方式是有限的、不彻底的，审美作为特殊的现实肯定方式，意味着对私有财产的扬弃，意味着人的一切感觉和特性的彻底解放，因此马克思的价值论美学思想不仅具有革命意义，而且为美学研究开辟了一个同认识论美学截然不同的新天地。

基于马克思的价值论美学思想我写出了价值论美学的三篇论文。

感谢李述之、许乃妍在我最为艰难的时候向我伸出了友谊的双手；感谢学院李华，李伟，王淑梅对我学术研究的关心；我是电脑盲，张永祥、张希玲、金颖男、图书馆的李宝燕、于艳华、袁淑艳以及不少年轻的同志为我打印资料，将文字稿转换成电子文本；感谢我的家人对我的支持和鼓励。

由于发表时间不同，论文体例不一，只能一仍其旧。《评"美在意象"说》论述不严谨处有所改动和补充。《1844年经济学哲学手稿》在《评"美在意象"说》中引用的是刘丕坤的译文，《马克思的价值论美学思想》引用的是马列主义经典作家文库的译文。《康晓峰绘画的审美追求》是温泉和我合写的，这些理应加以说明。

感谢李圣传为论集写序。

人生有限，学海无涯，希望论集对读者有所裨益。

2021年2月